高等学校大数据技术与应用规划教材

大数据技术概论

陈　明　编著

中国铁道出版社有限公司
CHINA RAILWAY PUBLISHING HOUSE CO., LTD.

内 容 简 介

大数据技术是一个面向实际应用的技术。从大数据中获取有价值信息是大数据技术的精髓。本书概括性介绍了数据科学与大数据技术的主要内容。全书分为 9 章，主要包括概述、大数据处理平台、大数据获取与存储管理技术、大数据抽取技术、大数据清洗技术、大数据去噪与标准化、大数据约简与集成技术、大数据分析与挖掘技术、大数据分析结果解释与展现。

本书在内容上，注重基本概念、基本方法介绍，实例丰富、语言精练、逻辑层次清晰，适合作为大学"数据科学与大数据技术"专业和相近专业的教材，也可以作为科技人员的参考书。

图书在版编目（CIP）数据

大数据技术概论 / 陈明编著 . —北京：中国铁道
出版社，2019.1（2022.6 重印）
高等学校大数据技术与应用规划教材
ISBN 978-7-113-24818-5

Ⅰ.①大… Ⅱ.①陈… Ⅲ.①数据处理 – 高等学校 –
教材 Ⅳ.① TP274

中国版本图书馆 CIP 数据核字（2018）第 178257 号

书　　名：大数据技术概论
作　　者：陈　明

策　　划：秦绪好　　　　　　　　　编辑部电话：（010）51873268
责任编辑：秦绪好
封面设计：郑春鹏
责任校对：张玉华
责任印制：樊启鹏

出版发行：中国铁道出版社有限公司（100054，北京市西城区右安门西街 8 号）
网　　址：http://www.tdpress.com/51eds/
印　　刷：北京铭成印刷有限公司
版　　次：2019 年 1 月第 1 版　　2022 年 6 月第 2 次印刷
开　　本：850 mm×1 168 mm　　1/16　印张：17.25　字数：456 千
书　　号：ISBN 978-7-113-24818-5
定　　价：52.00 元

大数据技术与应用展现出锐不可当的强大生命力，科学界与企业界对其寄予厚望。大数据成为继 20 世纪末、21 世纪初互联网蓬勃发展以来的又一轮 IT 工业革命。

大数据技术是指经过数据获取、清洗、集成、挖掘、分析与结果解释，从各种类型的巨量数据中快速获得有价值信息的全部技术。大数据技术的精髓是从大数据中产生新见解、识别复杂关系和做出越来越精准的预测。

大数据技术是现代科学与技术发展，尤其是计算机科学技术发展的重要成果和结晶，是科学发展史的又一个新的里程碑。大数据的出现对计算机许多领域提出了挑战与冲击，推动了计算机科学技术的发展。

大数据技术的出现凝集了多学科的研究成果，是一门多学科的交叉融合技术，随着科学技术的发展，大数据技术发展更为迅速，应用更为深入与广泛，并凸显其巨大潜力和应用价值。

本书系统地介绍了大数据技术的核心内容，对大数据处理周期的各部分的模型和方法做了概括性介绍，而且基于应用的角度介绍了当下流行的 Hadoop、Storm 和 Spark 大数据处理平台，为将大数据处理周期中的处理方法在这些平台上实现建立了基础。本书主要内容说明如下。

第 1 章为概述，主要包括数据科学、大数据的生态环境、大数据的概念、大数据的性质、大数据处理周期和科学研究范式；第 2 章为大数据处理平台，主要包括 Hadoop 大数据处理平台、Storm 大数据处理平台和 Spark 大数据处理平台；第 3 章为大数据获取与存储管理技术，主要包括大数据获取、领域数据、网站数据、网络爬虫、大数据存储、大数据的存储管理技术、NewSQL 和 NoSQL、分布式文件系统、虚拟存储技术和云存储技术；第 4 章为大数据抽取技术，主要包括大数据抽取技术概述、增量数据抽取技术、非结构化数据抽取和基于 Hadoop 平台的数据抽取；第 5 章为大数据清洗技术，主要包括数据质量与数据清洗、不完整数据清洗、异常数据清洗、重复数据清洗、文本清洗和数据清洗的实现；第 6 章为大数据去噪与标准化，主要包括基本的数据转换方法、数据平滑技术、数据规范化和数据泛化；第 7 章为大数据约简与集成技术，主要包括数据约简概述、特征约简、样本约简、数据立方体聚集、维约简属性子集选择算法、数据压缩、数值约简、数据集成的概念与相关问题、数据迁移、数据集成模式、数据集成系统和数据聚类集成；第 8 章为大数据分析与挖掘技术，主要包括大数据分析概述、统计分析方法、数据挖掘理论基础、关联规则挖掘、分类方法、聚类方法、序列模式挖掘、非结构化文本数据挖掘和基于 MapReduce 的分析与挖掘实例；第 9 章为大数据分析结果解释与展现，主要包括数据分析结果解释、数据的基本展现方式、大数据可视化、大数据可视分析和数据可视化实现。

　　本书在结构上为积木状，各章内容均为独立、注重概念性与方法性论述。出于篇幅考虑，书中所提及理论结果没有给出证明，如需要可以查阅相关文献。由于作者水平有限，书中不足之处在所难免，敬请读者批评指正。

陈明

2018 年 10 月

CONTENTS | 目 录

第①章 概　述

主要内容

- 数据科学
  - 数据科学的产生与发展
  - 数据科学的相关术语
  - 数据科学的主要内容
  - 数据科学的研究过程与体系框架
  - 数据科学、数据技术与数据工程
  - 大数据问题
- 大数据的生态环境
  - 互联网世界
  - 物理世界
- 大数据的概念
  - 数据容量
  - 数据类型
  - 价值密度
  - 速度
  - 真实性
- 大数据的性质
  - 非结构性
  - 不完备性
  - 时效性
  - 安全性
  - 可靠性
- 大数据处理周期
  - 大数据处理全过程
  - 大数据技术的特征
  - 大数据的一些热点技术
- 科学研究范式
  - 科学研究范式的产生与发展
  - 数据密集型科学研究第四范式

计算机科学是算法与算法变换的科学，数据科学研究范围更为广泛。数据科学不仅可以推动数学、计算机科学、统计学、天体信息学、生物信息学、计算社会学等学科的发展，而且能够大力推动产业发展与进步。

1.1 数 据 科 学

数据科学是关于数据的科学，基于数据的广泛性和多样性研究数据的共性。数据科学是研究探索 CYBER 空间中数据界的理论、方法和技术。

1.1.1 数据科学的产生与发展

扫一扫

数据分析
应运而生

数据科学产生于 20 世纪 60 年代。1974 年，彼得·诺尔出版了《计算机方法的简明调查》，其中将数据科学定义为"处理数据的科学，一旦数据与其代表事物的关系被建立起来，将为其他领域与科学提供借鉴"。1996 年在日本召开的"数据科学、分类和相关方法"会议上，将数据科学作为会议的主题词。2001 年美国统计学教授威廉·S·克利夫兰发表了《数据科学：拓展统计学的技术领域的行动计划》，首次将数据科学作为一个单独的学科，并把数据科学定义从统计学领域扩展到以数据作为计算对象，进而奠定了数据科学的理论基础。

1.1.2 数据科学的相关术语

1. CYBER 空间

CYBER 空间意译为异次元空间、多维信息空间、计算机空间、网络空间等。其本意是指以计算机技术、现代通信网络技术、虚拟现实技术等信息技术的综合运用为基础，以知识和信息为内容的新型空间，是人类运用知识创造的人工世界，是一种用于知识交流的虚拟空间。信息化是一个数据生产的过程，是将现实世界中的事物和现象以数据的形式存储到 CYBER 空间中。数据记录了人类的行为，包括工作、生活和社会的发展，是自然和生命的一种表示形式。

2. 数据爆炸

数据快速大量地产生并存储在 CYBER 空间中的现象称为数据爆炸，数据爆炸在 CYBER 空间中形成数据自然界。数据是 CYBER 空间中的唯一存在，需要研究和探索 CYBER 空间中数据的规律和现象。探索 CYBER 空间中数据的规律和现象是探索宇宙规律、探索生命规律、寻找人类行为规律、寻找社会发展规律的一种重要手段。

3. 数据科学的定义

数据科学是关于数据的科学或者研究数据的科学，是探索 CYBER 空间中数据界奥秘的理论、方法和技术，研究的对象是数据界中的数据。与自然科学和社会科学不同，数据科学的研究对象是 CYBER 空间数据。数据科学主要包括两方面：一是研究数据本身，以科学的方法研究数据的各种类型、状态、属性及变化形式和变化规律；二是用数据的方法研究科学，为自然科学和社会科学研究提供一种新的方法，称为科学研究的数据方法，其目的在于揭示自然界和人类行为现象和规律。

4. 数据科学的方法和技术

数据科学采用收集数据的形式，进行开放式分析，不做预先假定。在许多数据科学项目中，首先要浏览原始数据，形成一个假定，然后基于假定进行调查确认。数据科学的关键概念是：数据科学是一个经验科学，直接基于数据进行科学处理。数据科学已经有一些方法和技术，例如：数据获取、数据存储与管理、数据安全、数据分析、可视化等。

数据科学不仅完成分析，而且涉及整个端到端的生命周期，数据系统本质上是用于研发真实世界理解模型的科学设备。这就表明必须深刻理解数据的来源、数据转换的适用性和准确性、转换算法和过程之间的相互作用，以及数据存储机制。这个端到端概览的角色能够确保所有事物都能够正确执行，从而探索数据、创建并验证各项科学假设。

1.1.3　数据科学的主要内容

数据科学的主要内容包括基础理论和数据预处理、数据计算、数据管理等。其中，基础理论包括概念、理论、方法、技术和工具等。数据科学的理论基础是统计学、机器学习、数据可视化及领域实务知识与经验等，如图 1-1 所示。数据科学学科建立，需要完成知识结构、课程设置和专业设置等学科体系建设，探讨数据科学与自然科学和社会科学之间的关系，以及数据科学与计算机科学和信息科学之间的关系等。

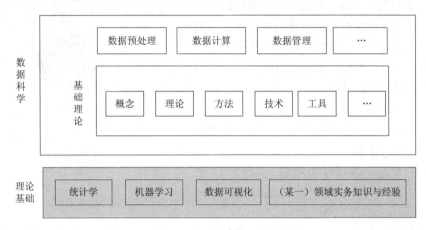

图1-1　数据科学的内容

1. 基础理论

观察和逻辑推理是科学的基础，数据科学中主要采用观察方法与数据推理的理论和方法，包括数据的存在性、数据测度、时间、数据代数、数据分类、数据相似性与簇论等。

2. 实验方法与逻辑推理方法

需要建立数据科学的实验方法，需要提出科学假说和建立理论体系，并通过这些实验方法和理论体系进行数据科学的研究，从而掌握数据的各种类型、状态、属性、变化形式和变化规律，揭示自然界和人类行为现象和规律。

3. 领域数据学

将数据科学的理论和方法广泛应用，开发出专门的理论、技术和方法，从而形成专门领域的数据科学，例如：脑数据学、行为数据学、生物数据学、气象数据学、金融数据学和地理数据学等。

4. 数据资源的开发方法和技术

数据资源是重要的现代战略资源，具有巨大的价值，越来越凸显其重要性，是继石油、煤炭、矿产等传统资源之后的最重要的资源之一。人类的社会、政治和经济都将依赖于数据资源，而石油、煤炭、矿产等传统资源的勘探、开采、运输、加工、产品销售等也都依赖于数据资源，离开了数据资源，将无法开展与完成这些工作。

其中，理论基础是在数据科学的边界之外。

1.1.4 数据科学的研究过程与体系框架

1. 数据科学的研究过程

① 数据集获取与存储。常用的数据类型有表格、点集、时间序列、图像、视频、网页和网络数据等。获取的数据存于数据库系统中。

② 数据的预处理。通过数据抽取、清洗、去噪与标准化、约简和集成，获得达到一定质量要求的数据。

③ 数据分析与挖掘。以科学的方法进行数据分析，进而发现整体特性。数据分析的基本假设是观察到的数据都是基于某个模型产生，通过数据分析找出这个模型。数据分析的主要困难是数据维数高，为此，需要降低算法的复杂度和应用分布式计算。通过数据分析与挖掘，发现数据规律。

④ 感知化与可视化数据分析结果。

2. 数据科学的构成

数据科学主要是计算机科学、数学与统计学知识以及行业经验的交集。

将数据科学进一步细化为如图 1-2 所示 12 个主要领域。

3. 数据科学的体系框架

数据科学的体系框架如图 1-3 所示。图 1-3 的上部分描述了数据的内容，下部分是数据科学基础描述。

● 扫一扫

数据分析的
一些问题

● 扫一扫

数据科学的
组成要素

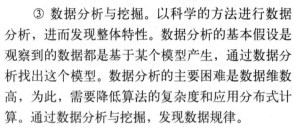

图1-2 数据科学的主要领域

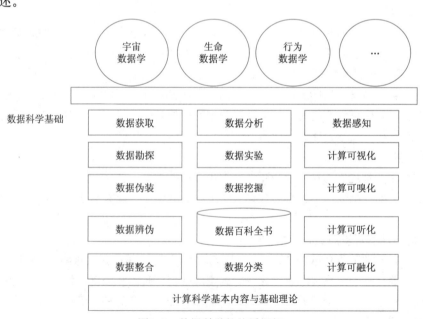

图1-3 数据科学的体系框架

数据科学主要研究从数据中获取信息与知识、认识自然和行为，促进了科学与产业之间关系的发展。

（1）从数据中获取信息与知识

数据科学的研究对象、研究目的与研究方法等不同于计算科学、信息科学。数据存于
CYBER 空间中，信息是自然界、人类社会及人类思维活动中存在和发生的现象，知识是人们
在实践中所获得的认识和经验。数据可以作为信息和知识符号的表示或载体，但数据本身并不
是信息或知识。数据科学的研究对象是数据，而不是信息，也不是知识。数据科学通过以科学
的方法从数据中获取对自然、生命和行为的认识，进而获得重要信息与知识。数据科学与其他
学科的关系如图 1-4 所示。

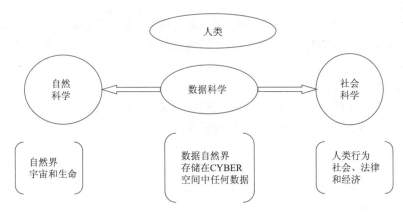

图1-4　数据科学与其他学科的关系

（2）通过认识与探索数据来认识自然和行为

自然科学研究自然现象和规律，认识的对象是整个自然界物质的各种类型、状态、属性及
运动形式。行为科学是研究自然和社会环境中人的行为以及低级动物行为的科学，已经确认的
学科包括心理学、社会学、社会人类学等。数据科学支持自然科学和行为科学的研究。随着数
据科学的进展，越来越多的科学研究可以直接针对数据进行，这将使人类通过数据研究科学，
进而认识与探索数据来认识自然和行为。

人们生活在现实自然界和数据自然界两个世界中，人、社会和宇宙的历史将变为数据的历
史。人类可以通过探索数据自然界来探索自然界，人类还需要探索数据自然界特有的现象和规律，
这是数据科学的任务。可以期望与看出，目前的所有的科学研究领域都可能形成相应的数据科学。

数据科学的最终目的不仅是回答若干问题，还要生产数据产品。数据产品能够让其他人也
利用上数据，并在此基础上进行数据分析。

（3）促进了科学与产业之间关系的发展

数据科学不仅将给科研和教学体制带来大幅度的变革，也会给科学与产业之间及科学与社
会之间的关系带来大幅度的变革。信息时代，万物数化，许多学科已经和信息科技深度融合，
形成新的研究领域，如生物信息学、天体信息学、数字地球、计算社会学等。一方面，用数据
来研究科学与技术已经是科学研究的主要手段之一。另一方面，大量的、非结构化的数据，同
样需要科学的手段研究数据。产业界在生产经营中积累了丰富的数据，学术界则有待于实践检
验的模型和算法。数据科学为学术界和产业界的紧密衔接提供了纽带和桥梁，促进了产、学、
研的深度融合与协作。

1.1.5　数据科学、数据技术与数据工程

科学是对客观世界本质规律的探索与认识，其发展的主要形态是发现，主要手段是研究，主要成果是学术论文与专著。技术是科学与工程之间的桥梁。其发展的主要形态是发明，主要手段是研发，主要成果是专利，也包括论文和专著。工程是科学与技术的应用和归宿，是以创新思想对现实世界发展的新问题进行求解，其主要发展形态是综合集成，主要手段是设计、制造、应用与服务，主要成果是产品、作品、工程实现与产业。科学家的工作是发现，工程师的工作是创造。

1. 数据科学

数据科学是对大数据世界的本质规律进行探索与认识，是基于计算机科学、统计学、信息系统等学科的理论，甚至发展出新的理论。它研究数据从产生与感知到分析与利用整个数据处理周期的本质规律，是一门新兴的学科。

2. 数据技术

数据技术是数据科学与数据工程之间的桥梁，包括数据的采集与感知技术、数据的存储技术、数据的计算与分析技术、数据的可视化技术等。

3. 数据工程

数据工程是数据科学与数据技术的应用，是以创新思想对现实世界的数据问题进行求解，利用工程的观点进行数据管理和分析以及开展系统的研发和应用，包括数据系统的设计、数据的应用、数据的服务等。

数据科学和工程可以作为支撑大数据研究与应用的交叉学科，其理论基础来自多个不同的学科领域，包括计算机科学、统计学、人工智能、信息系统、情报科学等。数据科学与工程学科的目的在于系统深入地探索大数据应用中遇到的各类科学问题、技术问题和工程实现问题，包括数据全生命周期管理、数据管理和分析技术和算法、数据系统基础设施建设，以及大数据应用实施和推广。因此，多学科交叉融合是数据科学与工程学科的一个特点。与传统计算机和软件工程等学科相比，数据科学与工程学科具备独特的学科基础和内涵。数据科学与工程学科的理论基础涉及统计分析、商务智能以及数据处理基础。

数据科学随着计算机应用从以计算为中心逐渐向以数据为中心迁移，数据科学与工程学科的内涵和外延更加宽泛。软件工程学科中的相关技术提供了数据分析处理的工具以及具体开发的范式。数据处理技术是数据研究领域的一种重要的研究方法，用于研究和发现数据本身的现象和规律。

1.1.6　大数据问题

大数据是指传统数据处理应用软件不足以处理的大的或复杂的数据集。大数据表达理论方面主要包括大数据的处理周期、演化与传播规律，数据科学与社会学、经济学等之间的互动机制，以及大数据的结构与效能的规律性。在大数据计算理论方面主要研究大数据的表示以及大数据的计算模型及其复杂性；在大数据应用基础理论方面主要研究大数据与知识发现，大数据环境下的实验与验证方法以及大数据的安全与隐私。

大数据可分成大数据技术、大数据工程和大数据应用等领域。从解决问题角度出发，目前关注最多的是大数据技术和大数据应用。大数据工程指大数据的规划建设运营管理的系统工程。

大数据技术是指从数据采集、清洗、集成、挖掘和分析，进而从各种各样类型的巨量数据中快速获得有价值信息的全过程所使用的技术总称。

任何领域的研究要成为一门科学，一定是研究共性的问题。针对非常狭窄领域的某个具体问题，主要依靠该问题涉及的特殊条件和专门知识做数据挖掘，不大可能使大数据成为一门科学。数据科学的研究需要在一个领域发现的数据相互关系和规律具有可推广到其他领域的普适性。由于抽象出一个领域的共性往往需要较长的时间，所以提炼"数据界"的共性科学问题还需要一段时间的实践积累，还需要众多学者合力解决大数据带来的技术挑战问题。

在大数据人才的需求中，既需要优秀的数据科学家，也需要数据工程师这样的工程型人才，更需要大量高素质的能够创造性解决国民经济与社会发展实际问题的卓越应用型人才。

1.2　大数据的生态环境

大数据是人类活动的产物，来自人们改造客观世界的过程中，是生产与生活在网络空间的投影。信息爆炸是对信息快速发展的一种逼真的描述，形容信息发展的速度如同爆炸一般席卷整个空间。20 世纪 40—50 年代，信息爆炸主要指的是科学文献的快速增长；到 90 年代，由于计算机和通信技术广泛应用，信息爆炸主要指的是所有社会信息快速增长，包括正式交流过程和非正式交流过程所产生的电子式的和非电子式的信息；21 世纪，信息爆炸是由于数据洪流的产生和发展所造成。在技术方面，新型的硬件与数据中心、分布式计算、云计算、高性能计算、大容量数据存储与处理技术、社会化网络、移动终端设备、多样化的数据采集方式使大数据的产生和记录成为可能。在用户方面，日益人性化的用户界面、信息行为模式等都容易作为数据量化而被记录，用户既可以成为数据的制造者，也可以成为数据的使用者。可以看出，随着云计算、物联网计算和移动计算的发展，世界上所产生的新数据，包括位置、状态、思考、过程和行动等数据都能够汇入数据洪流。互联网的广泛应用，尤其是"互联网+"的出现，促进了数据洪流的发展。归纳起来，大数据主要来自互联网世界与物理世界。

扫一扫

大数据应用简介

1.2.1　互联网世界

大数据是计算机和互联网相结合的产物，计算机实现了数据的数字化，互联网实现了数据的网络化，两者结合起来之后，赋予了大数据强大的生命力。随着互联网如同空气、水、电一样无处不在地渗透人们的工作和生活，以及移动互联网、物联网、可穿戴联网设备的普及，新的数据正在以指数级的加速度产生，目前世界上 90% 的数据是互联网出现之后迅速产生的。来自互联网的网络大数据是指"人、机、物"三元世界在网络空间中交互、融合所产生并在互联网上可获得的大数据，网络大数据的规模和复杂度的增长超出了硬件能力增长的摩尔定律。

大数据来自人类社会，互联网的发展为数据的存储、传输与应用创造了基础与环境。依据基于唯象假设的六度分割理论而建立的社交网络服务，以认识朋友的朋友为基础，扩展自己的人脉。基于 Web 2.0 交互网站建立的社交网络，用户既是网站信息的使用者，也是网站信息的制作者。社交网站记录人们之间的交互，搜索引擎记录人们的搜索行为和搜索结果，电子商务网站记录人们购买商品的喜好，微博网站记录人们所产生的即时的想法和意见，图片视频分享网站记录人们的视觉观察，百科全书网站记录人们对抽象概念的认识，幻灯片分享网站记录人们的各种正式和非正式的演讲发言，机构知识库和开放获取期刊记录学术研究成果等。归纳起来，来自互联网的数据可以划分为下述几种类型。

1. 视频

视频是大数据的主要来源之一。电影、电视节目可以产生大量的视频，各种室内外的视频摄像头昼夜不停地产生巨量的视频。视频以每秒几十帧的速度连续记录运动着的物体，一个小时的标准清晰视频经过压缩后，所需的存储空间为 GB 数量级，高清晰度视频所需的存储空间则更大。

2. 图片与照片

图片与照片也是大数据的主要来源之一。截至 2011 年 9 月，用户向脸书（Facebook）上传了 1 400 亿张以上的照片。如果拍摄者为了保存拍摄时的原始文件，平均每张照片大小为 1MB，则这些照片的总数据量就是 140 GB×1 MB=140 PB，如果单台服务器磁盘容量为 10 TB，则存储这些照片需要 14 000 台服务器。而这些上传的照片仅仅是人们拍摄的照片的很少一部分。此外，许多遥感系统一天 24 小时不停地拍摄并产生大量照片。

3. 音频

DVD 光盘采用双声道 16 位采样，采样频率为 44.1 kHz，可达到多媒体欣赏水平。如果某音乐剧的长度为 5.5 min，那么其占用的存储容量为

$$存储容量 =(采样频率 \times 采样位数 \times 声道数 \times 时间) / 8$$
$$= (44.1 \times 1\,000 \times 16 \times 2 \times 5.5 \times 60)/8$$
$$=12.6\ MB$$

4. 日志

网络设备、系统及服务程序等在运作时都会产生日志。日志记载着日期、时间、使用者及动作等相关操作的描述。Windows 网络操作系统设有各种各样的日志文件，如应用程序日志、安全日志、系统日志、Scheduler 服务日志、FTP 日志、WWW 日志、DNS 服务器日志等。用户在系统上进行一些操作时，这些日志文件通常记录用户操作的一些相关内容，这些内容对系统安全工作人员相当有用。例如，有人对系统进行了 IPC 探测，系统就会在安全日志中迅速地记下探测者探测时所用的 IP、时间、用户名等；有人对系统进行了 FTP 探测，系统就会在 FTP 日志中记下 IP、时间、探测所用的用户名等。

网站日志记录了用户对网站的访问，电信日志记录了用户拨打和接听电话的信息。假设有 5 亿用户，每个用户每天呼入呼出 10 次，每条日志占用 400 B，并且需要保存 5 年，则数据总量为 5×10×365×400×5 B=3.65 PB。

5. 网页

网页是构成网站的基本元素，是承载各种网站应用的平台。通俗地说，网站是由网页组成的。如果只有域名和虚拟主机而没有制作任何网页，那么用户无法访问网站。网页是一个文件，需要通过网页浏览器来阅读。文字与图片是构成一个网页的两个最基本的元素。可以简单地理解为：文字就是网页的内容，图片就是网页的美观描述。除此之外，网页的元素还包括动画、音乐、程序等。

网页分为静态网页和动态网页。静态网页的内容是预先确定的，并存储在 Web 服务器或者本地计算机 / 服务器之上；动态网页取决于用户提供的参数，并根据存储在数据库中的网站

上的数据创建页面。静态网页是照片，每个人看都是一样的；动态网页则是镜子，不同的人看有所不同。

网页中的主要元素有感知信息、互动媒体和内部信息等。感知信息主要包括文本、图像、动画、声音、视频、表格、导航栏、交互式表单等。互动媒体主要包括交互式文本、互动插图、按钮、超链接等。内部信息主要包括注释、通过超链接链接到某文件、元数据与语义的元信息、字符集信息、文件类型描述、样式信息和脚本等。

网页内容丰富，数据量巨大。如果每个网页有 25 KB 数据，则 1 万亿个网页的数据总量为 25 PB。

1.2.2 物理世界

来自物理世界的大数据又称科学大数据。科学大数据主要是指来自大型国际实验，以及跨实验室、单一实验室或个人观察实验所得到的科学实验数据或传感数据。最早提出大数据概念的学科是天文学和基因学，这两个学科从诞生之日起就依赖于基于海量数据的分析方法。由于科学实验是科技人员设计的，数据采集和数据处理也是事先设计，所以不管是检索还是模式识别，都有科学规律可循。例如希格斯粒子 (又称上帝粒子) 的寻找，采用了大型强子对撞机实验。这是一个典型的基于大数据的科学实验，至少要在 1 万亿个事例中才可能找出一个希格斯粒子。从这一实验可以看出，科学实验的大数据处理是整个实验的一个预订步骤，这是一个有规律的设计，发现有价值的信息可在预料之中。大型强子对撞机每秒生成数据量约为 1 PB。建设中的下一代巨型射电望远镜阵每天生成的数据约为 1 EB。波音发动机上的传感器每小时产生 20 TB 左右的数据。

随着科研人员获取数据方法与手段的变化，科研活动产生的数据量激增，科学研究已成为数据密集型活动。科研数据因其数据规模大、类型复杂多样、分析处理方法复杂等特征，已成为大数据的一个典型代表。大数据所带来的新的科学研究方法反映了未来科学的行为研究方式，数据密集型科学研究将成为科学研究的普遍范式。

利用互联网可以将所有的科学大数据与文献联系在一起，创建一个文献与数据能够交互操作的系统，即在线科学数据系统，如图 1-5 所示。

对于在线科学数据，由于各个领域互相交叉，所以不可避免地需要使用其他领域的数据。利用互联网能够将所有文献与数据集成在一起，可以实现从文献计算到数据。这样可以提高科技信息的速度，进而大幅度地提高生产力。也就是说，在阅读某人的论文时，可以查看原始数据，甚至可以重新分析，也可以在查看某一些数据时查看所有关于这一数据的文献。

图1-5 在线科学数据系统

1.3 大数据的概念

大数据是指数据规模大，尤其是因为数据形式多样性、非结构化特征明显，导致数据存储、处理和挖掘异常困难的那类数据集。大数据的增长快速，类型繁多，如文本、图像和视频等。大数据处理包含数千万个文档、数百万张照片或者工程设计图的数据集，如何快速访问数据成为核心挑战。无法用常规的软件工具捕捉与处理。

通常将大数据的特点归纳为5个V：Volume（数据容量）、Variety（数据类型）、Value（价值密度）、Velocity（速度）、Veracity（真实性），如图1-6所示。

1.3.1 数据容量

Volume 代表数据量巨大。存储容量单位的定义如表1-1所示。

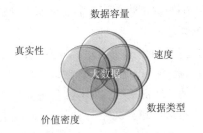

图1-6 大数据的5个V

表1-1 存储容量单位的定义

单 位	定 义	字节数（二进制）	字节数（十进制）
KiloByte（千字节）	1 024 Byte	2^{10}	10^3
MegaByte（兆字节）	1 024 KiloByte	2^{20}	10^6
GigaByte（吉字节）	1 024 MegaByte	2^{30}	10^9
TeraByte（太字节）	1 024 GigaByte	2^{40}	10^{12}
PetaByte（拍字节）	1 024 TeraByte	2^{50}	10^{15}
ExaByte（艾字节）	1 024 PetaByte	2^{60}	10^{18}
ZettaByte（泽字节）	1 024 ExaByte	2^{70}	10^{21}
YottaByte（尧字节）	1 024 ZettaByte	2^{80}	10^{24}

一般说来，超大规模数据是处在GB（即10^9）级的数据，海量数据是指TB（即10^{12}）级的数据，而大数据则是指PB（即10^{15}）级及其以上的数据。可以想象，随着存储设备容量的增大，存储数据量的增多，大数据的容量指标是动态增加的，也就是说还会增大。下一代计算机存储单位还会出现BrontoByte、GegoByte等存储单位。

自有历史记载以来，人类所产生的信息量总计约为5 EB。2011年的数据的总和是1.8 ZB，如果用9 GB的DVD光盘和1 TB的2.5英寸硬盘分别保存这1.8 ZB的数据，所需的光盘数量和硬盘数量如表1-2所示。

表1-2 用9 GB的DVD光盘和1 TB的2.5英寸硬盘分别保存1.8 ZB的数据的比较

所用介质	单个容量/GB	所需数量	单个厚度/mm	堆叠高度/km
DVD	9	219 902 325 555	1.2	263 882.79
2.5英寸硬盘	1 024	1 932 735 283	9	17 394.62

为了更形象地表示表1-2给出的结果，说明如下：如果全部用9 GB的DVD光盘来保存1.8 ZB的数据，则所用的9 GB的DVD光盘叠加后的高度超过26万千米，这个数字几乎是地球到月球距离的2/3。如果用1 TB的2.5英寸硬盘保存1.8 ZB的数据，则所用1 TB的2.5英寸硬盘叠加起来的高度超过1.7万千米，几乎接近地球周长的1/2。为了进一步说明，可以给个实际的数据。设某银行的20个数据中心有大约7 PB磁盘和超过20 PB的磁带存储，而且每年以50% ~ 70%存储量的增长，存储27 PB数据需要大约为40万个80 GB的硬盘大小。

例如，如果1 TB的硬盘的标准质量是670 g，那么存储1 NB的数据的硬盘总质量为

$$1\,\text{NB} \times 0.67/10\,000 = 2^{60}\text{TB} \times 0.67/10\,000 = 77\,245\,740\,809\,（万吨）$$

其中，1 NB=1 152 921 504 606 846 976 TB。

也就是说，存储1NB的数据的硬盘要运载量为56万吨的巨型海轮最少来回拉1 379 388 229 次，约 14 亿次才能将这些数据运到地点，估计当完成任务时，1 000 艘 56 万吨的巨型海轮都已损坏。

可以看出，上述例子中的数据是一个惊人的数据。如果用磁盘来存储大数据将是一个困难的工作，所以不能用传统的方法来存储与管理这些大数据。

1.3.2 数据类型

Variety 代表数据类型繁多，由于大数据主要来源互联网，所以大数据包含多种数据类型。例如，各种声音和电影文件、图像、文档、地理定位数据、网络日志、文本字符串文件、元数据、网页、电子邮件、社交媒体供稿、表格数据等。其中，视频、图片和照片日志为非结构化数据，网页为半结构化数据。

1.3.3 价值密度

Value 代表价值密度。通过对大数据获取、存储、抽取、清洗、集成、挖掘与分析来获得价值。大数据价值密度低，大概 80% 甚至 90% 的数据都是无效数据。以视频为例，连续不间断监控过程中，可能有用的数据仅仅有一两秒，难以进行预测分析、运营智能、决策支持等计算。通常利用价值密度比来描述这一特点，价值密度的高低与数据总量大小成反比，总量越大，无效冗余的数据越多。随着物联网的广泛应用，信息感知无处不在，信息海量，如何通过强大的计算机算法迅速地完成数据的价值提纯，是亟待解决的难题。

1.3.4 速度

Velocity 代表大数据产生的速度快、变化的速度快。Facebook 每天产生 25 亿个以上条目，每天增加数据超过 500 TB，这样的变化率产生的数据需要快速处理，进而创造出价值。传统技术不能完成大数据高速存储、管理和使用，因此需要研究新的方法与技术。如果数据创建和聚合速度非常快，就必须使用迅速的方式来揭示其相关的模式和问题。发现问题的速度越快，越有利于从大数据分析中获得更多的机会与结果。

1.3.5 真实性

Viracity 代表数据真实性。真实性是指数据是所标识的数据，而不是假冒的。准确性是真实性的描述，不真实的数据需要进行清洗、集成和整合，获得高质量的数据，再进行分析。也就是说，采集来的大数据不能保证完全真实性，但是，大数据分析需要真实的数据。越真实的数据，数据质量越高，分析的效果越好。

1.4 大数据的性质

从大数据的定义中可以看出，大数据具有规模大、种类多、速度快、价值密度低和真实性差等特点，在数据增长、分布和处理等方面具有更多复杂的性质。

1.4.1 非结构性

结构化数据是可以在结构数据库中存储与管理，并可用二维表来表达实现的数据。这类数据先定义结构，然后才有数据。结构化数据在大数据中所占比例较小，只占 15% 左右，现已应用广泛。当前的数据库系统以关系数据库系统为主导，例如银行财务系统、股票与证券系统、信用卡系统等。

非结构化数据是指在获得数据之前无法预知其结构的数据。目前所获得的数据 85% 以上是非结构化数据，而不再是纯粹的结构化数据。非结构化数据的增长过程如图 1-7 所示。

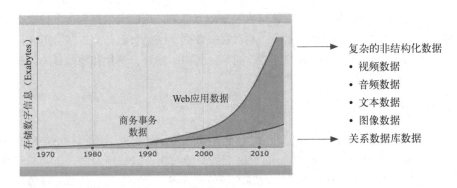

图1-7　非结构化数据的增长过程

传统的系统对这些数据无法进行处理，从应用角度来看，非结构化数据的计算是计算机科学的前沿。大数据的高度异构也导致抽取语义信息的困难。如何将数据组织成为合理的结构是大数据管理中的一个重要问题。

半结构化数据具有一定的结构。这样的数据与结构化数据、非结构化数据都不一样，半结构化数据是结构变化很大的结构化的数据。因为需要了解数据的细节，所以不能将数据简单地组织成一个文件按照非结构化数据处理；由于结构变化很大，所以也不能够简单地建立一个表和它对应。

例如，存储员工的简历。不像员工基本信息那样一致，每个员工的简历大不相同。有的员工的简历很简单，如只包括教育情况；有的员工的简历却很复杂，如包括工作情况、婚姻情况、出入境情况、户口迁移情况、技术技能等。还有可能有一些没有预料的信息。通常要完整地保存这些信息并不是很容易，因为不希望系统中表的结构在系统运行期间进行变更。

结构化数据、非结构化数据、半结构化数据的比较如表 1-3 所示。

表1-3　结构化数据、非结构化数据、半结构化数据的比较

对比项	结构化数据	非结构化数据	半结构化数据
定义	具有数据结构描述信息的数据	不方便用固定结构来表现的数据	处于结构化数据和非结构化数据之间的数据
结构与内容的关系	先有结构，再有数据	只有数据，无结构	先有数据，再有结构
示例	各类表格	图形、图像、音频、视频信息	HTML文档，它一般是自描述的，数据的内容与结构混在一起

大数据激励了大量研究问题出现。非结构化和半结构化数据的个体表现、一般性特征和基本原理尚不清晰，需要通过数学、经济学、社会学、计算机科学和管理科学在内的多学科交叉研究。对于半结构化或非结构化数据，例如图像，需要研究如何将它转化成多维数据表、面向对象的数据模型或者直接基于图像的数据模型。大数据的每一种表示形式都仅呈现数据本身的一个侧面表现，而非其全貌。

由于现存的计算机科学与技术架构和路线已经无法高效处理大数据，如何将大数据转化成一个结构化的格式是一项重大挑战，如何将数据组织成合理的结构也是大数据管理中的一个重要问题。

1.4.2　不完备性

数据的不完备性是指在大数据条件下所获取的数据常常包含一些不完整的信息和错误的数据，即脏数据。在数据分析阶段之前，需要进行抽取、清洗、集成，进而得到高质量的数据之后，再进行挖掘和分析。

1.4.3　时效性

数据规模越大，分析处理时间就会越长，所以高速度进行大数据处理非常重要。如果设计一个专门处理固定大小数据量的数据系统，其处理速度可能会非常快，但并不能适应大数据的要求。因为在许多情况下，用户要求立即得到数据的分析结果，需要在处理速度与规模的折中考虑中寻求新的方法。

1.4.4　安全性

大数据高度依赖数据存储与共享，必须考虑寻找更好的方法来消除各种隐患与漏洞，才能有效地管控安全风险。数据的隐私保护是大数据分析和处理的一个重要问题，对个人数据使用不当，尤其是有一定关联的多组数据泄漏，将导致用户的隐私泄漏。因此，大数据安全性问题是一个重要的研究方向。

1.4.5　可靠性

可以通过数据清洗、去冗等技术来提取有价值数据，实现数据质量高效管理，以及对数据的安全访问和隐私保护，这已成为大数据可靠性的关键需求。因此，针对互联网大规模真实运行数据的高效处理和持续服务需求，以及出现的数据异质异构、非结构乃至不可信的特征，数据的表示、处理和质量已经成为互联网环境中大数据管理和处理的重要问题。

1.5　大数据处理周期

大数据处理周期是指从数据采集、清洗、集成、挖掘和分析，进而从各种各样类型的巨量数据中快速获得有价值信息的过程。目前所说的大数据有双重含义，它不仅指数据本身的特点，而且包括采集数据的工具、平台和数据分析系统。大数据的研究目的是发展大数据技术并将其应用到相关领域，通过解决大数据处理问题实现突破性发展。因此，大数据带来的挑战不仅体现在如何处理大数据并从中获取有价值的信息，而且体现在如何加强大数据技术研发、抢占时代发展的前沿。

被誉为数据库之父的 Bill Inmon 早在 20 世纪 90 年代就提出大数据。近年来互联网、云计算、移动计算和物联网迅猛发展，无所不在的移动设备、RFID、无线传感器每分每秒都在产生数据，数以亿计用户的互联网服务时时刻刻在产生巨量的交互，而业务需求和竞争压力对数据存储与管理的实时性、有效性提出了更高要求，在这种情况下提出和应用了许多新技术，主要包括分布式缓存、分布式数据库、分布式文件系统、各种 NoSQL 分布式存储方案等。

1.5.1 大数据处理全过程

全球数据规模急剧扩大，超过当前计算机存储与处理能力，不仅数据处理规模巨大，而且数据处理需求多样化。因此，数据处理能力成为核心竞争力。数据处理需要将多学科结合，需要研究新型数据处理的科学方法，以便在数据多样性和不确定性前提下进行数据规律和统计特征的研究。ETL 工具负责将分布的异构数据源中的数据，如关系数据、平面数据文件等抽取到临时中间层后进行清洗、转换、集成，最后加载到数据仓库或数据集市中，成为联机分析处理、数据挖掘的基础。

一般来说，大数据处理的过程可以概括为 5 个步骤、数据获取与存储管理、数据抽取与清洗、数据约简与集成、数据分析与挖掘、结果解释，其技术框架如图 1-8 所示。

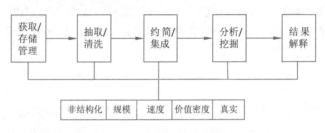

图1-8 大数据技术框架

通过上述 5 个步骤（又称大数据生存周期）可以将获取的数据转换为有价值的信息，在每个阶段都需要应对大数据的 5V 特征。

1. 数据获取与存储管理

大数据的获取与存储管理是指利用各种数据库接收发自 Web、App 或者传感器等客户端的数据，并且用户可以通过这些数据库来进行简单的查询和处理工作。在大数据的获取过程中，其主要特点是并发率高，数据量巨大，因为可能有成千上万的用户同时访问和操作数据库系统。

2. 数据抽取与清洗

虽然在数据获取端设置了大量的数据库系统，但是如果要对这些数据进行有效的分析，还是应该将这些来自前端的数据抽取到一个大型分布式数据库中，或者分布式存储集群中，并且可以在抽取基础上完成数据清洗等一系列预处理工作。也有一些用户在抽取时使用流式计算工具对数据进行流式计算，来满足部分业务的实时计算需求。大数据抽取、清洗与清洗过程的主要特点是抽取的数据量大，每秒钟的抽取数据量可达到百兆数量级，甚至千兆数量级。

3. 数据约简与集成

数据约简技术是寻找依赖于发现目标数据的有用特征，以缩减数据规模，从而在尽可能保持数据原貌的前提下，最大限度地精简数据量。数据集成技术的任务是将相互关联的分布式异构数据源集成，使用户能够以完全透明的方式进行访问。在这里，集成需要维护数据源整体数据一致性，提高信息共享利用的效率。透明方式是指用户不必关心如何对异构数据源的访问，只关心用何种方式访问何种数据库即可。

前三步称为预处理过程，通过预处理过程，可以获得高质量的低冗余大数据，进而为分析与挖掘奠定基础。预处理过程涉及的技术与工具环境较多，工作量巨大，一般来说，预处理过程可能占到全过程的 70% 左右的工作量。

4. 数据分析与挖掘

可以利用分布式计算集群来对存储其内的大数据进行分析，以满足大多数常见的分析需求。分析方法主要包括假设检验、显著性检验、差异分析、相关分析、t 检验、方差分析、偏相关分析、距离分析、回归分析、简单回归分析、多元回归分析、逐步回归、回归预测与残差分析、曲线估计、因子分析、聚类分析、主成分分析、因子分析、判别分析、对应分析、多元对应分析等。

数据挖掘完成的是高级数据分析的需求，一般没有预先设定的主题，主要是在现有数据上进行基于各种算法的计算，起到预测的效果。数据挖掘主要进行分类、估计、预测、相关性分组或关联规则、聚类、描述和可视化、复杂数据类型挖掘等工作。比较典型的算法有 k-Means 聚类算法、深度学习算法、SVM 统计学习算法和朴实贝叶斯分类算法。该过程的主要特点是挖掘的算法复杂，并且计算所涉及的数据量和计算量大。

数据挖掘选择主要有两个考虑因素：一是不同的数据有不同的特点，因此需要用与之相关的算法来挖掘；二是用户或实际运行系统的要求，例如，有的用户希望获取描述型的、容易理解的知识，而有的用户只是希望获取预测准确度尽可能高的预测型知识，并不在意获取的知识是否易于理解。

数据挖掘阶段使用模式，经过评估，可能存在冗余或无关的模式，这时需要将其删除；也有可能模式不满足用户要求，这时则需要整个发现过程回退到前续阶段，如重新选取数据、采用新的数据变换方法、设定新的参数值，甚至更换算法等。

5. 结果解释

由于知识发现最终是面向人类用户，因此，需要对发现的模式进行可视化，或者把结果转换为用户易于理解的表示。也就是说，仅能够分析大数据，但却无法使得用户理解分析的结果，这样的结果价值不大。如果用户无法理解分析，那么需要决策者对数据分析结果进行解释。解释通常包括检查所提出的假设并对分析过程进行追踪，采用可视化模型展现大数据分析结果，例如利用云计算、标签云、关系图等呈现。知识评估阶段是知识发现的一个重要环节，不仅需要将数据分析系统发现的结果以用户能了解的方式呈现，而且需要进行知识评价，如果没有达到用户的目标，则需要返回前面相应的步骤进行螺旋式处理，以最终获得满意的结果。

1.5.2　大数据技术的特征

1. 分析全面的数据而非随机抽样

在大数据出现之前，由于缺乏获取全体样本的手段和可能性，针对小样本提出了随机抽样的方法，在理论上，越随机抽取样本，越能代表整体样本，但是获取随机样本的代价极高，而且费时。出现数据仓库和云计算之后，获取足够大的样本数据及获取全体数据变得更为容易并成为可能。所有的数据都在数据仓库中，完全不需要以抽样的方式调查这些数据。获取大数据本身并不是目的，能用小数据解决的问题绝不要故意增大数据量。当年开普勒发现行星三大定律、牛顿发现力学三大定律都是基于小数据。从通过小数据获取知识的案例中得到启发，人脑具有强大抽象能力，例如 2 ~ 3 岁的小孩看少量图片就能正确区分马与狗、汽车与火车，似乎人类具有与生俱来的知识抽象能力。从少量数据中如何高效抽取概念和知识是值得深入研究的方向。至少应明白解决某类问题，多大的数据量是合适的，不要盲目追求超额的数据。数据无处不在，但许多数据是重复的或者是没有价值的。未来的任务主要不是获取越来越多的数据，而是数据的去冗分类、去粗取精，从数据中挖掘知识，获得价值。

2. 重视数据的复杂性，弱化精确性

对小数据而言，最基本和最重要的要求就是减少错误、保证质量。由于收集的数据少，所以必须保证记录下来的数据尽量准确。例如，使用抽样的方法，需要在具体的运算上非常精确，在一个总样本为 1 亿人口随机抽取 1 000 人，如果在 1 000 人上的运算出现错误，那么放大到 1 亿人中将会放大偏差；但在全体样本上，产生多少偏差就为多少偏差，不会被放大。

精确的计算是以时间消耗为代价的。在小数据情况，追求精确是为了避免放大的偏差而不得以为之；但在样本等于总体大数据的情况，快速获得一个大概的轮廓和发展趋势比严格的精确性重要得多。

大数据的简单算法比小数据更有效，大数据不再期待精确性，也无法实现精确性。

3. 关注数据的相关性，而非因果关系

相关性表明变量 A 与变量 B 有关，或者说变量 A 的变化与变量 B 的变化之间存在一定的比例关系，但在这里的相关性并不一定是因果关系。

亚马逊的推荐算法指出，可以根据消费记录来告诉用户他可能喜欢什么，这些消费记录有可能是别人的，也有可能是该用户历史的，并不能说明喜欢的原因。不能说都喜欢购买 A 和 B，就存在购买 A 之后的结果是购买 B，这是一个或然的事情，但其相关性高，或者说概率大。大数据技术只知道是什么，而不需知道为什么，就像亚马逊的推荐算法指出的那样，知道喜欢 A 的人很可能喜欢 B，但却不知道其中的原因。知道是什么就足够了，没有必要知道为什么。在大数据背景下，通过相互关系就可以比以前更容易、更快捷、更清楚地进行分析，找到一个现象的关系物。系统相互依赖的是相互关系，而不是因果关系。相互关系可以告诉的是将发生什么，而不是为什么发生，这正是这个系统的价值。大数据的相互关系分析更准确、更快，而且不易受到偏见的影响。建立相互关系分析法的预测是大数据的核心。完成相互关系分析之后，当又不满足仅仅知道为什么时，可以再继续研究因果关系，找出为什么。

4. 学习算法复杂度

一般 $M \lg N$、N^2 级的学习算法复杂度可以接受，但面对 PB 级以上的海量数据，$M \lg N$、N^2 级的学习算法就难以接受，处理大数据需要更简单的人工智能算法和新的问题求解方法。普遍认为，大数据研究不只是几种方法的集成，应该具有不同于统计学和人工智能的本质内涵。大数据研究是一种交叉科学研究，应体现其交叉学科的特点。

1.5.3 大数据的一些热点技术

大数据来源非常丰富，且数据类型多样，存储和分析挖掘的数据量庞大，对数据展现的要求较高，重视高效性和可用性。

1. 非结构化和半结构化数据处理

如何处理非结构化和半结构化数据是一项重要的研究课题。如果把通过数据挖掘提取粗糙知识的过程称为一次挖掘过程，那么将粗糙知识与被量化后的主观知识，包括具体的经验、常识、本能、情境知识和用户偏好相结合而产生智能知识过程就称为二次挖掘。从一次挖掘到二次挖掘是量到质的飞跃。

由于大数据所具有的半结构化和非结构化特点，基于大数据的数据挖掘所产生的结构化的粗糙知识（潜在模式）也伴有一些新的特征。这些结构化的粗糙知识可以被主观知识加工处理并转化，生成半结构化和非结构化的智能知识。寻求智能知识反映了大数据研究的核心价值。

2. 大数据复杂性与系统建模

大数据复杂性、不确定性特征描述的方法及大数据的系统建模这一问题的突破是实现大数据知识发现的前提和关键。从长远角度来看，依照大数据的个体复杂性和随机性所带来的挑战将促使大数据数学结构的形成，从而导致大数据统一理论的完备。从近期角度来看，宜发展一种一般性的结构化数据和半结构化、非结构化数据之间的转化原则，以支持大数据的交叉应用。管理科学，尤其是基于最优化的理论将在发展大数据知识发现的一般性方法和规律性中发挥重要的作用。

现实世界中的大数据处理问题复杂多样，难以有一种单一的计算模式能涵盖所有不同的大数据计算需求。研究和实际应用中发现，MapReduce 主要适合于进行大数据离线批处理方式，不适应面向低延迟、具有复杂数据关系和复杂计算的大数据处理；Storm 平台适合于在线流式大数据处理。

大数据的复杂形式导致许多对粗糙知识的度量和评估相关的研究问题。已知的最优化、数据包络分析、期望理论、管理科学中的效用理论可以被应用到研究如何将主观知识融合到数据挖掘产生的粗糙知识的二次挖掘过程中，人机交互将起到至关重要的作用。

3. 大数据异构性与决策异构性影响知识发现

由于大数据本身的复杂性，致使传统的数据挖掘理论和技术已不适应大数据知识发现。在大数据环境下，管理决策面临着两个异构性问题，即数据异构性和决策异构性问题。决策结构的变化要求人们去探讨如何为支持更高层次的决策去做二次挖掘。无论大数据带来了何种数据异构性，大数据中的粗糙知识仍可被看作一次挖掘的范畴。通过寻找二次挖掘产生的智能知识作为数据异构性和决策异构性之间的连接桥梁。

寻找大数据的科学模式将带来对大数据研究的一般性方法的探究，如果能够找到将非结构化、半结构化数据转化成结构化数据的方法，已知的数据挖掘方法将成为大数据挖掘的工具。

4. 流处理

随着业务流程的复杂化，大数据趋势日益明显，流处理已成为重要的处理技术。应用流处理可以完成实时处理，能够处理随时发生的数据流的架构。

例如，计算一组数据的平均值，可以使用传统的方法实现。但对于移动数据平均值的计算，不论是到达、增长还是一个又一个的单元，需要更高效的算法。如果想创建的是一个数据流统计集，那么需要对此逐步添加或移除数据块，进行移动平均计算。

5. 并行化

小数据的情形类似于桌面环境，磁盘存储能力在 1 ~ 10 GB；中数据的数据量在 100 GB ~ 1 TB；大数据分布式的存储在多台机器上，包含 1 TB 到多个 PB 的数据。如果在分布式数据环境中工作，并且需要在很短的时间内处理数据，那么就需要分布式处理。

6. 摘要索引

摘要索引是一个对数据创建预计算摘要以加速查询运行的过程。摘要索引的问题是必须为要执行的查询做好计划。数据增长飞速，对摘要索引的要求永不会停止，不论是基于长期还是短期考虑，都必须对摘要索引的制定有一个确定的策略。

7. 可视化

数据可视化包括科学可视化和信息可视化。可视化工具是实现可视化的重要基础，可视化工具有两大类。

① 探索性可视化描述工具可以帮助决策者和分析师挖掘不同数据之间的联系，这是一种可视化的洞察力。

② 叙事可视化工具可以独特的方式探索数据。例如，如果需要以可视化的方式在一个时间序列中按照地域查看一个企业的销售业绩，将预先创建可视化格式，然后可使数据按照地域逐月展示，并根据预定义的公式排序。

1.6 科学研究范式

科学问题是指一定时代的科学认识主体，在已完成的科学知识与科学实践的基础之上，提出的有可能解决的问题，包括求解目标和应答领域。科学发展的历史就是一个不断提出科学问题和不断解决科学问题的过程。科学问题是技术问题的集合，技术问题是科学问题的子集。科学问题具有时代性、混沌性、可解决性、可变异性和可待解性等特征，科学问题方法论具有裂变作用、聚变作用与激励作用。研究科学问题的方法论异常重要。

1.6.1 科学研究范式的产生与发展

扫一扫

科学研究范式

人类对外部世界的认识已达到令人惊叹的高度，在宏观上远及亿万光年的宇宙，在微观上已达层子、夸克世界。从宏观到微观、从自然到社会的观察、感知、计算、仿真、模拟、传播等活动，产生出大数据。科学家不仅通过对广泛的数据实时、动态地监测与分析来解决难以解决或不可触及的科学问题，更是把数据作为科学研究的对象和工具，基于数据来思考、设计和实施科学研究。数据不再仅仅是科学研究的结果，而是变成科学研究的活动基础。研究者不仅关心数据建模、描述、组织、保存、访问、分析、复用和建立科学数据基础设施，更关心如何利用泛在网络及其内在的交互性、开放性，利用大数据的可知识对象化、可计算化，构造基于数据的、开放协同的研究与创新模式，进而诞生了数据密集型的知识发现的科学研究第四范式。数据科学家也由此成为第四范式的实际践行者。

科学范式是科学发现的理论基础和实践的规范，是科学工作者共同遵循的普适的世界观和行为方式。范式代表了人类思维的方式和根基，也是科学知识交流时共同遵守法则。范式是一种公认的模型或模式，范式的本质是理论体系。范式的演变是科学研究的方法及观念的替代过程，科学的发展不是靠知识的积累而是靠范式的转换来完成，新范式形成表明建立起了常规科学。库恩的模型描述了一种科学的图景：一组观念成为特定科学领域的主流和共识，创造了一种关于这个领域的观念，进而拥有了自我发展的动力和对这个领域发展的控制力。它代表了对观察到的现象的合理解释，这种观念或范式从渐进发展的机制中获得启发和动力，同时被科学家逐渐完善。当现有范式无法解释观察到的现象，或者实验最终证明范式是错误时，那么范式失败，转变范式的机会也就随之到来。大数据的出现是科学研究第四范式出现的导火索。存储、处理、分析大数据的能力是科学必须适应的新事实，数据是这个新范式的核心，它与实验、理论、模拟共同成为现代科学方法的统一体。在科学发展的历史长河中，人类先后经历了实验、理论和计算模拟的三个科学研究范式。前三种范式对科学与技术的发展做出了巨大的贡献，并已成功地将科学的发展引领至今天的辉煌，而且模拟仍处于现代科学的核心。毫无疑问，基于现有的范式与技术，科学研究还将获得增量进展，但已经不能在一些领域进一步发挥有效的作用。如果需要更重大的突破，就需要新的方法，需要开创新范式，正是在这样的情况下，第四范式应运而生。

大数据科学将给科学家带来了技术挑战，IT 技术和计算机科学将在推动未来科学发现中发挥重要作用。

1.6.2 数据密集型科学研究第四范式

20 世纪，蕴藏着科学理论的科学数据经常被掩埋在零零散散的实验记录中，只有少数的大项目数据存储在磁介质中，来自单个的、小型的实验室科学数据很容易丢失，大数据管理与支持科研群体获取分布保存的数据成为巨大的挑战。

图灵奖获得者、美国计算机科学家詹姆斯·尼古拉斯·吉姆·格雷于 2007 年 1 月 11 日在计算机科学与电信委员会上的最后一次演讲中描绘了关于科学研究第四范式的愿景。这个范式成为由实验、理论与模拟所主宰的早期历史阶段的自然延伸。

如果采用传统的第一、第二、第三范式的研究方法来直接研究密集型数据本身已经无法进行模拟推演，无法通过主流软件工具在合理的时间内抽取、处理、管理并整合成为具有积极价值的服务信息。正是在这样的环境下，提出了科学研究第四范式，该范式以数据考察为基础，联合理论、实验和模拟于一体的数据密集计算的范式，数据被捕获或者由模拟器生成，利用软件处理，信息和知识存储在计算机中，科学家使用数据管理和统计学方法分析数据。

1. 数据密集型计算

数据量的急剧增长以及对在线处理数据能力要求的不断提高，使海量数据的处理问题日益受到关注。源于自然观测、工业生产、产品信息、商业销售、行政管理和客户记录等海量数据在信息系统中所扮演的角色正在从"被管理者"向各类应用的核心转变，并已经成为企业和机构最有价值的资产之一。其典型特点是海量、异构、半结构化或非结构化。通过网络提供基于海量数据的各类互联网服务或信息服务，是信息社会发展的趋势。这一趋势为业界和学术界提出了新的技术和研究问题。这类新型服务的重要特征之一是它们都是基于海量数据处理的。在这种背景下，数据密集型计算作为新型服务的支撑技术引起广泛关注。

（1）数据密集型计算的特点

数据密集型计算是指能推动前沿技术发展的对海量和高速变化的数据的获取、管理、分析和理解。数据密集型计算具有下述特点。

① 其处理的对象是数据，是围绕数据展开的计算。需要处理的数据量非常巨大，且变化快，是分布的、异构的，因此传统的数据库管理系统不能满足其需求。

② 计算的含义是从数据获取到管理再到分析、理解的整个过程，因此，数据密集型计算既不同于数据检索和数据库查询，也不同于传统的科学计算和高性能计算，是高性能计算与数据分析和挖掘的结合。

③ 其目的是推动技术发展，目标是依赖传统的单一数据源和准静态数据库所无法实现的应用。

（2）数据密集型计算的典型应用

① 万维网应用。无论是传统的搜索引擎还是新兴的 Web 2.0 应用，都是以海量数据为基础，以数据处理为核心的互联网服务系统。为支持这些应用，系统需要存储、索引、备份海量异构的万维网（Web）页面、用户访问日志以及用户信息，并且还要保证能快速准确地访问这些数据。这需要数据密集型计算系统的支持，因此 Web 应用成为数据密集型计算发源地。

② 软件即服务应用。软件即服务通过提供公开的软件服务接口，使用户能够在公共的平台上得到定制的软件功能，节省软硬件平台的购买和维护费用，也为应用和服务整合提供了可能。由于用户的各类应用所涉及的数据具有海量、异构和动态等特性，因此有效地管理和整合这些数据，并在保证数据安全和隐私的前提下提供数据融合和互操作功能，需要数据密集型计算系统的支持。

③ 大型企业的商务智能应用。大型企业地理上往往是跨区域分布的，互联网为其提供了统一管理和全局决策的平台。实现企业商务智能需要整合生产、销售、供应、服务、人事和财务等一系列子系统。数据是整合的对象之一，更是实现商务智能的基础。由于这些子系统中的数据包括产品设计、生产过程、计划、客户、订单以及售前后服务等，类型多样，数量巨大，结构复杂和异构，因此数据密集型计算系统是实现跨区域企业商务智能的支撑技术。

（3）数据管理

数据密集型计算系统中的数据管理问题是核心问题。其与传统的数据管理问题相比，在应用环境、数据规模和应用需求等方面有本质区别。

数据密集型计算处理的是海量、快速变化、分布和异构的数据，数据量一般是 TB 甚至是 PB 级的，因此传统的数据存储和索引技术不再适用。地理上的分散性、模型和表示方式的异构性给数据的获取和集成带来了困难。数据的快速变化特性要求处理必须及时，而传统的针对静态数据库或者数据快照的数据管理技术已无能为力。

数据密集型计算中计算的含义是多元的。它既包括搜索、查询等传统的数据处理，也包括分析和理解等智能处理。数据密集型计算所需要的数据分析和理解不仅仅是单一的数据分析或挖掘算法，这些算法必须能够在海量、分布和异构数据管理平台上高效地实现。数据特性决定了不可能为每一个数据分析和理解任务从存储和索引开始开发新的算法。因此，数据密集计算需要的是与存储和管理平台紧密结合的、具有高度灵活性和定制能力的、易用的数据搜索、查询和分析工具。使用这一工具，用户可以构造复杂的数据分析甚至理解应用。由于数据密集型计算要求在海量存储和高性能计算平台上实现,因此数据密集型计算通常无法在本地提供服务。有效方式是以 Web 服务方式提供应用接口。用户的要求可能包括从数据获取到预处理再到数据的分析、处理的整个过程,可能涉及复杂的流程。因此,数据密集型计算应用的服务接口必须提供整体流程的描述功能,并提供良好的客户机与服务器之间的基于 Web 服务的交互功能。

2. 格雷法则

数据密集型科学有三个基本活动组成:数据的采集、管理与分析。

对于大型科学数据集的大数据工程,吉姆·格雷制定了非正式法则或规则,如下所述。

(1) 科学计算日益变得数据密集型

科学数据的爆炸式增长对前沿科学的研究带来了巨大挑战,数据的增长已经超过数十亿字节,因此对大数据的采集、管理与分析是新的挑战。计算平台的 I/O 性能限制了观测数据集的分析与高性能的数值模拟,当数据集超出系统随机存储器的能力时,多层高速缓存的本地化将不再发挥作用,仅有很少的高端平台能提供足够快的 I/O 子系统。

高性能、可扩展的数值计算也对算法提出了挑战,传统的数值分析包只能在适合 RAM 的数据集上运行。为了进行大数据的分析,需要对问题进行分解,通过解决小问题获得大问题解决的还原论方法是一种重要方法。

(2) 解决方案为横向扩展的体系结构

对网络存储系统进行扩容并将它们连接到计算结点群中并不能解决问题,因为网络的增长速度不足以应对必要存储逐年倍增的速度。横向扩展的解决方案提倡采用简单的结构单元,在这些结构单元中,数据被本地连接的存储结点所分割,这些较小的结构单元使得 CPU、磁盘和网络之间的平衡性增强。格雷提出了网络砖块的概念,使得每一个磁盘都有自己的 CPU 和网络。尽管这类系统的结点数将远大于传统的纵向扩展体系结构中的结点数,但每一个结点的简易性、低成本和总体性能足以补偿额外的复杂性。

(3) 将计算用于数据而不是数据用于计算

大多数数据分析以分级步骤进行。首先对数据子集进行抽取,通过过滤某些属性或抽取数据列的垂直子集完成,然后以某种方式转换成聚合数据。

近年来,MapReduce 已经成为分布式数据分析和计算的普遍范式,其原理类似于分布式分组和聚合的能力。根据这一原理构造的 Hadoop 开源软件已成为目前大数据处理的最好工具,Hadoop 技术成为推动大数据安全计划的引擎。企业使用 Hadoop 技术收集、共享和分析来自网络的大量结构化、半结构化和非结构化数据。

Hadoop 是一个开源框架,它实现了 MapReduce 算法,用以查询在互联网上的分布数据。在 MapReduce 算法中,Map(映射)的功能是将查询操作和数据集分解成组件,Reduce 的功能是在查询中映射的组件可以被同时处理(即约简),从而可以快速地返回结果。

Hadoop 具有方便、健壮、可扩展、简单等一系列特性。Hadoop 处理数据是以数据为中心,而不是传统的以程序为中心。在处理数据密集型任务时,由于数据规模太大,数据迁移变得十分困难,Hadoop 强调把程序向数据迁移。也就是说,以计算为中心转变为以数据为中心。

(4) 20 个询问规则和长尾理论

① 20 个询问规则。

20 个询问规则是一个设计步骤的别称,这一步骤是专门领域科学家与数据库设计者可以对话，填补科学领域使用的动词与名词之间，以及数据库中存储的实体与关系之间的语义鸿沟。这些询问定义了专门领域科学家期望对数据库提出的有关实体与关系方面的精确问题集。这种重复实践的结果是：专门领域科学家和数据库之间可以使用共同语言。

在"20个询问"开始设计启发式规则中，在完成科研项目时，研究人员要求数据系统回答20个最重要问题。过少（如5个问题）不足以识别广泛的模式，过多（如100个问题）将导致重点不突出。

② 长尾理论

长尾理论是网络时代兴起的一种新理论。长尾实际上是统计学中幂律和帕累托分布特征的一个通俗表达。过去人们只能关注重要的人或重要的事，如果用正态分布曲线来描绘，人们只能关注曲线的头部，而将处于曲线尾部，或者需要更多的精力和成本才能关注到的大多数人或事忽略。例如，在销售产品时，厂商关注的是少数几个 VIP 客户，无暇顾及在人数上居于大多数的普通消费者。而在网络时代，由于关注的成本大大降低，有可能以很低的成本关注正态分布曲线的尾部，使得关注尾部产生的总体效益甚至会超过头部。例如，某著名网站是世界上最大的网络广告商，它没有一个大客户，收入完全来自被其他广告商忽略的中小企业。安德森认为，网络时代是关注长尾、发挥长尾效益的时代。

长尾理论改变了传统的二八定律。人类一直在用二八定律来界定主流，计算投入和产出的效率。它贯穿了整个生活和商业社会。二八定律是 1897 年意大利经济学家帕累托归纳出的一个统计结论，即 20% 的人口享有 80% 的财富。当然，这并不是一个准确的比例数字，但表现了一种不平衡关系，即少数主流的人（或事物）可以造成主要的、重大的影响。在市场营销中，为了提高效率，厂商们习惯于把精力放在那些由 80% 客户去购买的 20% 的主流商品上，着力维护购买其 20% 商品的 80% 的主流客户。

传统的市场曲线符合二八定律，为了抢夺那带来 80% 利润的畅销品市场，争夺激烈，但是互联网的出现改变了这种局面，所谓的热门商品正越来越名不副实，使得 99% 的商品都有机会进行销售，市场曲线中那条长长的尾部（所谓的利基产品）成为可以寄予厚望的新的利润增长点。

(5) 工作至工作

工作至工作是指工作版本至工作版本的升级，这是一个设计法则。无论数据驱动的计算体系结构变化多么迅速，尤其是当涉及分布数据的时候，新的分布计算模式每年都出现新的变化，使其很难停留在多年的自上而下的设计和实施周期中。当项目完成之时，最初的假设已经变得过时，如果要建立只有每个组件都发挥作用的情况下才开始运行的系统，那么将永远无法完成这个系统。在这样的背景下，唯一方法就是构建模块化系统。随着潜在技术的发展，这些模块化系统的组件可以被代替，现在以服务为导向的体系结构是模块化系统的优秀范例。

3. 科学研究第四范式的核心内容

科学研究的范式不等同于科学知识的各种范式。科学研究的范式是科学家用于科学研究的范式，而不是科学知识的各种范式。相比库恩科学动力学理论，网络可以帮助人们更好地理解海量数据策略。

(1) 科学研究范式的演化过程

在漫长的科学研究范式进化过程中，最初只有实验科学范式，主要描述自然现象，以观察和实验为依据的研究，又称之为经验范式。后来出现了理论范式，是以建模和归纳为基础的理论学科和分析范式，科学理论是对某种经验现象或事实的科学解说和系统解释，是由一系列特定的概念、原理（命题）以及对这些概念、原理（命题）的严密论证组成的知识体系。开普勒定律、牛顿运动定律、麦克斯韦方程式等正是利用了模型和归纳而诞生的。但是，对于许多问题，用这些理论模型分析解决过于复杂，只好走上了计算模拟的道路，提出了第三范式。第三范式是以模拟复杂现象为基础的计算科学范式，又称模拟范式。基于模拟范式，完成了世界近代三大数学难题之一的四色问题的求解与证明。模拟方法已经引领人们走过了 20 世纪后半期。现在，数据爆炸又将理论、实验和计算仿真统一起来，出现了新的密集型数据的生态环境。模拟方法正在生成大量数据，同时实验科学也出现了巨大数据增长。研究者已经不用望远镜来观看，取而代之的是通过把数据传递到数据中心的大规模复杂仪器上来观看了开始研究计算机上存储的信息。

毋庸置疑，科学的世界发生了变化，新的研究模式是通过仪器收集数据或通过模拟方法产生数据，然后利用计算机软件进行处理，再将形成的信息和知识存于计算机中。科学家通过数据管理和统计方法分析数据和文档，只是在这个工作流中靠后的步骤才开始审视数据。可以看出，这种密集型科学研究范式与前三种范式截然不同，所以将数据密集型范式从其他研究范式中区分出来，作为一个新的、科学探索的第四种范式，其意义与价值重大。

（2）数据密集型科学的基本活动

数据密集型科学由数据的采集、管理和分析三个基本活动组成。数据的来源构成了密集型科学数据的生态环境。各种实验涉及多学科的大规模数据，例如澳大利亚的平方公里阵列射电望远镜、欧洲粒子中心的大型强子对撞机、天文学领域的泛 STARRS 天体望远镜阵列等每天能产生几个千万亿字节（PB）的数据。特别是它们的高数据通量，对常规的数据采集、管理与分析工具形成巨大的挑战。为此，需要创建一系列通用工具，支持从数据采集、验证到管理、分期和长期保存等整个流程。

（3）学科的发展

关于学科的发展，格雷认为所有学科 X 都分有两个进化分支，一个分支是模拟的 X 学，另一个分支是 X 信息学。如生态学可以分为计算生态学和生态信息学，前者与模拟生态的研究有关，后者与收集和分析生态信息有关。在 X 信息学中，把由实验和设备产生的、档案产生的、文献中产生的、模拟产生的事实以编码和表达知识的方式都存储在一个空间中，用户通过计算机向这个空间提出问题，并由系统给出答案。为了完成这一过程，需要解决的一般问题有数据获取、管理 PB 级大容量的数据、公共模式、数据组织、数据重组、数据分享、查找和可视化工具、建立和实施模型、数据和文献集成、记录实验、数据管理和长期保存。可以看出，科学家需要更好的工具来实现大数据的捕获、分类管理、分析和可视化。

小 结

本章主要概括性介绍了数据科学、大数据生态环境、大数据的概念、大数据的性质、大数据处理周期、大数据一些热点问题与热点技术，以及科学研究范式等基础性的内容。

第 ② 章　大数据处理平台

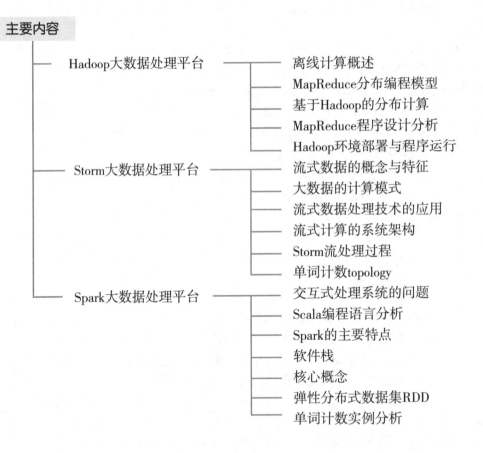

主要内容

- Hadoop大数据处理平台
  - 离线计算概述
  - MapReduce分布编程模型
  - 基于Hadoop的分布计算
  - MapReduce程序设计分析
  - Hadoop环境部署与程序运行
- Storm大数据处理平台
  - 流式数据的概念与特征
  - 大数据的计算模式
  - 流式数据处理技术的应用
  - 流式计算的系统架构
  - Storm流处理过程
  - 单词计数topology
- Spark大数据处理平台
  - 交互式处理系统的问题
  - Scala编程语言分析
  - Spark的主要特点
  - 软件栈
  - 核心概念
  - 弹性分布式数据集RDD
  - 单词计数实例分析

Hadoop、Storm 和 Spark 是目前流行的大数据处理平台。其中，Hadoop 适用于大数据离线计算，Storm 适用于大数据流式计算，Spark 适用于大数据交互式计算。

2.1　Hadoop 大数据处理平台

Hadoop 是最早出现的大数据处理平台，HDFS 与 MapReduce 是 Hadoop 的两大核心，其中 HDFS 用于存储与管理数据，MapReduce 用于处理数据。所使用的函数式语言主要包含 Map 函数与 Reduce 函数。Hadoop 适用于 Map 和 Reduce 存在的任何场景，例如单词计数、排序、

PageRank、用户行为分析等批量数据处理，但是 Hadoop 处理平台并不适用于交互式数据查询和实时数据流的处理。

2.1.1　离线计算概述

离线计算（Off Line Computing）技术比在线计算技术更为成熟。MapReduce 分布编程模型适于离线计算，在大数据领域得到广泛应用。

1. 离线计算技术特点

离线计算是在计算开始前已经具备所有输入数据，并且输入数据不会发生变化，需要在解决一个问题后就要立即得出结果的前提下进行的计算。

数据离线计算的特点如下。

① 数据量巨大且存储时间长。

② 在大量数据上进行复杂的运算。

③ 数据在计算之前已经完全具备，而且不发生变化。

④ 能够方便地查询计算的结果。

2. 批量计算技术特点

批量计算（Batch Computing）是一种典型的离线计算，适用于大规模并行批处理的分布式云服务。批量计算支持海量作业并发规模，系统自动完成资源管理、作业调度和数据加载，并按实际使用量来计费。批量计算广泛应用于电影动画渲染、生物数据分析、多媒体转码、金融保险分析和数据处理等领域。批量计算的主要特点如下。

① 支持十万核级别并发规模，自动高效地完成数据分布计算。

② 多种实例类型可选，根据作业需求动态分配计算资源。

③ 按需创建集群资源，按照计算资源实际使用量计费。

④ 支持自定义镜像，支持多种实例类型，自动化部署。

⑤ 多租户隔离，整合存储资源权限管理系统，通过主账号对服务权限进行隔离。

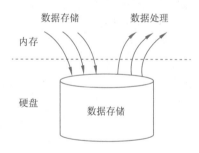

3. 离线计算模式

离线计算模式如图 2-1 所示，首先将数据存储到硬盘中，然后再对存储在硬盘中的静态数据进行集中计算。Hadoop 是典型的大数据批量计算架构，由分布文件系统负责静态数据的存储，并通过 MapReduce 将计算逻辑分配到各数据结点进行数据计算和价值发现。

图2-1　离线计算模式

4. 离线算法与在线算法

离线算法是基于在执行算法前输入数据已知的基本假设。

在线算法（On Line Algorithms）可以以序列化的方式一个一个地处理输入，也就是说，在开始时并不需要已经知道所有的输入。因为在线算法并不知道整个的输入，所以获得的选择最后可能不是为最优，在线算法主要用于在当前环境下做出选择。

5. 离线计算与实时计算

在实时计算中，输入数据是可以以序列化的方式一个个输入并进行处理的，也就是说在开始的时候并不需要知道所有的输入数据。例如，当用户请求发送过来后进行处理或输出结果的是实时计算，但在用户请求之前就将数据准备好的是离线计算。由于实时计算不能在整体上考虑全部输入数据，所以得出的结果可能不是最优解。

离线计算多用于建模和数据的预处理，而实时计算框架是要求立即返回计算结果的，要求快速响应请求，多用于简单的累加计算和基于建模之后的模型进行分类等操作。

2.1.2 MapReduce分布编程模型

MapReduce 是分布计算的编程模型。在 Hadoop 分布计算平台中，利用 MapReduce 模型对任务进行分配，进而使分配后的任务在计算机集群上进行分布并行计算，实现了 Hadoop 对任务的并行处理。

1. MapReduce 计算过程

MapReduce 由 Map 和 Reduce 两个阶段组成。用户只需要编写 map 和 reduce 两个函数程序就可以完成简单的分布式程序的设计。map 函数以键值（key/value）对作为输入，产生另外一系列键值对作为中间输出，并写入本地磁盘。MapReduce 框架自动地将这些中间数据按照键值进行聚集，将键值相同（用户可设定聚集策略，默认情况下是对 key 值进行哈希取模）的数据统一交给 reduce 函数处理。reduce 函数以键值及对应的 value 列表作为输入，经合并键值相同的 value 值后，产生另外一系列键值对作为最终输出而写入 Hadoop 分布文件系统（Hadoop Distributing File Systym，HDFS）。

MapReduce 以函数方式进行分布式计算。Map 相对独立且并行运行，对存储系统中的文件按行处理，并产生键值。Reduce 以 Map 的输出作为输入，相同键的记录汇聚到同一个 Reduce，Reduce 对这组中间结果进行操作，将中间结果相同的键进行合并约简，并产生最终结果，即产生新的数据集。

形式化描述如下。

Map：$(k1,v1) \rightarrow list(k2,v2)$

Reduce：$(k2,list(v2)) \rightarrow list(v3)$

在图 2-2 中，将数据 (k,v) 集输入到 Map 中，而每个 Map 产生新的键值对。对任何特定键调用 Reduce，产生一个 (k,v) 集。

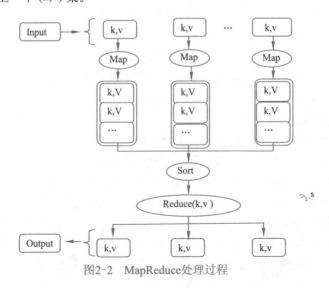

图2-2　MapReduce处理过程

2. 基于 MapReduce 的形状计数

基于 MapReduce 分布计算模型的形状计数全过程经过 Map 与 Reduce 两步计算，可以完成形状计数，如图 2-3 所示。

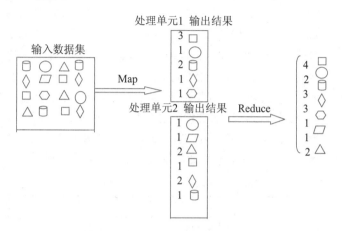

图2-3 基于MapReduce的形状计数

映射（Map）和化简（Reduce）函数的功能是按一定的映像规则将输入的键值对转换成另一个或另一批键值对输出，如表 2-1 所示。

表2-1 映射函数和化简函数功能说明

函　　数	输　　入	输　　出	说　　明
映射	<k1, v1>	List(<k2,v2>)	1.将数据集解析成一批 <key,value> 对，输入map函数中进行处理。 2. 对于每一个输入的<k1,v1>，将输出一批 <k2,v2>，<k2,v2>是计算的中间结果
化简	<k2,List(v2)>	<k3,v3>	输入的中间结果<k2,List(v2)>中的 List(v2)表示属于同一个 k2 的value

根据键划分 Reduce 空间。Reduce 函数的作用是把大的数值列表转变为一个（或几个）输出数值。在 MapReduce 中，所有的输出数值一般不会被 Reduce 集中在一起。有着相同键的所有数值将被一起送到一个 Reduce 中。有着不同键关联的数值列表上的 Reduce 操作之间独立执行。

Reduce 一般用来生成总结数据，把大规模的数据转变成更小的数据信息。例如，"+"可以用来作为一个 Reduce 函数，用于返回输入数据列表的值的总和。基于 MapReduce 计算模型的分布式并行程序设计非常简单，只需编写 Map 函数和 Reduce 函数，其他并行编程中的复杂问题，如分布式存储、工作调度、负载平衡、容错处理、网络通信等，均由 Hadoop 平台负责处理，也就是说，这些内容对程序员完全透明。

2.1.3 基于Hadoop的分布计算

在 Hadoop 中，分布式文件系统为各种分布式计算提供服务。分布式文件系统就是增加了分布式的文件系统，将定义推广到类似的分布式计算上，可以将其视为增加了分布式支持的计算函数。从计算的角度上看，MapReduce 框架接收各种格式的键值对文件作为输入，读取并计算后，最终生成自定义格式的输出文件。从分布式的角度上看，分布式计算的输入文件规模巨大，并且分布在多个机器上，完全不支持单机计算并且效率低下，因此 MapReduce 框架提供了可将计算扩展到无限规模的计算机集群上进行的一套机制。

将每一次计算请求称为作业。一个作业可分为两个步骤完成，首先是将其拆分成若干 Map 任务，分配到不同的机器上去执行。每一个 Map 任务将输入文件的一部分作为自己的输入，经过一些计算，生成某种格式的中间文件，这种格式与最终所需的文件格式完全一致，但是仅仅包含一部分数据。因此，当所有 Map 任务完成后，进入下一个步骤，合并这些中间文件获得最后的输出文件。此时，系统会生成若干 Reduce 任务，同样也是分配到不同的机器去执行，其目标就是将若干 Map 任务生成的中间文件汇总到最后的输出文件中去。经过如上步骤后，作业完成，生成所需要的目标文件。由于增加了一个中间文件生成的流程，大大提高了灵活性，使其分布式扩展性得到了保证。Hadoop 作业与任务的解释如表 2-2 所示。

表2-2　Hadoop作业与任务的解释

Hadoop术语	描　　述
作业（Job）	用户的每一个计算请求
任务（Task）	将作业拆分并由服务器来完成的基本单位
作业服务器（Master）	负责接收用户提交的作业、任务的分配和管理所有任务的服务器
任务服务器（Worker）	负责执行具体的任务

1. 作业服务器

在 Hadoop 架构中，作业服务器称为 Master。作业服务器负责管理运行在此框架下的所有作业，也是为各个作业分配任务的核心。Master 简化了负责的同步流程。执行用户定义操作的是任务服务器，每一个作业被拆分成多个任务，包括 Map 任务和 Reduce 任务等。任务是执行的基本单位，它们都需要分配到合适任务服务器上去执行。任务服务器一边执行一边向作业服务器汇报各个任务的状态，以此来帮助作业服务器了解作业执行的整体情况，以及分配新的任务等。

除了作业的管理者与执行者之外，还需要一个任务提交者，这就是客户端。与分布式文件系统一样，用户需要自定义好所需要的内容，经由客户端相关的代码，将作业及其相关内容和配置提交到作业服务器，并随时监控执行的状况。

与分布式文件系统相比，MapReduce 框架还有一个特点就是可定制性强。文件系统中很多的算法都很固定和直观，不会由于所存储的内容不同而有太多的变化。而作为通用的计算框架，需要面对的问题则要更复杂。在不同的问题、不同的输入、不同的需求之间，很难存在一种通用的机制。MapReduce 框架一方面要尽可能地抽取出公共的需求并实现出来，另一方面需要提供良好的可扩展机制，以满足用户自定义各种算法的需求。

2. 作业计算流程

一个作业的计算流程如图 2-4 所示。

在每个任务的执行中，又包含输入的准备、算法的执行、

图2-4　作业执行过程

输出的生成三个子步骤。根据这个流程，可以很清晰地了解整个 Map/Reduce 框架下作业的执行过程。

（1）提交作业

一个作业在提交之前需要完成所有配置，因为一旦提交到了作业服务器上，就进入了完全自动化的流程。用户除了观望，最多也就能起一个监督作用。用户在提交代码阶段，需要做的主要工作是书写好所有自定的代码，主要有 Map 和 Reduce 的执行代码。

（2）Map 任务的分配

任务分配是一个重要的环节。任务分配就是将作业的任务分配到服务器上。主要分为两个步骤。

① 选择作业之后，再在此作业中选择任务。与所有分配工作一样，任务分配也是一个复杂的工作。不良好的任务分配可能导致网络流量增加、某些任务服务器负载过重效率下降等。任务分配无一致模式，不同的业务背景，需要不同的分配算法。当一个任务服务器期待获得新的任务的时候，将按照各个作业的优先级开始分配。每分配一个，还为其留出余量，以备不时之需。例如，系统目前有优先级分别为 3、2、1 的三个作业，每个作业都有一个可分配的 Map 任务，一个任务服务器来申请新的任务，它还有能力承载 3 个任务的执行，将先从优先级为 3 的作业上取一个任务分配给它，然后再留出一个任务的余量。此时，系统只能在将优先级为 2 作业的任务分配给此服务器，而不能分配优先级为 1 的任务。这种策略的基本思路就是一切为高优先级的作业服务。

② 确定了从哪个作业提取任务后，分配算法尽全力为此服务器分配尽可能好地分配任务，也就是说，只要还有可分配的任务，就一定会分给它，而不考虑后来者。作业服务器从离它最近的服务器开始检测是否还挂着未分配的任务（预分配上的），从近到远；如果所有的任务都已分配，那么再检测有没有开启多次执行，如果已开启，需要将未完成的任务再分配一次。

对于作业服务器来说，把一个任务分配出去了，并不表明作业服务器工作完成。因为任务可以在任务服务器上执行失败，可能执行缓慢，这都需要作业服务器帮助它们再来一次执行。

（3）Map 任务的执行

与 HDFS 类似，任务服务器是通过心跳消息，向作业服务器汇报此时此刻其上各个任务执行的状况，并向作业服务器申请新的任务的。在实现过程中，使用池方式。设有若干固定的槽，如果槽没有满，那么就启动新的子进程；否则，就寻找空闲的进程。如果是同任务的直接放进去，否则，杀死这个进程，用一个新的进程代替。每一个进程都位于单独线程中。但是从实现上看，这个机制好像没有部署子进程是死循环等待，而不会阻塞在父进程的相关线程上。父线程的变量一直都没有个调整，一旦分配，始终都处在繁忙的状况。

（4）Reduce 任务的分配与执行

Reduce 的分配比 Map 任务简单，基本上是所有 Map 任务完成了，如果有空闲的任务服务器，就分配一个任务。因为 Map 任务的结果星罗棋布，且变化多端，真要设计一个全局优化的算法，得不偿失。而 Reduce 任务的执行进程的构造和分配流程，与 Map 基本一致。Reduce 任务与 Map 任务的最大不同是 Map 任务的文件都存于本地，而 Reduce 任务需要到处采集。这个流程是作业服务器经由此 Reduce 任务所处的任务服务器，告诉 Reduce 任务正在执行的进

扫一扫

作业运行
方式

程，需要 Map 任务执行过的服务器地址，此 Reduce 任务服务器会与原 Map 任务服务器联系，并通过 FTP 服务下载过来。这个隐含的直接数据联系，就是执行 Reduce 任务与执行 Map 任务最大的不同。

（5）作业的完成

当所有 Reduce 任务都完成之后，所需数据都写到了分布式文件系统上，整个作业完成。

3．MapReduce 程序的执行过程

MapReduce 程序的执行过程如图 2-5 所示。

（1）用户程序中的 MapReduce 类库首先将输入文档分割成大小为 16 ～ 64 MB 的文件片段，用户也可以通过设置参数对大小进行控制。随后，集群中的多个服务器开始执行多个用户程序的副本。

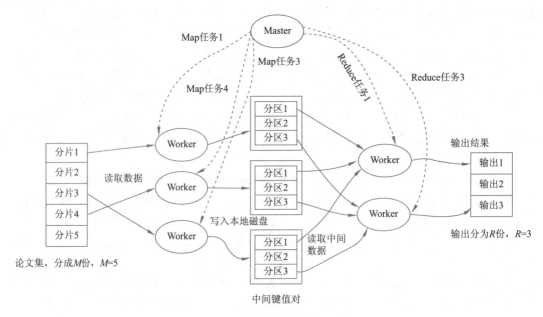

图2-5　MapReduce程序的执行过程

（2）由 master 负责分配任务，如果总计分配 M 个 Map 任务和 R 个 Reduce 任务。分配的原则是 Master 选择空闲的 Worker 并为其分配一个 Map 任务或一个 Reduce 任务。

（3）被分配到 Map 任务的 Worker 读取对应文件片段，从输入数据中解析出键值对，并将其传递给用户定义的 map 函数。由 map 函数产生的键值对被存储在内存中。

（4）缓存的键值对被周期性写入本地磁盘，并被分成 R 个区域。这些缓存数据在本地磁盘上的地址被传递回 Master，由 Master 再将这些地址送到负责 Reduce 任务的 Master。

（5）当负责 Reduce 任务的 Master 得到关于上述地址的通知时，它使用远程过程调用从本地磁盘读取缓冲数据。随后 Worker 将所有读取的数据按键排序，使得具有相同键的对排在一起。

（6）对于每一个唯一的键，负责 Reduce 任务的 Worker 将对应的数据集传递给用户定义的 reduce 函数。这个 reduce 函数的输出被作为 Reduce 分区的结果添加到最终的输出档中。

（7）当所有的 Map 任务和 Reduce 任务都完成时，Master 唤醒用户程序。此时，用户程序的 MapReduce 调用向用户的代码返回结果。

由于化简操作并行能力较差，主结点会尽量把化简操作调度在一个结点上，或者离需要操作的数据尽可能近的结点上。这种做法适用于具有足够的带宽、内部网络没有过多计算机的情况。

MapReduce 的基本原理：将大的数据分析分成小块逐个分析，最后再将提取出来的数据汇总分析，进而获得需要的内容。当然，如何进行分块分析，如何进行 Reduce 操作，非常复杂，Hadoop 已经提供了数据分析的实现，只需要编写简单的程序即可获得所需要的数据。

Map 函数和 Reduce 函数接收键值对。这些函数的每一个输出都是一个键和一个值，并将被送到数据流程的下一个键值列表。Map 针对每一个输入元素生成一个输出元素，Reduce 针对每一个输入列表生成一个输出元素。

一个银行有上亿个储户，如果银行希望找到存储金额最高的金额是多少，按照传统的计算方式的 Java 程序代码如下。

```
Long moneys[] ...
Long max = 0L;
for(int i=0;i<moneys.length;i++){
    if(moneys[i]>max){
        max = moneys[i];
    }
}
```

如果计算的数组长度小，上述程序实现无问题；如果面对大数据则将出现问题，需要大量的存储资源与计算资源。这时可以采用 MapReduce 计算模型，其解决的方法是：首先将数字分布存储在不同块中，以某几个块为一个 Map，计算出 Map 中最大的值，然后将每个 Map 中的最大值做 Reduce 操作，Reduce 再取最大值给用户，如图 2-6 所示。

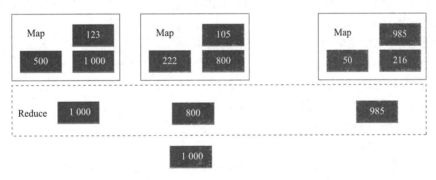

图2-6　基于MapReduce模型的最大值的计算过程

MapReduce 是一个分布处理模型，其最大的优点是很容易扩展到多个结点上分布式处理数据。当以 MapReduce 形式设计好一个处理数据的应用程序，仅通过修改配置就可以将其扩展到多台计算机构成的集群中运行。

2.1.4　MapReduce程序设计分析

MapReduce 借用函数式编程的思想，通过把海量数据集的常见操作抽象为 Map（映射过程）和 Reduce（化简过程）两种集合操作，而不用过多考虑分布式相关的操作。

1. MapReduce 模型编程方法

MapReduce 是在总结大量应用的共同特点的基础上抽象出来的分布式计算框架，适用的应用场景往往具有一个共同的特点：任务可被分解成相互独立的子问题。基于该特点的 MapReduce 编程模型的编程方法步骤如下。

① 遍历输入数据，并将之解析成 key/value 对。

② 将输入 key/value 对映射（map）成另外一些 key/value 对。

③ 依据 key 对中间数据进行分组。

④ 以组为单位对数据进行化简（reduce）。

⑤ 将最终产生的 key/value 对保存到输出文件中。

MapReduce 将计算过程分解成以上 5 个步骤带来的最大好处是组件化与并行化。为了实现 MapReduce 编程模型，Hadoop 设计了一系列对外编程接口。用户可通过实现这些接口完成应用程序的开发。

MapReduce 是一个可扩展的架构，通过切分块数据实现集群上各个结点的并发计算。理论上随着集群结点数量的增加，它的运行速度会线性上升，但在实际应用时要考虑到以下的一些限制因素。数据不可能无限切分，如果每份数据太小，那么它的开销就会相对变大；集群结点数目增多，结点之间的通信开销也会随之增大，而且网络也会出现机架间的网络带宽远远小于每个机架内部的总带宽问题，所以通常情况下如果集群的规模在百个结点以上，MapReduce 的速度可以和结点的数目成正比；超过这个规模，虽然它的运行速度可以继续提高，但不再以线性增长。

2. 单词计数程序设计

在文本分析中，需要统计单词出现次数，再利用可视化技术展现词云图，进而发现关键问题和热点。单词计数是 MapReduce 最典型的应用实例。MapReduce 程序的完整代码存于在 Hadoop 安装包的 src/example 目录下。

单词计数主要完成的功能是统计一系列文本文件中每个单词出现的次数。如图 2-7 所示，如果输入数据分别是 Hello Hadoop 和 Hello Storm，通过 MapReduce 程序处理，可以得到 <Hello 2>、<Hadoop 1>、<Storm 1> 的输出结果。

图2-7 统计文本中的每个单词出现的次数

（1）单词计数的 Map 过程

在 Map 过程中，需要继承 org.apache.hadoop.mapreduce 包中 Mapper 类，并重写其 Mapper 方法。Mapper 方法中的 value 值存储的是文本文件中的一行记录（以回车符为结束标记），而 key 值为该行的首字符相对于文本文件的首地址的偏移量。然后使用 StringTokenizer 类将每一行记录拆分成多个单词（简称分词），并将统计每个单词出现的次数输出，即输出 <单词,次数> 列表。

① 按行分割文件。可将每个文件假设为一个 split，并将文件按行分割成 <key,value> 对，如图 2-8 所示。这一步由 MapReduce 框架自动完成，其中偏移量（即 key 值）包括了回车符所占的字符数。第 1 个文件有两行，第 1 行加上回车符和空格总计 12 个字符数，第 1 行的偏移量为 0，则第 2 行的偏移量为 12。同理，对于第 2 个文件，第 1 行的偏移量为 0，则第 2 行的偏移量为 13，如图 2-8 所示。

② 分词处理。将分割后得到的 <key,value> 对交给用户定义的 Mapper 方法进行分词处理，生成新的 <key,value> 键值对，如图 2-9 所示。

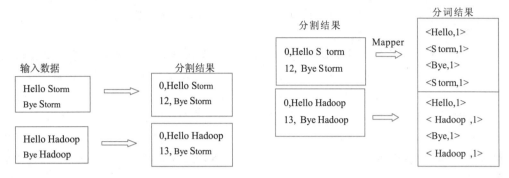

图2-8　文件按行分割　　　　　图2-9　Mapper方法的输入与输出

③ 排序与合并。获得 Mapper 方法输出分词的 < key,value> 对之后，Mapper 将其按照 key 值进行排序。再合并过程是将相同 key 值的 value 值累加，得到 Mapper 的最终输出结果，排序与合并过程如图 2-10 所示。

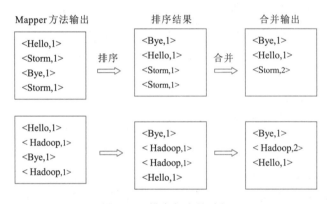

图2-10　排序与合并过程

（2）单词计数的 Reduce 过程

Reduce 首先对从 Mapper 接收的数据进行排序，再交由用户自定义的 reducer 方法进行处理，得到新的 < key,value> 对，并作为单词计数的结果输出，如图 2-11 所示。

图2-11　Reducer输出

Reducer 过程需要继承 org.apache.hadoop.mapreduce 包中的 Reducer 类，并重写其 Reducer 方法。Reducer 方法的输入参数 key 为单个单词，而 values 是由各 Mapper 上对应单词的计数值所组成的列表，所以只要遍历 values 并求和，即可得到某个单词出现的总次数。

（3）WordCount 的程序结构

按照一定的规则指定程序的输入和输出目录，并提交到 Hadoop 集群中。作业在 Hadoop 中的执行过程如下所述。Hadoop 将输入数据切分成若干输入分片（inputsplit，简称 split），并将每个 split 交给一个 MapTask 处理。MapTask 不断地从对应的 split 中解析出一个个 key/value，并调用 map 函数处理，处理完之后根据 ReduceTask 个数将结果分成若干分片（partition）写到本地磁盘；同时，每个 ReduceTask 从每个 MapTask 上读取属于自己的那个 partition，然后使用基于排序的方法将 key 相同的数据聚集在一起，调用 reduce 函数处理，并将结果输出到文件中。

WordCount 完成的功能是统计输入文件中的每个单词出现的次数。在 MapReduce 中，编写（伪代码）的 Map 部分如下：

```
// key: 字符串偏移量
// value: 一行字符串内容
map(String key, String value) :
// 将字符串分割成单词
words = SplitIntoTokens(value);
for each word w in words:
EmitIntermediate(w, "1");
Reduce 部分如下:
// key: 一个单词
// values: 该单词出现的次数列表
reduce(String key, Iterator values):
int result=0;
for each v in values:
result+=StringToInt(v);
Emit(key, IntToString(result));
```

3. MapReduce 适用的场景

MapReduce 能够解决的问题的共同特点是：任务可以被分解为多个子问题，且这些子问题相对独立，彼此之间不会有牵制，待并行处理完这些子问题后，任务便被解决。在实际应用中，这类问题非常庞大。MapReduce 的典型应用包括分布式 grep、URL 访问频率统计、Web 连接图反转、倒排索引构建、分布式排序等，这些均是比较简单的应用。下面介绍一些更为复杂的应用。

（1）基于 MapReduce 模型问题求解

由于 MapReduce 编程模型是对输入按行顺次处理，所以它更适用于对批量数据进行处理。由于良好的横向可扩展性，MapReduce 尤其适用于对大规模数据的处理。但是，对搜索等只是需要从大量数据中选取某几条特别的操作，MapReduce 相对于具有完善索引的系统不具有优势。因为它需要对每条数据进行匹配，并将与搜索条件相匹配的数据提取出来。而如果采用索引系统，并不需要遍历所有的数据。另外，由于每次操作需要遍历所有数据，MapReduce 并不适用于需要实时响应的系统。MapReduce 编程模型适用于搜索引擎的预处理工作，例如网页爬虫、数据清洗，以及日志分析等实时性要求不高的后台处理工作。

① Top$k$ 问题。Top$k$ 问题是指在搜索引擎领域中，统计最近最热门的 k 个查询词，也就是从海量查询中统计出现频率最高的前 k 个。将该问题可分解成两个 MapReduce 作业，分别完成统计词频和找出词频最高的前 k 个查询词的功能。这两个作业存在依赖关系，第二个作业需

要依赖前一个作业的输出结果。第一个作业是典型的 WordCount 问题。对于第二个作业，首先 map 函数中输出前 k 个频率最高的词，然后由 reduce 函数汇总每个 Map 任务得到的前 k 个查询词并输出。

② k-Means 聚类。

k-Means 是一种基于距离的聚类算法，采用距离作为相似性的评价指标，两个对象的距离越近，其相似度就越大。该算法解决的问题可抽象成给定正整数 k 和 n 个对象，将这些数据点划分为 k 个聚类。采用 MapReduce 计算的思路如下：

首先随机选择 k 个对象作为初始中心点，然后不断迭代计算，直到满足终止条件（达到迭代次数上限或者数据点到中心点距离的平方和最小）。在第 I 轮迭代中，map 函数计算每个对象到中心点的距离，选择距每个对象（object）最近的中心点（center_point），并输出 <center_point,object> 对。reduce() 函数计算每个聚类中对象的距离均值，并将这 k 个均值作为下一轮初始中心点。

③ 贝叶斯分类。

贝叶斯分类是一种基于概率统计进行分类的统计学分类方法。该方法包括两个步骤：训练样本和分类。其实现由多个 MapReduce 作业完成。其中，训练样本可由三个 MapReduce 作业实现，如图 2-12 所示。

第一个作业（ExtractJob）抽取文档特征，该作业只需要 Map 即可完成。

第二个作业（ClassPriorJob）计算类别的先验概率，即统计每个类别中文档的数目，并计算类别概率。

第三个作业（ConditionalProbilityJob）计算单词的条件概率，即统计 <label,word> 在所有文档中出现的次数并计算单词的条件概率。

后两个作业的具体实现类似于 WordCount。分类过程由一个作业（PredictJob）完成。该作业的 map 函数还有一个组件是 Canbiner，它通常用于优化 MapReduce 程序性能，但不属于必备组件。函数计算每个待分类文档属于每个类别的概率，reduce 函数找出每个文档概率最高的类别，并输出 <docid,label>（编号为 docid 的文档属于类别 label）。

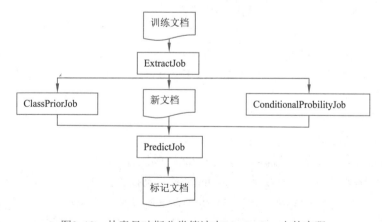

图2-12　朴素贝叶斯分类算法在MapReduce上的实现

（2）MapReduce 不能解决或者难以解决的一些问题

并不是所有的问题都可以使用 MapReduce 分布模型解决。下面列举两个 MapReduce 不能解决或者难以解决的问题。

① Fibonacci 数值计算。Fibonacci 数值计算时，下一个结果需要依赖于前面的计算结果，也就是说，无法将该问题划分成若干互不相干的子问题，因而不能用 MapReduce 解决。

② 层次聚类法。层次聚类法采用迭代控制策略，使聚类逐步优化。按照一定的相似性（一般是距离）判断标准，合并最相似的部分或者分割最不相似的部分。根据自顶向下和自底向上两种方式，可将其分为分解型层次聚类法和聚结型层次聚类法两种。以分解型层次聚类算法为例，其主要思想是：开始时，将每个对象归为一类，然后不断迭代，直到所有对象合并成一个大类（或者达到某个终止条件）；在每轮迭代时，需计算两两对象间的距离，并合并距离最近的两个对象为一类。该算法需要计算两两对象间的距离，也就是说每个对象和其他对象均有关联，因而该问题不能被分解成若干子问题，进而不能用 MapReduce 解决。

2.1.5 Hadoop环境部署与程序运行

扫一扫

Hadoop 开
发环境部署

Hadoop 开发环境部署内容主要包括安装 SSH 协议、安装 OpenJDK 1.8 开发环境、Hadoop 系统部署、伪分布式 Hadoop 环境部署和集成开发环境 Eclipse 部署。

1. 安装 SSH 协议

（1）SSH 协议配置

由于集群模式和单结点模式运行 Hadoop 系统都需要使用 SSH 登录，因此在安装 Hadoopd 系统之前，首先需要安装配置 SSH 协议，其过程如下。

① 在 Ubuntu 中打开终端，输入以下命令：

```
~$ sudo apt-get install openssh-server
```

② 终端提示"您希望继续执行吗？[Y/n]"时，按 Y 键确认后，安装完毕。

③ 在终端中输入以下命令，在 SSH 中登录 localhost 账号：

```
~$ ssh localhost
```

④ 输入管理员密码。终端出现"Are you sure you want to continue connecting (yes/no)?"时，输入 yes 确认后，localhost 登录成功。

⑤ 在终端输入以下命令，可以退出 SSH 模式：

```
~$ exit
```

（2）SSH 无密码 localhost 自动登录配置

①在退出 SSH 模式情况下，在终端输入以下命令进入主目录的 .ssh 子目录：

```
~$ cd ~/.ssh/
```

②在终端输入：

```
~/.ssh$ ssh-keygen -t rsa
```

对于后面的所有输入提示，都可直接按 Enter 键确认通过。

③命令行出现如下命令，加入 localhost 的 SSH 自动授权。

```
~/.ssh$ cat ./id_rsa.pub >> ./authorized_keys
```

经过上述处理之后，在终端输入"~$ ssh localhost"命令，就不必每次输入密码，可以直接登录。

2. 安装 OpenJDK 1.8 开发环境

由于 Hadoop 基于 Java 语言开发，所以 Java 运行开发环境也是 Hadoop 大数据环境的必要基础，为了运行 Hadoop，必须首先安装 JDK 开发环境。OpenJDK 1.8 的安装、配置及验证过程如下所述。

① 在终端输入如下的 OpenJDK 1.8 的安装命令：

```
~$ sudo apt-get install openjdk-8-jdk
```

终端出现"您希望继续执行吗？[Y/n]"时按 Y 键确认后，直至出现"done."，安装完成。

② 终端输入以下命令查找已安装 OpenJDK 1.8 的 bin 目录位置：

```
~$ dpkg -L openjdk-8-jdk | grep '/bin'
```

除去查找结果中路径 '/bin' 及之后的目录字符串，便是当前 jdk 的真实安装路径"/usr/lib/jvm/java-8-openjdk-amd64/"。

③ 下面开始配置 JAVA_HOME 环境变量。在退出 SSH 登录的情况下，在终端输入如下命令编辑主目录下的 .bashrc 配置文件，按提示输入管理员密码确认继续：

```
~$ sudo gedit ~/.bashrc
```

④ 在 gedit 应用中编辑 .bashrc 文件，在首行添加如下语句：

```
export JAVA_HOME=/usr/lib/jvm/java-8-openjdk-amd64/
```

单击 gedit 右上"保存"按钮后再单击左上小按钮退出。在终端输入如下命令使编辑过的 .bashrc 配置文件生效：

```
$ source ~/.bashrc
```

⑤ 检测 OpenJDK 1.8 安装及 JAVA_HOME 环境变量设置成功与否可在终端输入如下命令：

```
~$ cd $JAVA_HOME
/usr/lib/jvm/java-8-openjdk-amd64$ java -version
```

显示出以下信息表示 Java 环境测试验证成功：

```
OpenJDK version "1.8.0_102"
OpenJDK Runtime Environment (build 1.8.0_102-8u102-b14.1-2-b14)
OpenJDK 64-Bit Server VM (build 25.102-b14, mixed mode)
```

3. 安装 Hadoop 系统

① 集群、单结点模式运行 Hadoop 都需要用到 SSH 登录，因此先要安装配置 SSH。在 ubuntu 中打开终端，输入以下命令安装 SSH：

```
~$ sudo apt-get install openssh-server
```

终端出现"您希望继续执行吗？[Y/n]"时按 Y 键确认后安装完毕。接着终端中输入以下命令在 SSH 中登录 localhost 账号：

```
~$ ssh localhost
```

接着需要输入管理员密码。终端出现"Are you sure you want to continue connecting (yes/no)?"时输入 yes 确认后 localhost 登录成功。

在终端输入以下命令可以退出 SSH 模式：.

```
~$ exit
```

② 继续配置 SSH 无密码 localhost 自动登录，在退出 SSH 模式情况下，在终端输入以下

命令进入主目录的 .ssh 子目录:

```
~$ cd ~/.ssh/
```

接着终端输入:

```
~/.ssh$ ssh-keygen -t rsa
```

后面会有输入提示,都直接按 Enter 键确认通过。

命令行出现如下命令加入 localhost 的 SSH 自动授权:

```
~/.ssh$ cat ./id_rsa.pub >> ./authorized_keys
```

这样以后终端输入 "~$ ssh localhost" 命令就无须每次输入密码须直接登录了。

③ Java 运行开发环境也是 Hadoop 大数据环境的必要基础,为了完成 OpenJDK 1.8 的安装、配置及验证,在终端输入 OpenJDK 1.8 的安装命令:

```
~$ sudo apt-get install openjdk-8-jdk
```

终端出现 "您希望继续执行吗? [Y/n]" 时按 Y 键确认后直至出现 "done.",安装完毕。

④ 终端输入以下命令查找已安装 OpenJDK 1.8 的 bin 目录位置:

```
~$ dpkg -L openjdk-8-jdk | grep '/bin'
```

除去查找结果中路径 '/bin' 及之后的目录字符串,便是当前 jdk 的真实安装路径 "/usr/lib/jvm/java-8-openjdk-amd64/"。

⑤ 下面开始配置 JAVA_HOME 环境变量,(退出 SSH 登录的情况下)在终端输入如下命令编辑主目录下的 .bashrc 配置文件(按提示输入管理员密码确认继续):

```
~$ sudo gedit ~/.bashrc
```

在 gedit 应用中编辑 .bashrc 文件,于首行添加如下语句:

```
export JAVA_HOME=/usr/lib/jvm/java-8-openjdk-amd64/
```

单击 gedit 右上的 "保存" 按钮后再单击左上小按钮退出。在终端输入如下命令使编辑过的 .bashrc 配置文件生效:

```
$ source ~/.bashrc
```

⑥ OpenJDK 1.8 安装及 JAVA_HOME 环境变量设置成功与否可在终端输入如下命令测试验证:

```
~$ cd $JAVA_HOME
/usr/lib/jvm/java-8-openjdk-amd64$ java -version
```

以下信息表示 Java 环境测试验证成功:

```
OpenJDK version "1.8.0_102"
OpenJDK Runtime Environment (build 1.8.0_102-8u102-b14.1-2-b14)
OpenJDK 64-Bit Server VM (build 25.102-b14, mixed mode)
```

⑦ 完成安装 SSH 协议、安装 OpenJDK 1.8 开发环境之后,可以进行 Hadoop 环境的部署。稳定版的 Hadoop 环境文件包可以从 http://mirror.bit.edu.cn/apache/hadoop/common/stable/ 中下载 hadoop-2.*.*.tar.gz,

⑧ 在终端,使用如下命令将 /media/sf_wensenshare/ 下的共享 hadoop-2.7.3.tar.gz 解压到 /usr/local/ 目录下(按提示输入管理员密码确认继续):

```
~$ sudo tar -zxf /media/sf_wensenshare/hadoop-2.7.3.tar.gz -C /usr/local
```

⑨ 在终端，输入如下系列命令以修改 Hadoop 目录名和拥有者权限：

```
~$ cd /usr/local/
/usr/local$ sudo mv ./hadoop-2.7.3/ ./hadoop
/usr/local$ sudo chown -R hadoop ./hadoop
```

⑩ 在终端，输入以下命令可以测试 Hadoop 是否安装成功：

```
/usr/local$ cd /usr/local/hadoop
/usr/local/hadoop $./bin/hadoop version
```

终端返回 Hadoop 2.7.3 起的首字符串，表明 Hadoop 在虚拟机的 Linux 环境下初步部署成功。

在终端，执行如下命令在 Hadoop 主目录下建立 input 目录：

```
/usr/local/hadoop$ mkdir input
```

在终端，执行用 gedit 创建并编辑 input 目录下的 World.txt 文件的命令如下：

```
/usr/local/hadoop$sudo gedit ./input/World.txt
```

例如：

① 在 gedit 编辑器中输入以下内容：

```
Hello World
Bye World
```

② 保存 World.txt 文件并退出 gedit，回到终端。

又如，在终端，使用 gedit 创建并编辑 input 目录下的 Hadoop.txt 文件命令如下：

```
/usr/local/hadoop$sudo gedit ./input/Hadoop.txt
```

① 在 gedit 编辑器中输入以下内容：

```
Hello Hadoop
Bye Hadoop
```

② 保存 Hadoop.txt 文件并退出 gedit，回到终端。

至此 Hadoop 测试待处理数据文档已准备好。

利用 Hadoop 中自带的 mapreduce 范例中的字词统计样例测试 Hadoop 的单机运行效果。
在终端执行如下命令运行 Hadoop 包自带的 mapreduce 范例中的 wordcount 处理单词计数任务：

```
/usr/local/hadoop$ ./bin/hadoop jar ./share/hadoop/mapreduce/hadoop-
mapreduce-examples-2.7.3.jar wordcount ./input ./output
```

上述 Hadoop 的命令说明运行 jar 文件。用户可以将其 MapReduce 代码捆绑到 jar 文件中，使用这个命令运行 MapReduce 代码。

例如，在集群上运行 WordCount 程序的 hadoop 命令如下：

```
hadoop jar /home/hadoop/hadoop-1.1.1/hadoop-examples.jar wordcount
input output
```

其中，hadoop jar 表示执行 jar 命令；/home/hadoop/hadoop-1.1.1/hadoop-examples.jar 表示 WordCount 所在 jar；wordcount 表示程序主类名；input output 表示输入输出文件夹。

要查看单词统计结果，可在终端输入如下命令：

```
/usr/local/hadoop$ cat ./output/*
```

在终端可以看到如下正确的单词统计结果：

```
Bye        2
```

扫一扫

Hadoop
运行信息

```
Hadoop          2
Hello           2
World           2
```

如果要再次执行测试 Hadoop 的单词统计样例，需要在终端执行如下命令删除 output 子目录：

```
/usr/local/hadoop$ rm -r ./output
```

4. 伪分布式 Hadoop 环境部署

在 Hadoop 应用中，通过多结点访问 Hadoop HDFS 中的数据来运行，因此需要通过配置实现 Hadoop 在单一的 Linux 虚拟机中的伪分布式模式。在这种情况下，Hadoop 进程以分离的 Java 进程来运行，虚拟机既作为名字结点也作为数据结点，同时读写 HDFS 中的文件。

修改 Hadoop 的配置文件，它们位于如下路径：/usr/local/hadoop/etc/hadoop/。

（1）修改配置文件 core-site.xml

为了修改配置文件 core-site.xml，在终端执行如下命令：

```
/usr/local/hadoop$ sudo gedit ./etc/hadoop/core-site.xml
```

输入管理员密码确认后进入 gedit 编辑界面，将文件最后的

```
<configuration>
</configuration>
```

修改为

```
<configuration>
        <property>
            <name>hadoop.tmp.dir</name>
            <value>file:/usr/local/hadoop/tmp</value>
                <description>Abase for other temporary directories.</
description>
        </property>
        <property>
            <name>fs.defaultFS</name>
            <value>hdfs://localhost:9000</value>
        </property>
</configuration>
```

修改完毕，保存后退出 gedit，完成 core-site.xml 配置。

（2）修改配置文件 hdfs-site.xml

为了修改配置文件 hdfs-site.xml，在终端执行如下命令：

```
/usr/local/hadoop$ sudo gedit ./etc/hadoop/hdfs-site.xml
```

输入管理员密码确认后进入 gedit 编辑界面，将文件最后的

```
<configuration>
</configuration>
```

修改为

```
<configuration>
    <property>
        <name>dfs.replication</name>
        <value>1</value>
    </property>
    <property>
```

```
                <name>dfs.namenode.name.dir</name>
                <value>file:/usr/local/hadoop/hdfs/name</value>
        </property>
        <property>
                <name>dfs.datanode.data.dir</name>
                <value>file:/usr/local/hadoop/hdfs/data</value>
        </property>
</configuration>
```

修改完毕，保存后退出 gedit，完成 hdfs-site.xml 配置。

（3）修改配置文件 hadoop-env.sh

在终端执行如下命令修改配置文件 hadoop-env.sh。

```
/usr/local/hadoop$ sudo gedit ./etc/hadoop/hadoop-env.sh
```

输入管理员密码确认后，进入 gedit 编辑界面，找到文件这行内容

```
export JAVA_HOME=${JAVA_HOME}
```

将其修改为

```
export JAVA_HOME=/usr/lib/jvm/java-8-openjdk-amd64/
```

修改完毕，保存后退出 gedit。

（4）格式化 NameNode

在终端执行如下命令，完成 NameNode 的格式化。

```
/usr/local/hadoop$ ./bin/hdfs namenode -format
```

格式化成功后，在终端返回信息中将看到包含 successfully formatted 和 Exitting with status 0 的提示。

（5）开启 NameNode 和 DataNode 守护进程

在终端中输入以下命令开启 NameNode 和 DataNode 守护进程。

```
/usr/local/hadoop$ ./sbin/start-dfs.sh
```

当终端出现 "Are you sure you want to continue connecting (yes/no)?" 时，输入 yes 确认。

（6）判断结点是否启动成功

可以通过在终端中执行如下命令来判断结点是否启动成功：

```
/usr/local/hadoop$ jps
```

启动成功后终端将显示如下显示：

```
hadoop@BigData007:/usr/local/hadoop$ jps
3011 NameNode
3173 DataNode
3719 SecondaryNameNode
3835 Jps
```

在实验时，终端返回信息中 NameNode 等前面的数字可能与截图结果不同，仍然表示结点启动成功，只有当返回信息仅有 jps 一行时，表示启动失败。

（7）创建单词统计输入目录

运行的单词统计范例是在 Hadoop 单机模式运行、读写本地数据，伪分布式读取的则是 HDFS 上的数据，在终端输入下面命令，创建包含于用户目录下的单词统计输入目录：

```
/usr/local/hadoop$ ./bin/hdfs dfs -mkdir -p /user/hadoop/wordcount/input
```

本阶段 Hadoop 处理分布式存储系统 HDFS 的 Linux 有关文件操作命令都需要添加 "./bin/hdfs dfs -" 前缀。

（8）将数据上传到输入目录

将本机实验数据上传到 hdfs 新建的单词统计输入目录中，在终端输入命令：

```
/usr/local/hadoop$ ./bin/hdfs dfs -put ./input/*.txt wordcount/input
```

在这里本地目录和 hdfs 目录都使用相对路径表示，也即 /usr/local/hadoop 是目前本地命令运行目录，所以 "./input/*.txt" 可代表绝对路径 /usr/local/Hadoop/input 目录下上一次实验准备的所有 txt 文档数据。同时，在 hdfs 文件系统中默认用户目录为 /user/hadoop/，所以 wordcount/input 可代表 hdfs 中 /user/hadoop/wordcount/input 的绝对路径。可以使用 ls 命令查看确认实验数据已上传到 hdfs 对应的文件目录中，终端命令如下：

```
/usr/local/hadoop$ ./bin/hdfs dfs -ls wordcount/input
```

（9）实现单词计数处理

在终端输入以下命令实现单词计数在 hadoop 伪分布式模式下的处理：

```
/usr/local/hadoop$ ./bin/hadoop jar ./share/hadoop/mapreduce/hadoop-
mapreduce-examples-2.7.3.jar wordcount wordcount/input wordcount/output
```

成功执行单词计数任务后的终端里自动显示的 hadoop 运行信息同上一个实验类似，只是处理数据的输入 / 输出都是在 HDFS 中。

查看单词统计结果，在终端输入如下命令：

```
/usr/local/hadoop$ ./bin/hdfs dfs -cat wordcount/output/*
```

在终端可以看到如下正确的单词统计结果：

```
Bye       2
Hadoop    2
Hello     2
World     2
```

5. Eclipse 开发环境的使用方法

在 MapReduce 组件中，官方提供了一些样例程序，其中著名的就是 wordcount 和 pi 程序。这些 MapReduce 程序的代码都在 hadoop-mapreduce-examples-2.6.4.jar 包中，这个 jar 包在 hadoop 安装目录下的 /share/hadoop/mapreduce/ 目录中。限于篇幅，请扫码阅读在 Eclipse 中编写与运行 Hadoop 项目的方法。

2.2 Storm 大数据处理平台

传感器的广泛应用使得数据采集更加方便，传感器连续地产生流数据，如实时监控、网络流量监测等。除了传感器源源不断地产生数据外，许多领域都涉及流数据，如经济金融领域中股票价格和交易数据、零售业中的交易数据、通信领域中的数据等。这些流数据最大的特点就是它们每时每刻连续不断地产生、连续有序、变化迅速，而且对处理分析的响应度要求较高。

大数据流式计算主要对动态产生的数据进行实时计算并及时反馈结果，适用于不要求结果绝对精确的应用场景。大数据流式计算系统的首要设计目标是在数据的有效时间内获取其价值，因此，流式计算通常是当数据到来后立即对其进行计算，而不是采取存储等待后续全部数据到来之后的批量计算方式。数据密集型应用的特征是：不宜用持久稳定关系建模，而适用瞬态数据流建模。典型应用的实例包括金融服务、网络监控、电信数据管理、Web 应用、生产制造与传感检测等。

2.2.1　流式数据的概念与特征

1. 流式数据的概念

流式数据是指产生的数据不是批量地传输过来，而是数据连续不断地像水一样流过来。流式数据的处理也是连续处理，而不是批量处理。如果等到全部数据收到以后再以批量的方式处理，那么延迟很大，而且在很多场合将消耗大量存储资源。

（1）静态数据

静态数据是先存储在磁盘上，然后提供用户使用的数据。静态数据文件更新困难，而且不可能实现并行更新。

（2）动态数据

动态数据是流式数据。例如，一部电影就是动态数据。其动态表现在不是人们在屏幕上移动，而是屏幕上有源源不断的图像经过，每一张图像都是转眼间就消失了。在许多软件应用中，必须先让数据运动起来，然后才能对其进行处理。数据可以从一种功能流动到另一种功能，从一个线程流动到另一个线程，从一个流程流动到另一个流程，从一台计算机流动到另一台计算机。

为了有效地处理数据，应该尽可能地限制静态数据，因为磁盘驱动器是计算机系统中速度最慢的部件。对于动态数据，在大量的类似数据中，没有必要拥有专门的存储机制来优化数据检索。如果需要从静态存储库中检索数据，则需要确定如何进行检索。

（3）实时处理

在某些情况下，处理数据所需的处理权限和时间量必须得到环境的保证。为了确保指定的响应时间，不能以任何理由暂停执行程序。在这些情况下，处理必须在专门的操作环境中运行，也就是说，在支持这类调度的特定操作系统下进行。在较宽松的环境中，实时处理表明可以随时随地处理数据，时间范围从转眼的瞬间到数分钟甚至数小时不等。有些时候，数据可用性与数据创建之间可能存在延迟性。数据可能每隔 15 min 突然出现一次，延迟性就是数据突然出现和信息可用之间的时间。

在许多案例中，例如社交数据分析，将依靠已定义的延迟时间来确定处理的有效性。项目成功的关键在于可以减少多少延迟时间。

2. 流式数据源

流式数据源种类繁多，在此例举几种。

（1）传感器数据

传感器产生的数据是流式数据的最重要来源。例如，在海中的温度传感器，每小时将采集到的海面温度数据以数据流方式传递给网络中的基站。由于其数据传输率较低，并不适于流式数据计算，所以可以将全部流式数据都存放在硬盘存储器中，然后进行批量计算。但是，如果需要将海表面的高度数据通过 GPS 部件传给基站，考虑到海表面的高度变化迅速，需要每隔 0.1 s 将海水表面的高度数据传回一次，如果每次传送 4 B 实数，那么一个传感器每天产生的数据量为 3.5 MB。为了探索和研究海洋行为，需要部署大量的传感器，如果部署 1 000 万个传感器，则每天传回的数据就有 35 TB。针对如此大的数据量，因内存容量有限，不可能直接都存入硬盘，所以需要采用流式数据计算技术。

（2）图像数据

卫星每天向地球传回大量 TB（太字节）级的图像数据，监控摄像机产生的图像分辨率虽然不如卫星，但是，在地球上的监视摄像机的数量巨大，而每台监视摄像机都会产生自己的图像流。

（3）互联网及 Web 流量

互联网中的交换结点从很多输入源接收 IP 包流，并将它们路由到输出目标。Web 网站收到的流包括各种类型，例如查询与单击等。

（4）流媒体传输

流媒体传输技术也是一种流式处理技术。在网络上传输音频 / 视频（A/V）等多媒体信息主要有下载和流式传输两种方案。A/V 文件一般都较大，所以需要的存储容量也较大。同时，由于网络带宽的限制，下载需要数分钟甚至数小时，所以采用下载的处理方法时延较大。流式传输时，声音、影像或动画等时基媒体由音视频服务器向用户计算机连续、实时传送，用户不必等到整个文件全部下载完毕，而只需经过几秒或十数秒传输，数据达到一定的数量之后，即可进行观看，可以大大缩短用户需要等待的时间。当声音等时基媒体在客户机上播放时，文件的剩余部分将在后台从服务器内继续下载。流式不仅大幅缩短了启动延时，而且不需要太大的缓存容量。流式传输避免了用户必须等待整个文件全部从 Internet 上下载后才能观看的缺点。

流媒体是在互联网中使用流式传输技术的连续时基媒体，例如音频、视频或多媒体文件等都是流媒体。流媒体在播放前并不下载整个文件，只将开始部分内容存入内存，流媒体的数据流随时传送随时播放，只是在开始时有一些延迟。流媒体实现的关键技术就是数据流式传输。

3. 流式数据的特征

（1）实时性

由于数据源的种类多而复杂，导致数据流中的数据可以是结构化的数据、半结构化的数据，甚至是无结构化的数据。数据源不受任何接收系统的控制，数据的产生是实时的、连续不断、不可预知。也就是说，流式大数据是实时产生、实时计算，计算结果的反馈也往往需要保证及时性。流式大数据的大部分数据到来之后直接在内存中进行计算并在计算之后被丢弃，只有少量数据长久地保存到硬盘中，这就需要系统计算快，计算延迟足够小。在数据价值有效的时间内体现数据的有用性，因此可以优先计算时效性特别短、潜在价值又很大的数据。

（2）易失性

通常数据流到达后立即计算并使用，只有极少数的数据才持久地保存下来，大多数数据直接丢弃。数据的使用通常是一次性的、易失的。即使重放，得到的数据流与得到之前的数据流通常也不同，这就需要系统具有一定的容错能力，能够充分地利用仅有的一次数据计算的机会，尽可能全面、准确、有效地从数据流中获得有价值的信息。

（3）突发性

数据的产生完全由数据源确定，由于不同的数据源在不同时空范围内的状态不统一动态变化，导致数据流的速率呈现出了突发性变化的特征。前一时刻数据速率和后一时刻数据速率可能有巨大的差异，数据的流速波动较大，这就需要系统具有很好的可伸缩性，能够动态适应不确定流入的数据流，具有很强的系统计算能力和大数据流量动态匹配的能力。进而达到在高数据流速的情况下不丢弃数据，也可以识别并选择丢弃部分不重要的数据，在低数据速率的情况下，保证不长时间过多地占用系统资源。

（4）无序性

大数据的无序性是指各数据流之间无序，同一数据流内部各数据元素之间也无序。其原因如下：

① 由于各个数据源之间是相互独立的，所处的时空环境也不尽相同，因此无法保证各数据流间的各个数据元素的相对顺序。

② 即使是同一个数据流，由于时间和环境的动态变化，也无法保证重放数据流和之前数据流中数据元素顺序的一致性。这就需要系统在数据计算过程中具有很好的数据分析和发现规律的能力，不能仅依赖数据流间的内在逻辑或者数据流内部的内在逻辑。

③ 流式数据通常带有时间标签或序属性，因此，同一流式数据往往是被按序处理，然而数据的到达顺序不可预知。由于时间和环境的动态变化，无法保证重放数据流与之前数据流中数据元素顺序的一致性，进而导致数据的物理顺序与逻辑顺序不一致，即数据流顺序颠倒，或者由于丢失而不完整。

（5）无限性

数据实时产生并动态增加，只要数据源处于活动状态，数据就一直产生和持续增加下去。潜在的数据量无法用一个具体确定的数据描述，在数据计算过程中，系统无法保存全部数据。这是由于既没有足够大的硬件空间来存储无限增长的数据，也没有合适的软件来有效地管理这么多数据，更无法保证系统长期而稳定地运行。

（6）准确性

真实性差是大数据的五大特性之一，数据的质量不能保证就是准确性不能保证。在大数据中，将重复数据、异常数据和不完整数据统称为脏数据。由于数据流中含有脏数据不可避免，因此，流式数据的处理系统需要对脏数据具有很强大的数据抽取和动态清洗能力，进而获得高质量的数据。

2.2.2　大数据的计算模式

数据批量计算与数据流式计算的区别在于流式计算不强调存储过程、注重实时，数据流进来时就处理，而不是数据存储完再处理。

1. 大数据流式计算模型

大数据流式计算模型如图 2-13 所示。流式计算中，无法确定数据的到来时刻和到来顺序，也无法将全部数据存储起来。因此，不再进行流式数据的硬盘存储，而是当流动的数据到来之后在内存中直接进行数据的实时输入，实时计算，实时输出。如 Twitter 的 Storm、Yahoo 的 S4 就是典型的流式数据计算架构，数据在内存中被计算，并输出有价值的信息，并不存于磁盘。

2. 流式计算与批量计算的比较

（1）批量计算模式的局限性

批量计算模式已经无法满足下述需求。

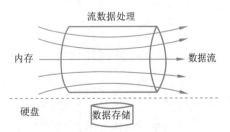

图2-13　大数据流式计算模式

① 数据量变得越来越大，大数据类型繁多，不再是单一的文本数据，还包含图像，音频、视频等多种类型数据。

② 对计算数据产生结果的速度要求越来越快，如天气预报、金融分析、市场预测等应用更为突出。

③ 对数据分析计算结果要求实时可用，即用户实时使用日志、交通流量实时监测、证券实时报价等。

（2）流式计算与批量计算的应用场景

流式计算、批量计算分别适用于不同的大数据应用场景。批量计算模式适于对于先存储后计算，实时性要求不高，但对数据的准确性和全面性更为重要的应用场景。流式计算适于无须先存储，可以直接进行数据计算，实时性要求很严格，但数据的精确度要求较宽松的应用场景。在流式计算中，由于数据在最近一个时间窗口内，所以数据延迟较短，实时性较强，但数据的精确程度较低。流式计算和批量计算具有互补特征，在多种应用场合下可以将两者结合起来，通过发挥流式计算的实时性优势和批量计算的计算精确性优势来满足多种应用场景的数据计算。

（3）性能指标比较

大数据流式计算与批量计算在各个主要性能指标上的比较结果如表 2-3 所示。

表2-3　大数据流式计算与批量计算的比较

性能指标	大数据流式计算	大数据批量计算
计算方式	实时	批量
常驻空间	内存	硬盘
时效性	短	长
有序性	无	有
数据量	无限	有限
数据速率	突发	平稳
是否可重现	难	稳定
移动对象	数据移动	程序移动
数据精确度	较低	较高

3. 流式计算与实时计算的比较

批处理不是流式计算。流式计算是实时计算的子集。实时计算是从响应时间来区分计算类型，是指请求 - 响应时间较短的计算技术。流式计算是一种计算模型，这种模型中各个计算单元分布在多个物理结点之上，数据以流的形式在计算单元之间流动形成整体逻辑。流式计算是实现实时计算的一种优秀的方式，在计算实时性要求比较高的场景，能够实时地响应，响应时间一般在秒级。

2.2.3 流式数据处理技术的应用

对海量数据的实时计算主要分为数据的实时入库、实时计算。实时计算系统的设计需要考虑低延迟、高性能、分布式、可扩展、高容错。实时流计算的场景是：业务系统根据实时的操作，不断生成事件（消息／调用），然后引起一系列的处理分析，这个过程是分散在多台计算机上并行完成的，就像事件连续不断地流经多个计算结点处理，形成一个实时流计算系统。数据流挖掘是将用户的业务层需求转换为流式计算的具体模式的描述。

1. 中间计算

如果需要改变数据中的某一字段，可以利用一个中间值经过计算后改变其值，然后将数据重新输出。这里的计算主要指数值比较、求和、求极值和求平均值等。

例如，求极值的过程如下：在存储器中保存一个中间变量 X，每次仅需读出来，进行比较，寻找到极值。例如，寻找某一最大值，可以为 X 设为一个较小的初始值，将读入流式数据的每个数据与 X 相比较，如果大于 X 中的值，将这个数据存入中间变量 X，致使中间变量中始终保存当下最大值。

2. 流式查询

流式查询主要有两种方式，一种是指定查询，另一种是即席查询。

（1）指定查询

指定查询是指永远不变地执行查询并在适当时刻产生输出结果。指定查询是流式计算最简单的处理方式。例如，如果进入系统的元素是某个字符串，指定查询就是将指定的查询字符与字符串比较，将符合要求的字符写入归档存储器，等到需要时再统计结果，数据读取次数为读出 0 次写入 1 次。又如，查询一个数据流，当超过某个值时就发出警报，由于该查询仅依赖于最近的那个流元素，因此对其进行处理相当容易。

（2）即席查询

即席（Ad Hoc）查询是随机的、不能预料到的查询。即席查询是为某种目的设置的查询，用户根据自己的需求，灵活地选择查询条件，系统能够根据用户的选择生成相应的统计报表。即席查询与普通应用查询的最大不同是普通的应用查询是定制开发的，而即席查询是由用户自定义查询条件的查询。

扫一扫

即席查询

（3）流式抽样

当数据量增大到系统已处理不过来时，如果不需要准确值，那就可以采用抽样技术。抽样技术是解决大数据量问题的重要方法之一。它的基本理念是用小数据量表示大数据量，这样就可以极大程度减少计算量。其原因是在很多情况下并不需要准确的计算值。例如推荐商品排序、用户排序等。需要注意的是，推荐需要了解数据的分布。如果计算平均值，抽样方法可能漏掉了极少数的极值，导致误差增大。如果是随机抽样，随机性越强，则样品越准确。

在流式数据中查询经常遇到这样的问题。从流中选择一个子集，对它进行查询，其结果代表在整个流上的统计结果。例如，为了研究典型的用户行为，搜索引擎接收到由三元组（用户，请求，时间）组成的查询流。例如，需要查询回答："如果只存储了 1/10 的流元素，统计在过去的一个月中典型用户所提交的重复查询所占的比率是多少？"

针对这一问题的一种简单做法是对每个查询产生一个随机数（0 ~ 9 中的一个整数），当且仅当随机数为 0 时才存储该查询。这样使得平均每个用户将有 1/10 查询被存储。如果用户提交的查询数很多，那么大部分用户所存储的查询比例接近 1/10。如果需要得到用户所提交重复查询数目，那么抽样机制将有可能带来错误的结果。

在抽样问题中，流由一系列 N 字段组成，并将这些字段的子集称为关键字段，样本基于这些子集来选择。在上面的例子中存在三个字段，即用户、请求和时间，其中只有用户是关键字段。但是，也可以将请求看成关键字段来选择样本，甚至可以将用户 – 请求对看成关键字段来构建样本。随着更多的流式数据进入系统，样本的数目随之增长，同一用户将有更多的搜索请求积累起来，流中出现的新用户也可以选入样本中。

如果对放入样本的流元组数预先设置，那么选出键值所占的比例必须改变，将随时间推移越来越低。为了保证在任何时候样本都是键值子集所对应的所有元组组成，可以选择一个 Hash 函数 H，它可以将一个键值映射到一个很大的取值范围 $0, 1, 2, \cdots, B-1$。还需要维护一个阈值 T，其初始值可以设为最大编号 $B-1$。任何时候，样本都由键值 K 满足 $H(K) \leqslant T$ 的元组构成。当且仅当满足同样条件的情况下，流中的新元组才加入到样本中来。

如果样本中存储的元组数目超过分配的空间大小，那么就将阈值降为 $T-1$，并将那些键值 K 满足 $H(K)=T$ 的元组去掉。为了提高效率，还可以将阈值降低更多。无论何时需要将某些键值从样本中丢弃时，都可以将几个具有高 Hash 值的元组去掉。通过维护一张 Hash 值的索引表可以进一步提高效率，这时可以快速找到键值 Hash 为某个特定值的所有元组。

（4）统计独立元素数

为了使流上的数据操作在有限的内存空间实现，可以应用 Hash 算法和随机算法等算法，使得所获得近似结果的每个流的空间开销都较小。

① 独立元素计数问题。

如果流元素选自某一全集，需要统计从开始处或从某一过去时刻开始处所出现的不同元素数目。例如，对于某个 Web 网站的每个给定月所看到的独立用户数目进行统计场景。此时，全集是由所有的登录集合组成，每次有人登录都将产生一个流元素，其中典型用户将以唯一的登录名登录。一种明显的解决问题方法是在内存中保存当前已有的所有流元素列表，即可以采用某种高效的搜索结构来保存这些元素，例如 Hash 表和搜索树，就可以快速增加新元素，并且当元素到达时检查它是否已到达流中，只要独立元素数目不太多，该搜索结构就能全部放入内存。此时，计算出现在流中独立元素的精确个数是没有问题的。

如果不同的元素数目太多，或者需要立刻处理多个流（例如计算一个月内每个页面的独立浏览用户个数），由于数据量巨大，则无法在内存中存储所有数据。解决这个问题有多种方法。其中一种方法是使用更多的机器，每台机器仅处理一个或几个流。另一种方法是将获取的大部分数据存储到一个二级存储器中，并对流元素进行分批处理，在任何时候，将某个磁盘块读入内存时，就需要执行大量更新和测试等操作。针对这个问题，也可以采用仅对独立元素数目进行组合估计，这样所用的内存空间比独立元素数目少很多。

扫一扫

组合估计

组合估计是采用两种以上不同估计方法的估计。组合的主要目的是综合利用各种方法所提供的消息，尽可能地提高估计的准确度。

将多个不同 Hash 函数下获得的 m 个独立元素个数的估计值进行组合的方法存在着陷阱。最初的假设是在每个 Hash 函数上得到不同的 2^R 值，然后求其平均值就可以得到真实 m 的近似值，使用的 Hash 函数越多，近似值和真实值就越接近。然而，情况并非如此。其原因是与平均值的过高估计造成的影响有关。

如果存在一个 r，使得 2^r 远大于 m，r 是流中所有元素的最大尾长，其存在概率为 p。于是，发现 $r+1$ 是流中所有元素 Hash 值末尾 0 的长度最大值的概率至少为 $p/2$。然而，Hash 值末尾为 0 的长度每增加 1，2^r 的值就翻倍。因此，随着 R 的增长，每个可能的 R 对 2^r 的期望值的贡献也越大。2^r 的期望值实际上是无穷大。

　　另外一种组合估计的方法是取所有估计值的中位数。由于中位数不受到偶然极大的 $2R$ 的影响，因此对平均值的担心并不适用中位数。不过中位数受到另外一种缺陷的影响：它永远都是 2 的幂。因此，不论使用多少 Hash 函数，M 的正确值都在两个 2 的幂之间，不可能得到非常近似的估计。

　　当然，将上述两种方法结合起来可以解决上述问题。首先将 Hash 函数分成小组，每个小组取平均值。然后在所有平均值中取中位数，确实一个突然极大的 2^R 值使得某些组的平均值很大。但是，组间取中位数可将这种影响降低到几乎没有的地步。进一步说，如果每个组自身就足够大，那么只要使用足够的 Hash 函数，则每个组的平均值实际上可以是任何数，从而可以逼近真实值。为了保证可以得到的任何可能平均值，每个组的大小至少是 $\log_2 m$ 的一个小的倍数。

　　② 空间需求。

　　可以观察到在读取流数据时并不需要将看到的元素保存起来。唯一需要在内存中保存的是每个 Hash 函数所对应的证书。该证书记录当前 Hash 函数在已有流元素上得到的最大尾长。如果只处理单个流，可以使用几百个哈希函数，远多于得到近视估计值所需要的数目。仅当同时处理多个流时，内存才对每个流关联的 Hash 函数数目有所限制。在实际应用中，每个流元素 Hash 值的计算时间对所用的 Hash 函数数目的限制更大。

　　（5）去重计数

　　去重计数就是统计某字段中不重复值（唯一值）的数量。主要应用是 Hash 表、搜索树、FM 算法、组合估计。这 4 种应用的逻辑方式一致，一是要保存历史数据，二是要压缩历史数据，三是要方便查询。

　　Hash 表是根据键值而直接进行访问的数据结构。也就是说，通过把键值映射到表中一个位置来访问记录，以加快查找的速度。进一步说，给定表 M，存在函数 $f(\text{key})$，对任意给定的关键字值 key，代入函数后，如果能得到包含该关键字的记录在表中的地址，则表 M 为 Hash 表，函数 $f(\text{key})$ 为 Hash 函数。常用下述几种寻址方法：

　　① 直接寻址法。取关键字或关键字的某个线性函数值为散列地址。即 $H(\text{key})=\text{key}$ 或 $H(\text{key}) = a \times \text{key} + b$，其中 a 和 b 为常数。如果其中 $H(\text{key})$ 中已经存有数值，就继续寻找下一个，直到 $H(\text{key})$ 中没有值，就装入。

　　② 数字分析法。分析一组数据可以看出，如果前几位数字大体相同，则用前面的数字来构成散列地址出现冲突的概率很大，但是发现后几位的数字差别很大，如果用后几位的数字来构成散列地址，则冲突的概率将明显降低。数字分析法就是通过找出数据的规律，尽可能利用构造冲突概率较低的散列地址的那些数据。

　　③ 平方取中法。当无法确定关键字中哪几位分布较均匀时，可以先求出关键字的平方值，然后按需要取平方值的中间几位作为 Hash 地址。这是因为平方后中间几位和关键字中每一位都相关，所以不同关键字将以较高的概率产生不同的 Hash 地址。

　　④ 折叠法。将关键字分割成位数相同的几部分，最后一部分位数可以不同，然后取这几部分的叠加和（去除进位）作为散列地址。数位叠加有移位叠加和间界叠加两种方法。移位叠加是将分割后的每一部分的最低位对齐，然后相加；间界叠加是从一端向另一端沿分割界来回折叠，然后对齐相加。

　　⑤ 随机数法。选择一个随机函数，取关键字的随机值作为散列地址，通常用于关键字长度不同的场合。

⑥ 除留余数法。取关键字被某个不大于散列表表长 m 的数 p 除后所得的余数为散列地址，即 $H(\text{key}) = \text{key} \bmod p$，$p \leqslant m$。不仅可以对关键字直接取模，也可在折叠、平方取中等运算之后取模。对 p 的选择很重要，一般取素数或 m，如果 p 选得不好，容易产生同义词。

2.2.4 流式计算的系统架构

系统架构是系统中各子系统间的组合方式，是大数据的关键技术，大数据流式计算需要选择特定的系统架构进行流式计算。大数据流式计算系统架构可以分为无中心结点的对称式系统架构（如 S4 系统）以及有中心结点的主从式架构（如 Storm 系统）。

1. 对称式系统架构

对称式系统架构的拓扑图如图 2-14 所示。系统中各个结点的功能相同，具有良好的可伸缩性，但由于无中心结点，在资源调度、系统容错、负载均衡等方面需要通过分布式协议实现。例如，S4 通过 Zookeeper 实现系统容错、负载均衡等功能。

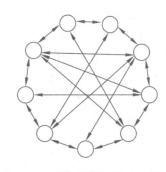

Zookeeper 分布式服务框架是 Apache Hadoop 的子集，主要用于分布式应用中的数据管理问题，例如统一命名服务、状态同步服务、集群管理、分布式应用配置项的管理等。

① Zookeeper 由文件系统和通知机制两部分组成，维护一个类似文件系统的数据结构。

② Zookeeper 可以提供命名服务。

图2-14　对称式系统架构的拓扑图

③ 集群管理。

④ 分布式锁服务。

⑤ 队列管理。

⑥ 分布式与数据复制涉及数据一致性与 Paxos 算法。

在一个分布式数据库系统中，如果各结点的初始状态一致，每个结点都执行相同的操作序列，那么最后能得到一致的状态。Paxos 算法能够保证每个结点执行相同的操作序列。master 维护一个全局写队列，所有写操作都必须放入这个队列并编号，无论写多少个结点，只要按编号写操作，就能保证一致性。Paxos 算法通过投票来对写操作进行全局编号，同一时刻，只有一个写操作被批准，同时并发的写操作要去争取选票，只有获得过半数选票的写操作才被批准（所以永远只有一个写操作得到批准），其他的写操作竞争失败只好重新发起一轮投票，通过投票，所有写操作都被严格编号排序。编号严格递增，当一个结点接受了一个编号为 100 的写操作，之后又接受到编号为 99 的写操作（因为网络延迟等很多不可预见原因），它马上能意识到自己数据不一致，自动停止对外服务并重启同步过程。任何一个结点挂掉都不影响整个集群的数据一致性。

2. 主从式系统架构

主从式系统架构的拓扑图如图 2-15 所示，位于中心位置的结点是主结点，位于圆周上的结点是从结点。主从式系统架构系统存在一个主结点和多个从结点，主结点负责系统资源的管理和任务的协调，并完成系统容错、负载均衡等方面的工作。从结点负责接收来自于主结点的任务，并在计算完成后进行反馈。各个从结点之间没有数据传递，整个系统的运行完全依赖于主结点控制。

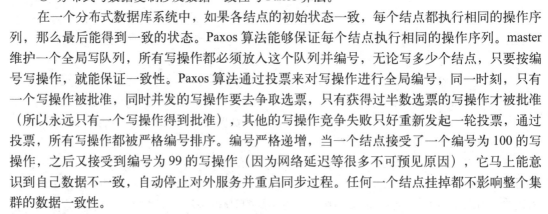

3. 数据传输方式

数据传输是指完成有向任务图到物理计算结点的部署之后，各个计算结点之间的数据传输方式。在大数据流式计算场景中，为了实现高吞吐和低延迟，需要系统地优化有向任务图以及有向任务图到物理计算结点的映射方式。如图 2-16 所示，在大数据流式计算环境中，数据的传输方式分为主动推送方式（基于 push 方式）、被动拉取方式（基于 pull 方式）和组合方式。

（1）主动推送方式

在上游结点产生或计算完数据后，主动将数据发送到相应的下游结点，其本质是相关数据主动寻找下游的计算结点，当下游结点报告发生故障或负载过重时，将后续数据流推送到其他相应结点。主动推送方式的优势是发挥了数据计算的主动性和及时性，但由于数据是主动推送到下游结点，所以没有充分地考虑下游结点的负载状态、工作状态等因素，可能出现下游部分结点负载不均衡的现象。

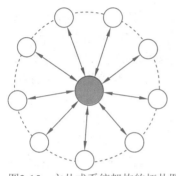

图2-15　主从式系统架构的拓扑图

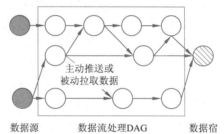

图2-16　数据流传输方式

（2）被动拉取方式

只有下游结点显式进行数据请求，上游结点才将数据传输到下游结点，其本质是相关数据被动地传输到下游计算结点。被动拉取方式的优势在于下游结点可以根据自身的负载状态、工作状态适时地进行数据请求，但上游结点的数据不可能保证得到及时的计算。

（3）组合方式

大数据流式计算的实时性要求较高，数据需要得到及时处理，主动推送的数据传输方式更易被选择。将主动推送方式和被动拉取方式两者进行融合，可以在一定程度上实现更好的效果。

（4）编程接口

编程接口是方便用户根据流式计算的任务特征，通过有向任务图来描述任务内在逻辑和依赖关系，并编程实现任务图中各结点的处理功能。用户策略的定制、业务流程的描述和具体应用的实现，需要通过大数据流式计算系统提供的应用编程接口。良好的应用编程接口可以方便用户实现业务逻辑，可以减少用户的编程工作量，并降低用户系统功能的实现门槛。当前，大多数开源大数据流式计算系统均提供了类似于 MapReduce 的类 MR 用户编程接口，例如，Storm 提供 Spout 和 Bolt 应用编程接口，用户只需要定制 Spout 和 Bolt 的功能，并规定数据流在各个 Bolt 间的内在流向，明确数据流的有向无环图，其他具体细节的实现方式无须关注，即可满足对流式大数据的高效、实时计算。也有部分大数据流式计算系统为用户提供了类 SQL 的应用编程接口，并给出了相应的组件，便于应用功能的实现。

2.2.5　Storm流处理过程

Storm 是一个开源的分布式实时计算系统，可以简单可靠地处理大量的数据流。Storm 不需要中间队列，而且支持横向扩展，具有高容错性，保证每个数据都可以得到处理。Storm 的部署和运维便捷，更为重要的是获得了多种编程语言的支持。

1. Storm 的特点与架构

Storm 应用场景广泛，例如实时分析、在线机器学习、持续计算（连续发送数据到客户端，使它们能够实时更新并显示结果，如网站指标）、分布式远程过程调用（RPC）等。Storm 的处理速度很快，在一个小集群中，每个结点每秒可以处理数以百万计的数据，是一个优秀的在线大数据处理平台。

（1）Storm 的特点

归纳起来，Storm 凸显了下述主要特点。

① 编程模型简单。基于 MapReduce 分布编程模型实现的 Hadoop 平台提供了 map 原语和 reduce 原语，致使并行批处理程序变得非常简单。Storm 也为大数据的在线计算提供了简单的 spout 和 bolt 原语，显著降低了开发并行实时处理任务的复杂性，实现了快速、高效的开发应用。

② 可横向扩展。可以增加计算机来达到横向扩展，并在新计算机就绪时分配任务。在 Storm 集群中拓扑主要包含三个实体：工作进程、线程和任务。Storm 集群中的每台机器都可以运行多个工作进程，每个工作进程又可创建多个线程，每个线程可以执行多个任务，任务是进行数据处理的实体，spout、bolt 就是一个或者多个任务块的横向扩展。

③ 高可靠性。Storm 可保证所有数据都至少处理一次。如果处理出错，数据可能处理不止一次，且永远不会丢失数据。Storm 可以保证 spout 发出的每条数据都可以被完全处理，这也是区别于其他实时系统之处。spout 发出数据的后续可能触发产生成千上万条数据，可以将 spout 看作数据树的树根，跟踪这棵数据树的处理情况，只有当这棵数据树中的所有数据都被处理了，Storm 系统才认为 spout 发出的这个数据已经被完全处理。如果这棵数据树中的任何一个数据处理失败，或者在限定的时间内没有完全处理，那么 spout 就重发数据。

考虑到尽可能减少对内存的消耗，Storm 并不跟踪数据树中的每个数据，而是采用一些特殊的策略，即把数据树当作一个整体来跟踪，对数据树中所有数据的唯一 ID 进行异或计算，通过是否为零来判定 spout 发出的数据是否被完全处理，这种策略极大地节约了内存和简化了判定逻辑。

按这种策略构成的模式中，每发送一个数据时，都同步发送一个 ack/fail，这对于网络的带宽造成一定的损失。如果对于可靠性要求不高，可通过使用不同的 emit 接口关闭该模式。Storm 保证了每个数据至少被处理一次，但是对于有些计算场合，严格要求每个数据只被处理一次，Storm 引入了事务性拓扑来解决这类问题。

④ 高容错性。Storm 集群关注工作结点状态，如果停机了，则重新分配任务。如果在数据处理过程中出了一些异常，Storm 重新安排这个出问题的处理单元。Storm 保证一个处理单元永远运行，除非显式杀掉这个处理单元。当然，如果处理单元中存储了中间状态，那么当处理单元重新被 Storm 启动时，需要自恢复中间状态。

⑤ 支持多种编程语言。Storm获得了多语言协议支持，除了用Java语言实现spout和bolt之外，主要是通过 ShellBolt、ShellSpout 和 ShellProcess 类来实现，这些类都已实现了 IBolt 和 ISpout 接口，

以及让 shell 通过 Java 的 rocessBuilder 类来执行脚本或者程序的协议。应用这种方式，每个 tuple 在处理的时候都需要进行 json 的编解码，因此对吞吐量有较大影响。

⑥ 支持本地模式和远程模式。Storm 有两种模式，即本地模式和远程模式。

在本地模式下，topology 结构运行在本地计算机的 JVM（Java 虚拟机）进程上。这个模式适用于开发、测试以及调试工作，这是观察所有组件协同工作的一种最简单的方法，因此也称开发模式。在这种模式下，可以调整参数，观察 topology 结构如何在不同的 Storm 配置环境下运行。如果需要在本地模式下运行，需要下载 Storm 开发依赖，以便开发并测试 topology 结构。在本地模式下，与在集群环境运行类似，需要确认所有组件是否线程安全。本地模式是在进程中模拟一个 Storm 集群的所有功能，以本地模式运行 topology 与在集群上运行 topology 相类似，但对于开发和测试起着重要作用。

在远程模式下，向 Storm 集群提交 topology，通常由许多运行在不同机器上的流程组成。远程模式不出现调试信息，因此也称生产模式。将其部署到远程模式时，可能运行在不同的 JVM 进程甚至不同的物理机上，这时它们之间没有直接的通信和共享的内存。

⑦ 高效。在系统底层，Storm 使用 ZeroMQ 作为底层数据队列，保证数据能快速处理。ZeroMQ 是一种先进的、可嵌入的网络通信库，提供了 Storm 的运行的功能保证。zeroMq 的主要功能如下。

- 一个并发架构的 Socket 库。
- 对于集群计算和超级计算，比 TCP 更快。
- 可通过 inproc（进程内）、IPC（进程间）、TCP 和 multicast（多播协议）通信。
- 异步 I/O 的可扩展的多核数据传递应用程序。
- 利用扇出，发布订阅、管道、请求应答等方式实现连接。

⑧运维简单。Storm 的部署简单，与 Mongodb 的解压相比较，仅多安装了两个依赖库。

在 Storm 集群中，包含主结点（master node）与工作结点（worker node）两种类型的结点。在主结点上运行一个名为 Nimbus 的后台程序。Nimbus 的功能是在集群中通过分发代码的方式为各个结点分配计算任务，并且进入监控状态。在每一个工作结点上运行一个 Supervisor 程序。Supervisor 程序监听分配给它的那个结点工作，根据需要来启动 / 关闭工作进程。ZooKeeper 是一个分布式的、开放源码的分布式应用程序协调服务，是 Hadoop 和 Hbase 的重要组件。它是一个为分布式应用提供一致性服务的软件，提供的功能包括配置维护、域名服务、分布式同步、组服务等。Zookeeper 是完成 Supervisor 和 Nimbus 之间的协调服务。一个运行的 topology 是由运行在很多结点上的工作进程组成，每一个工作进程执行一个 topology 的一个子集。

（2）Storm 的基本概念

下面通过 Storm 和 Hadoop 的对比来了解 Storm 中的基本概念，如表 2-4 所示。

表2-4　Storm 和Hadoop的比较

	Hadoop	Storm
系统角色	JobTracker	Nimbus
	TaskTracker	Supervisor
	Child	Worker
应用名称	Job	Topology
组件接口	Mapper/Reducer	spout/bolt

表 2-4 中的内容解释如下。

① Nimbus：负责资源分配和任务调度。

② Supervisor：负责接收 nimbus 分配的任务，启动和停止属于自己管理的 worker 进程。

③ Worker：运行具体处理组件逻辑的进程。

④ Storm 中的 Topology 与 Hadoop 的 Job 相对应。

⑤ Storm 中的 spout/bolt 与 Hadoop 的 Mapper/Reducer 相对应。

（3）Storm 的三大基本应用

利用 Storm 可以在计算机集群上很容易地编写和扩展复杂的实时计算，像 Hadoop 一样完成实时的批处理工作。Storm 能够保证每个消息都将被处理，而且它的处理速度很快，可以每秒处理数以百万计的消息。最重要的是可以使用任何编程语言来编写 Storm 拓扑，而不用专门学习另一门语言来编写它。Storm 的主要应用场景如下。

① 流处理。Storm 最基本的用例是流处理。使用 Storm 可以处理一个新的数据流，并实时更新数据库。与利用队列和工作结点进行流处理的标准方法不同，Storm 是容错的和可扩展的。

② 连续计算。Storm 的另一个典型用例是"连续计算"。流其实是客户实时查询的可视化的结果。一个典型例子的是流整理 Twitter 上最新的热门话题，并将它们发布到浏览器上。

③ 分布式 RPC。Storm 的第三个典型用例是"分布式 RPC"，能在用户调用时以并行计算完成一个密集的查询。RPC（Remote Procedure Call Protocol，远程过程调用协议）是一种通过网络从远程计算机程序上请求服务，而不需要了解底层网络技术的协议。利用分布式 RPC，Storm Topology 完成了分布式的功能，可以像调用正常函数一样调用它。

2. topology

Storm 分布计算结构称为 topology。topology 是一个 Thrift 结构，它由 stream（数据流）、spout（数据流生成者）和 bolt（数据运算）组成，如图 2-17 所示。

topology 是通过数据流组将 spout 和 bolt 连接起来，如图 2-18 所示。

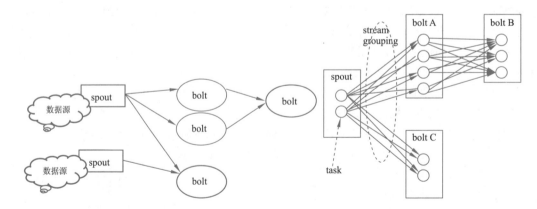

图2-17　Storm topology　　　　图2-18　spout与bolt的连接

topology 是 storm 中运行的一个实时应用程序，为各个组件之间的消息流动形成逻辑上的一个 topology 结构。当 topology 关掉之后，Storm 自动重新分配已经执行失败的任务，并且可以保证不丢失数据。如果某机器意外停机，就可以将意外停机机器的所有任务转移到其他机器上。

（1）spout

spout 代表了一个 Storm topology 的主要数据入口，是数据采集器，直接与数据源连接，并将数据转换成多个元组之后作为数据流进行发射。为了实现 spout 数据采集器的功能，开发一个 spout 的主要工作就是从数据源或者 API 获取数据。

spout 是在一个 topology 中产生源数据流的组件。通常情况下 spout 会从下述外部数据源中读取数据，然后转换为 topology 内部的源数据。

① Web 或移动设备。

② 社交网络的信息。

③ 传感器输出。

④ 应用程序的日志事件。

可以看出，由于 spout 不用于实现业务逻辑，所以可以被多个 topology 复用。

spout 是一个主动的角色，其接口中有个 nexttuple() 函数，storm 通过不停地调用此函数来读取数据，用户在其中生成源数据。

（2）bolt

bolt 是在一个 topology 中接收数据然后执行处理的组件。bolt 可以执行过滤、函数操作、合并、写数据库等操作。

所有的数据处理逻辑封装在 bolt 中，bolt 执行数据流转换，主要完成过滤、聚合、函数操作、合并、查询数据库等处理逻辑，也可以完成数据流的传递。较复杂的数据流处理通常需要多个步骤，从而也就需要经过多个 bolt。例如，计算出一个图片集中被转发最多的图片至少需要两步：第一步计算出每个图片的转发数量；第二步找出转发最多的图片。如果要扩展这个过程，那么需要更多的步骤。

bolt 是计算程序中的运算或函数，将一个或者多个数据流作为输入，对数据运算后，选择性地输出一个或多个数据流。bolt 可以接收多个由 spout 或者其他 bolt 发出的数据流，进而建立复杂的数据流转换网络。与 spout API 一样，bolt 可以执行多种处理功能。bolt 的编程接口简单明了。

（3）tuple

tuple 是一次消息传递的基本单元。本来应该是一个 key-value 的 map，但是由于各个组件间传递的 tuple 的字段名称已经事先定义好，所以 tuple 中只需要按序填入各个 value，其实是一个 value list。

（4）数据流组

连续不断传递的 tuple 组成了数据流（stream）。一个数据流是一个无限的 tuple 序列。tuple 包含了一个或多个键值对的列表，tuple 序列分布式并行创建和处理。可以对数据流的 tuple 序列的每个字段命名来定义数据流。tuple 的字段类型可以是 integer、long、short、byte、string、double、float、boolean 和 byte array。数据流也可以自定义类型，在定义时可为每个数据流分配一个 ID，也可以定义一个数据流而不用分配这个 ID。在这种情况下这个数据流为默认的 ID。Storm 提供了 spout 和 bolt 最基本的处理数据流原语。

设计一个 topology 时，最重要的事情就是定义各组件之间如何交换数据和 bolt 如何吸收数据流。一个数据流组（Stream Grouping）指定了每个 bolt 可吸收的数据流以及处理的方法。一个结点能够发布多个数据流，一个数据流组可以选择接收哪个数据，数据流组在定义 topology 时设置。一个结点可以发出一个以上的数据流，一个数据流组指定了每个 bolt 接收那些数据流以及如何处理。Storm 数据流组主要有下述几种类型。

① 随机数据流组。随机数据流组（Shuffle Grouping）是最常用的数据流组。数据源向 bolt 发出 tuple，每个 bolt 接收到的 tuple 数目大致相同，负载均衡。随机数据流组适用于数学计算的原子操作。然而，如果操作不能随机分配，可以使用其他分组方式。

② 域数据流组。域数据流组（Fields Grouping）可将不同域的 tuple 发送给 bolt。它保证拥有相同域组合的值集合可以发送到同一个 bolt。例如单词计数器，如果使用 word 域为数据流分组，将只把相同单词的 tuple 发送给同一个 bolt。又如，按 userID 来分组，具有同样 userID 的 tuple 被分到相同的 bolt 的一个 task，而不同的 userID 则被分配到不同的 bolt 的 task 中。在域数据流组中的所有域集合必须在数据源的域声明中存在。

域数据流组允许基于元组的一个或多个域控制将元组发送给 bolt。可保证拥有相同域组合的值集发送给同一个 bolt。

③ 全部数据流组。全部数据流组（All Grouping）使用广播发送方式，使所有的 bolt 可以收到每一个 tuple。例如需要刷新缓存，使用全部数据流组就可以向所有的 bolt 发送一个刷新缓存信号。在单词计数器的例子中，也可以使用一个全部数据流组，实现添加、清除计数器缓存的功能。

④ 全局数据流组。全局数据流组（Global Grouping）将 tuple 分配到一个 bolt 中的一个任务中，即全局数据流组可将所有数据源创建的 tuple 发送给单一目标实例（即拥有最低 ID 的任务）。

⑤ 直接分组数据流组。直接分组（Direct Grouping）是一种比较特别的分组方法，这种分组是由数据的发送者指定由数据接收者的哪个任务处理这个数据。只有被声明为直接分组的数据流可以声明使用这种分组方法。

⑥ 局部数据流组。局部数据流组（Local Grouping）是指如果目标 bolt 有一个或者多个任务在同一个工作进程中，tuple 将被随机发生给这些任务，否则与普通随机数据流组的行为一致。

⑦ 自定义数据流组。可以创建自定义数据流组，由设计者决定哪些 bolt 接收哪些 tuple。以修改单词计数器示例，可以使首字母相同的单词由同一个 bolt 接收。

2.2.6 单词计数topology

单词计数 topology 的功能是实现对一个句子中的单词出现的次数进行统计，可以将整个 topology 分为下述三个部分：

- 数据源发送单行文本。
- 将单行文本句子分词。
- 对出现单词的次数进行累加计算。

1. 实例描述

单词计数 topology 实现的基本功能就是不停地读入句子，当程序运行完成后，可在控制台上显示出如下的类似输出信息。

```
--- FINAL COUNTS ---
is : 2852
big : 2852
data: 2852
concepts : 1426
two : 1426
there : 2852
are : 11426
approaches : 1426
domain: 1426
--------------
```

2. 计算过程描述

实现单词计数 topology 数据流组由 spout 和后继的 bolt 组成，spout 负责采集语句，bolt 分别完成分词、计数和上报结果的功能，如图 2-19 所示。

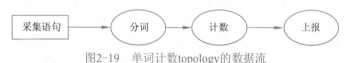

图2-19 单词计数topology的数据流

（1）采集语句 spout

采集语句 spout 的功能是：向后端发射一个 tuple（元组）组成的数据流组，键名是 sentence，键值是以字符串格式存储的一个句子。例如：

```
{sentence :my dog is white}
```

假设数据源是一个静态语句的列表。spout 循环将每个句子作为元组发射。在实际的应用环境中，spout 连接到动态数据源上。

SentenceSpout 模拟数据源创建一个静态的句子迭代列表。spout 的主要功能是将文件内容逐行读出，并将发出的每个句子当作一个元组。

（2）分词 bolt

分词 bolt 接收从 SentenceSpout 发射的 tuple 流组。每当收到一个 tuple，bolt 获取 sentence 对应值域的语句，然后将语句分割为一个个单词，对于每个单词向后发射一个 tuple，例如，如果收到 my dog is white，那么发射下述 4 个 tuple：

```
{word:my}
{word:dog}
{word:is}
{word:white}
```

（3）单词计数 bolt

单词计数 bolt 接收分词 bolt 的输出，保存每个特定单词出现的次数。每个 bolt 接收到一个 tuple，将对应单词的计数器加一，并且向后发送该单词当前的计数。

```
{word:dog,count:2}
```

（4）上报 bolt

上报 bolt 汇集单词计数 bolt 的输出，单词计数 bolt 一样，维护一份所有单词对应的计数表。当接收到一个 tuple 时，上报 bolt 将更新表中的计数数据，并且将值在终端打印。

Storm topology 等同于 Hadoop 中的 job。但是，在批处理运算中的 job 对运算的起始和终止都有明确的定义，除非进程被杀死或取消部署，否则 topology 可以一直运行下去。

2.3 Spark 大数据处理平台

扫一扫

Spark 安装
步骤简介

大数据分析可以分为历史数据分析和实时数据分析。对于历史数据分析，典型的就是利用 MapReduce 分布编程模型进行数据查询、统计，而对于实时数据分析最重要的是使用实时计算技术，例如流式数据处理、复杂事务处理等。对于历史数据分析，除了使用离线处理技术或者批处理技术的查询统计分析之外，还有一种人机交互式数据分析，例如传统商务智能的快速数据分析。

2.3.1 交互式处理系统的问题

人机交互是设计、评价和实现供人们使用的人机交互式计算机系统，交互式处理是指操作者与系统以人机对话的交互处理方式获得最后结果。

对于一个交互式处理系统，需要解决下述三个问题：

① 以会话方式输入信息。

② 在计算机中的存储信息文件能够及时处理与修改；

③ 处理的结果可以立刻使用。

交互式系统的处理凸显了快速和及时，需要高速的数据处理系统及时与快速处理输入的信息，使交互处理方式能够运行。

一个交互式数据处理场景的主要指标是响应时间。如果一个几 TB 级数据的场景的响应时间是 20 ~ 40 s。如果响应时间是 3 ~ 5 min。这就不是理想的交互式数据处理。一般来说，交互式处理在几秒延迟之内能处理的最大内存数据量应在 1 TB 以内，如果超出 1 TB，响应时间可以延长。

为了将 5 ~ 10 TB 级的数据处理提高到仅有几秒钟延迟，需要采用更新型的硬件。例如，Apache Spark 驱动设置、内存列格式，以及 YARN 设置等。即使软硬件都更新了，交互模式的限制也不会接近 100 TB。

交互式处理需要快速处理数据。先进的交互程序处理平台 Spark 充分应用了数据切片和数据钻取技术。

2.3.2 Scala编程语言简介

Scala 是一种多范式的、可伸缩的、类似 Java 的编程语言，集成了面向对象编程和函数式编程的各种特性。Spark 是当前流行的开源大数据内存计算框架，对于单词计数，仅三行 Scala 语言程序就可以代替十多行 Java 语言程序。Scala 语言是未来大数据处理的主流语言，主要特性如下。

1. 面向对象特性

Scala 是一种纯面向对象的语言，每一个值都是对象。

2. 函数式编程

Scala 也是一种函数式语言，其函数也可以作为值来使用。

3. 静态类型

Scala 是静态类型系统，通过编译时的检查保证代码的安全性和一致性。

4. 快速实验

Scala 有交互式命令行方式，可以快速地使用各种语法和代码。

5. 一致性

尽管 Scala 融合了静态类型系统、面向对象、函数式编程等语言特性，但并不显得杂乱。

6. 类型安全

Scala 编译器和类型系统非常强大，可在编写过程中减少软件错误。

7. 异步编程

函数式编程提倡变量不可变，使得异步编程非常容易。同时 Scala 提供的 Future 和 akka 类库，使得异步编程变得更为容易。

8. 基于 JVM

Scala 可被编译成为 jvm bytecode，所以 Scala 能无缝集成已有的 Java 类库，可以非常自然地使用已经存在的 Java 类库。

2.3.3　Spark的主要特点

Spark 是一个用来实现快速而通用的集群计算平台，高效地支持多种计算模式，主要是批量数据处理、交互式数据查询和实时数据流处理三种数据处理方式，具有不同的业务场景。在处理大数据集时，高速是进行交互式数据查询的基础。

1. 计算速度快

由于 Spark 在内存中进行计算，所以计算速度快。虽然对于复杂问题必须在磁盘上进行，但 Spark 仍然比 MapReduce 模型更加有效。

2. 适应多种应用场景

Spark 适用各种不同的分布平台的场景，主要包括批处理、迭代算法、交互式查询、流处理等。Spark 可以简单地将各种处理流程整合在一起，对数据分析有实际意义，极大地减轻了对各种平台分别管理的负担。

3. 接口极其丰富

Spark 的接口丰富，可以提供基于 Python、Java、Scala 和 SQL 的简单易用的 APIH 和内建的丰富程序库，还可以与其他大数据工具密切配合使用。

4. 软件栈

Spark 含有多个紧密集成的组件，其核心是一个可对很多任务组成的、运行在对各机器或集群机上的应用进行调度、分发及监控的计算引擎。由于其核心引擎具有速度快和通用性强的特点，因此 Spark 还支持各种不同场景专门设计的高级组件。这些组件可以相互调用，可以组合使用。

5. RDD 持久化

Spark 最重要的一个功能是在不同的操作期间，持久化（或者缓存）一个数据集到内存中。当持久化一个 RDD 时，每一个结点都把它计算的分片结果保存在内存中，并且在对此数据集（或者衍生出的数据集）进行其他动作时重用。这将使后续的动作变得更快。缓存是（Spark）迭代算法和快速交互使用的关键工具。

2.3.4 软件栈

在 Spark 中含有大量的组件来支持 Spark 强大的功能。Spark 主要组件如图 2-20 所示。

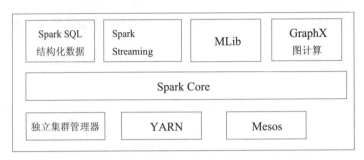

图2-20 Spark的主要组件

1. Spark Core

Spark Core 提供 Spark 最核心的内容，主要包括以下功能。

（1）SparkContext

通常 Driver Application 的执行与输出都是通过 SparkContext 来完成的。在正式提交 Application 之前，首先需要初始化 SparkContext。SparkContext 隐藏了网络通信、分布式部署、消息通信、存储能力、计算能力、缓存、测量系统、文件服务、Web 服务等内容，应用程序开发者只需要使用 SparkContext 提供的 API 完成功能开发。SparkContext 内置的 DAGScheduler 负责创建 Job，将 DAG 中的 RDD 划分到不同的 Stage，提交 Stage 等功能。内置的 TaskScheduler 负责资源的申请，任务的提交及请求集群对任务的调度等工作。

（2）存储体系

Spark 优先使用各结点的内存作为存储，当内存不足时才使用磁盘，这就极大地减少了磁盘 I/O 操作，提升了任务执行的效率，使得 Spark 适用于实时计算、流式计算等场景。此外，Spark 提供了以内存为中心的高容错的分布式文件系统 Tachyon 供用户进行选择。Tachyon 能够为 Spark 提供可靠的内存级的文件共享服务。

（3）计算引擎

计算引擎由 SparkContext 中的 DAGScheduler、RDD 以及具体结点上的 Executor 负责执行的 Map 和 Reduce 任务组成。DAGScheduler 和 RDD 虽然位于 SparkContext 内部，但是在任务正式提交与执行之前会将 Job 中的 RDD 组织成有向无环图（DAG），并对 Stage 进行划分，决定了任务执行阶段任务的数量、迭代计算、shuffle 等过程。

（4）部署模式

由于单结点不足以提供足够的存储和计算能力，所以作为大数据处理的 Spark 在 SparkContext 的 TaskScheduler 组件中提供了对 Standalone 部署模式的实现和 Yarn、Mesos 等分布式资源管理系统的支持。通过使用 Standalone、Yarn、Mesos 等部署模式为 Task 分配计算资源，可以提高任务的并发执行效率。

2. Spark SQL

首先使用 SQL 语句解析器将 SQL 转换为语法树，并且使用规则执行器将一系列规则应用到语法树，最终生成物理执行计划后并运行。其中，规则执行器包括语法分析器和优化器。

3. Spark Streaming

Spark Streaming 用于流式计算。Spark Streaming 支持 Kafka、Flume、Twitter、MQTT、ZeroMQ、Kinesis 和简单的 TCP 套接字等多种数据输入源。输入流接收器负责接入数据，是接入数据流的接口规范。Dstream 是 Spark Streaming 中所有数据流的抽象，可以被组织为 Dstream Graph。Dstream 本质上由一系列连续的 RDD 组成。

4. GraphX

GraphX 是 Spark 提供的分布式图计算框架。GraphX 主要遵循整体同步并行（bulk Synchronous parallel，BSP）计算模式下的 Pregel 模型实现。GraphX 提供了对图的抽象 Graph，Graph 由顶点（Vertex）、边（Edge）及继承了 Edge 的 EdgeTriplet 三种结构组成。GraphX 已经封装了最短路径、网页排名、连接组件、三角关系统计等算法的实现，用户可以选择使用。

5. MLlib

机器学习是一门涉及概率论、统计学、逼近论、凸分析、算法复杂度理论等多领域的交叉学科。MLlib 是 Spark 提供的机器学习框架、是一个提供常用的机器学习功能的程序库。MLlib 已经提供了基础统计、分析、回归、决策树、随机森林、朴素贝叶斯、回归、协同过滤、聚类、维数缩减、特征提取与转型、频繁模式挖掘、预言模型标记语言、管道等多种数理统计、概率论、数据挖掘方面的学习算法。

6. 集群管理器

Spark 可以运行在各种集群管理器上，并通过集群管理器访问集群中的计算机。Spark 可以提供三种集群管理器，如果只是需要 Spark 运行起来，可以采用 Spark 自带的独立集群管理器，采用独立部署的模式；如果需要 Spark 部署在其他集群上，使各应用共享集群，可以采用另外两种集群管理器：Hadoop Yarn 或 Apache Mesos。

Yarn 是 Hadoop 2.0 中引入的集群管理器，可以使多个数据处理框架运行在一个共享的资源池上，而且和 Hadoop 的分布式存储系统安装在同一个物理结点上。Spark 运行在配置了 Yarn 的集群上是一个非常好的选择，当 Spark 程序运行在存储结点上的时，可以快速访问 HDFS 中的数据。

2.3.5　核心概念

HDFS 加 Map Reduce 的组合能够解决海量数据规模和多样的数据类型的处理问题，但由于对高速的数据查询需求、不同数据规模的场景下对应用的灵活支持还具有很大的提升空间。Spark 是新一代的 Map/Reduce 计算框架，充分利用了内存加速，解决了交互式查询和迭代式机器学习的效率问题。使用了优化内存处理技术，显著地提升 Hadoop 处理平台的性能。

通过对新的框架的整合和优化处理技术，扩大了 Hadoop 的应用领域和处理不同数据压力的能力。Spark 适合处理从 GB 到 PB 级别的数据，可以在离线分析下统计与挖掘数据，在线的存储和 OLAP 系统，以及在线的基于内存的高速分析，使 Spark 处理平台成为性能优异的通用并行计算框架。

1. Spark 和 Hadoop 的区别

Spark 是基于 MapReduce 模型实现的分布式计算，拥有 Hadoop MapReduce 所具有的优点。

其与 MapReduce 不同的是可将 Job 中间输出和计算结果保存在内存中，从而不再需要重复读写 HDFS，可以更好地适用于需要大量迭代的机器学习等算法。

Spark 的中间数据放到内存中，增强了迭代运算效率。Hadoop 只提供了 Map 和 Reduce 两种操作，但 Spark 的数据集的操作类型更多。Spark 数据集的操作主要有两种类型：一种是转换（Transformation）操作，如 map、filter、flatMap、sample、groupByKey、reduceByKey、union、join、cogroup、mapValues、sort、partionBy 等；另一种是行动（Action）操作，如 Count、collect、reduce、lookup、save 等。用户可以利用这些操作进行命名、物化、控制中间结果的分区等，所以 Spark 编程模型比 Hadoop 更灵活、更通用。

2. 适用场景

Spark 是基于内存的迭代计算框架，适用于需要多次操作特定数据集的应用场景。需要反复操作的次数越多，所需读取的数据量越大，则效果越好；对于数据量小但是计算密集度较大的场合，效果相对较差。由于 RDD 的特性，Spark 不适用于异步细粒度更新状态的应用，如 Web 服务的存储、增量的 Web 爬虫和索引，以及增量修改的应用模型。

2.3.6 弹性分布式数据集RDD

弹性分布式数据集（Resilient Distributed Datasets，RDD）是一种分布式的内存抽象，一个只读的记录分区的集合只能通过其他 RDD 转换而创建。RDD 是 Spark 中的核心概念，是抽象数据结构类型，任何数据在 Spark 中都可以表示为 RDD，各个 RDD 之间存在依赖关系。每个 RDD 都分成多个分区，这些分区运行在集群中不同的结点上。基于程序设计的角度，RDD 是一个数组。RDD 与普通数组的区别是 RDD 中的数据是分区存储，这样可以将不同分区的数据分布于不同的机器上，可以进行分布并行处理。因此，Spark 应用程序是将需要处理的数据转换为 RDD，然后对 RDD 进行一系列的变换和操作而获得到结果。RDD 转换操作丰富，通过转换操作，新的 RDD 包含了数据处理的中间结果和最后结果。

1. RDD 的特点

① 是在集群结点上的不可变的、已分区的集合对象。

② 通过并行转换的方式来创建，如果失败，则自动重建。

③ 可以控制存储级别（内存、磁盘等）来进行重用。

④ 必须是可序列化的。

⑤ 是静态类型。

2. RDD 的创建方式

① 从 Hadoop 文件系统或与 Hadoop 兼容的其他存储系统，如 Hive、Cassandra、Hbase 创建。

② 从父 RDD 转换得到新 RDD。

③ 通过并行化或 makeRDD 将单机数据创建为分布式 RDD。

RDD 可以从普通数组创建，也可以从文件系统或者 HDFS 中的文件创建。

例如，通过 scala 命令调用完成所需的任务，将 1 ～ 9 的 9 个整数分别存于三个分区中：

```
scala> val a = sc.parallelize(1 to 9, 3)
a: org.apache.spark.rdd.RDD[Int] = ParallelCollectionRDD[1] at
parallelize at <console>:12
```

又如，读取文件 README.md 来创建 RDD，文件中的每一行就是 RDD 中的一个元素：

```
scala> val b = sc.textFile("README.md")
b: org.apache.spark.rdd.RDD[String] = MappedRDD[3] at textFile at
<console>:12
```

3. RDD 的操作过程

RDD 操作具有两种类型操作算子，即转换算子与行动算子。算子是 RDD 中定义的函数，可以对 RDD 中的数据进行转换和操作。

转换算子是延迟计算算子，当一个 RDD 转换成另一个 RDD 时并没有立即进行转换，仅是记住了转换算子所指明的数据集的逻辑操作，也就是说，从一个 RDD 转换生成另一个 RDD 的转换操作不是立即执行，而是需要等到有行动算子触发才会执行运算。行动算子的作用是触发 Spark 作业的运行，即触发转换算子的计算。转换算子分为 Value 数据类型算子和 Key-Value 数据类型算子。Value 数据类型的转换算子所处理的数据项是 Value 型的数据；Key-Value 数据类型的转换算子所处理的数据项是 Key-Value 型的数据，转换算子变换并不触发提交作业，而是由行动算子完成提交。

4. 常用转换算子

RDD 是一种弹性分布式数据集，一个 RDD 代表一个分区中的数据集。

（1）Value 型的数据转换算子

① 输入分区与输出分区一对一型算子：map 算子、flatMap 算子、mapPartitions 算子和 glom 算子。

② 输入分区与输出分区多对一型算子：union 算子和 cartesian 算子。

③ 输入分区与输出分区多对多型算子：grouBy 算子。

④ 输出分区为输入分区子集型算子：filter 算子、distinct 算子、subtract 算子、sample 算子、takeSample 算子。

⑤ Cache 型 cache 算子和 persist 算子。

（2）Key-Value 型数据转换算子

① 输入分区与输出分区一对一算子：mapValue 算子。

② RDD 聚集算子：combineByKey 算子、reduceByKey 算子、partitionBy 算子和 Cogroup 算子。

③ 连接算子：join 算子、leftOutJoin 和 rightOutJoin 算子。

（3）Action 算子

① 无输出算子：foreach 算子。

② HDFS 算子：saveAsTextFile 算子和 saveAsObjectFile 算子。

③ Scala 集合和数据类型算子：collect 算子、collectAsMap 算子、reduceByKeyLocally 算子、lookup 算子、count 算子、top 算子、reduce 算子、fold 算子和 aggregate 算子。

5. 转换算子举例

（1）map 算子

通过 map 中的用户自定义函数 f 将原来 RDD 的每个数据项映射转变为一个新的元素。map 算子相当于初始化一个 RDD，新的 RDD 称为 MappedRDD。图 2-21 中每个方框表示一个 RDD 分区，将左侧的分区经过用户自定义函数 $f: X \rightarrow X'$ 映射为右侧的新 RDD 分区。但是，实际只有等到 Action 算子触发后，这个 f 函数才会和其他函数对数据进行运算。在图 2-21 中的第一个分区，数据记录X_1输入f，通过f转换输出为转换后的分区中的数据记录X_1'，依此类推。

例如，如果将 RDD 区的每个数据都乘 3，即 f 函数为乘 3，则得到新的数据存于 RDD 区中的 RDD 转换如图 2-22 所示。

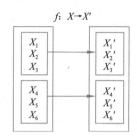

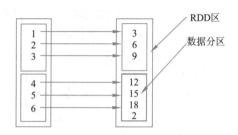

图2-21　map算子对RDD转换　　　　　　图2-22　map算子应用举例

程序如下：

```
object Map {
    def main(args: Array[String]) {
        val conf = new SparkConf().setMaster("local").setAppName("map")
        val sc = new SparkContext(conf)
        val rdd = sc.parallelize(1 to 10)    // 创建 RDD
        val map = rdd.map(_*3)               // 对 RDD 中的每个元素都乘于 3
        map.foreach(x => print(x+" "))
        sc.stop()
    }
}
```

运行结果如下：

```
3  6  9  12  15  18
```

（2）flatMap 算子

flatMap 算子与 map 算子类似，但每个元素输入项都可以被映射到 0 个或多个输出项，最终将结果扁平化后输出。更进一步说，flatMap 算子可将原来 RDD 中的每个元素通过函数 f 转换为新的元素，并将生成的 RDD 的每个集合中的元素合并为一个集合，内部创建 FlatMappedRDD。

图 2-23 表示 RDD 的一个分区，进行 flatMap 函数操作，flatMap 中传入的函数为 $f: T \to U$，T 和 U 可以是任意的数据类型。将分区中的数据通过用户自定义函数 f 转换为新的数据。外部大方框可以认为是一个 RDD 分区，小方框代表一个集合。在一个集合作为 RDD 的一个数据项，可能存储为数组或其他容器，转换为 V_1'、V_2'、V_3' 后，将原来的数组或容器结合拆散，拆散的数据形成为 RDD 中的数据项。

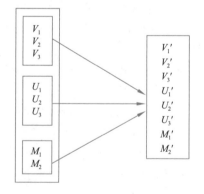

图2-23　flapMap 算子对 RDD 转换

例如，如果 RDD 有 5 个分区，分别为：Range(1)、Range(1,2)、Range(1,2,3)、Range(1, 2, 3, 4)、Range(1, 2, 3, 4, 5)。flatMap 算子对 RDD 进行偏平转换的程序为：

```
val rdd = sc.parallelize(1 to 5)
val fm = rdd.flatMap(x => (1 to x)).collect()
```

```
fm.foreach( x => print(x + " "))
```

运行结果输出如下：

```
1 1 2 1 2 3 1 2 3 4 1 2 3 4 5
```

（3）mapPartitions 算子

mapPartitions 算子与 map 算子区别是，map 作用于每个分区的每个元素，但是，mapPartitions 作用于每个分区：Iterator[T] => Iterator[U]。

如果有 N 个元素，有 M 个分区，那么 map 算子将被调用 N 次，而 mapPartitions 算子被调用 M 次。当在映射的过程中不断创建对象时可以使用 mapPartitions 算子，其效率比 map 要高。当向数据库写入数据时，如果使用 map 需要为每个元素创建 connection 对象，但使用 mapPartitions，需要为每个分区创建 connetcion 对象。

mapPartitions 算子获取到每个分区的迭代器，算子通过这个分区整体的迭代器对整个分区的元素进行操作。在其内部实现是生成 MapPartitionsRDD。图 2-24 中的一个方框代表一个 RDD 分区，用户通过函数 f(iter)=>iter.f ilter(_>=3) 对分区中所有数据进行过滤，大于和等于 3 的数据保留。一个方块代表一个 RDD 分区，含有 1、2、3 的分区过滤只剩下元素 3。

（4）glom 算子

glom 算子将每个分区形成一个数组，内部实现是返回的 GlommedRDD。图 2-25 中的每个方框代表一个 RDD 分区，含有 V_1、V_2、V_3 的分区通过 glom 形成一数组 Array[(V_1), (V_2), (V_3)]。含有 U_1、U_2 的分区通过 glom 形成一数组 Array[(U_1),(U_2)]。

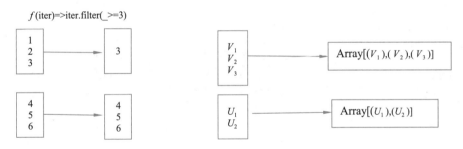

图2-24　mapPartitions算子对RDD转换　　　　图2-25　glom算子对RDD转换

扫一扫

union 算子

6. 常用 Action 算子

在 Action 算子中通过 SparkContext 进行提交作业的 runJob 操作，触发 RDD DAG 的执行。例如，Action 算子 collect 函数的代码如下，可以顺着这个入口进行源码剖析：

```
/**
 * 返回含有 RDD 的所有元素的 Array
 */
def collect(): Array[T] = {
    /* 提交 Job*/
    val results = sc.runJob(this, (iter: Iterator[T]) => iter.toArray)
    Array.concat(results: _*)
}
```

（1）foreach

foreach 对 RDD 中的每个元素都应用 f 函数操作，不返回 RDD 和 Array，而是返回 Uint。图 2-26 表示 foreach 算子通过用户自定义函数对每个数据项进行操作。本例中自定义函数为

println()，其控制台打印所有数据项。

（2）reduceByKeyLocally

reduceByKeyLocally 实现的是先 reduce 再 collectAsMap 的功能，先对 RDD 的整体进行 reduce 操作，然后再收集所有结果返回为一个 HashMap。

（3）lookup

下面代码为 lookup 的声明。

```
lookup(key: K): Seq[V]
```

lookup 函数对 (Key,Value) 型的 RDD 操作返回指定 Key 对应的元素形成的 Seq。这个函数处理优化的部分在于，如果这个 RDD 包含分区器，则只会对应处理 K 所在的分区，然后返回由 (K,V) 形成的 Seq。如果 RDD 不包含分区器，则需要对全 RDD 元素进行暴力扫描处理，搜索指定 K 对应的元素。

图 2-27 中的左侧方框代表 RDD 分区，右侧方框代表 Seq，最后结果返回到 Driver 所在结点的应用中。

（4）count

count 返回整个 RDD 的元素个数。

内部函数实现为：

```
defcount():Long=sc.runJob(this,Utils.getIteratorSize_).sum
```

图 2-28 中，返回数据的个数为 5。一个方块代表一个 RDD 分区。

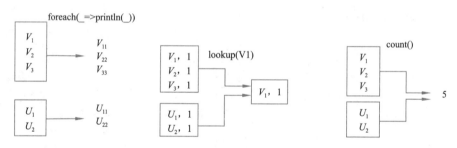

图2-26　foreach 算子对 RDD 转换　图2-27　lookup对RDD转换V_1　图2-28　count 对 RDD 算子转换

2.3.7　单词计数实例分析

前面已经介绍了在 Hadoop 平台和 Storm 平台下完成单词计数的过程和方法，下面介绍在 Spark 平台下完成单词计数的过程和方法。

（1）问题描述

单词计数是指统计一个或者多个文件中各单词出现的次数。

（2）问题分析

单词计数基本可分为三步，应用 Spark 算子来实现。首先将文本文件中的每一行分割成多个的单词，即进行分词；其次是对每一个出现的单词进行一次记数；最后是把所有相同单词的计数相加获得到最终的结果。具体实现如下：

① 使用 flatMap 算子把一行文本分成多个单词。

② 使用 map 算子把单个的单词转化成一个 Key-Value 对，即 word → (word,1)，其值是单

词出现的次数。

③ 统计相同单词的出现次数，可以使用 reduceByKey 算子把相同单词的计数相加得到最终结果。

（3）编程实现

SparkWordCount 类源码程序如下：

```
import org.apache.spark.SparkConf
import org.apache.spark.SparkContext
import org.apache.spark.SparkContext._

object SparkWordCount {
 def FILE_NAME:String = "word_count_results_";
 def main(args:Array[String]) {
 if (args.length < 1) {
    println("Usage:SparkWordCount FileName");
    System.exit(1);
 }
 val conf = new SparkConf().setAppName("Spark Exercise: Spark
Version Word Count Program");
 val sc = new SparkContext(conf);
 val textFile = sc.textFile(args(0));
 val wordCounts = textFile.flatMap(line => line.split(" ")).map(
    word => (word, 1)).reduceByKey((a, b) => a + b)
 //print the results,for debug use.
 //println("Word Count program running results:");
 //wordCounts.collect().foreach(e => {
 //val (k,v) = e
 //println(k+"="+v)
 //});
 wordCounts.saveAsTextFile(FILE_NAME+System.currentTimeMillis());
 println("Word Count program running results are successfully saved.");
 }
}
```

小　结

Hadoop 处理平台适用于大数据离线计算，Storm 平台适用于大数据流式计算，Spark 平台适用于大数据交互式计算。本章介绍了大数据离线计算、流式数据和交互式计算的特点和应用场景，并结合实例说明了这三种平台的使用方法，尤其对 Hadoop 处理平台做了详细的介绍。

第③章 大数据获取与存储管理技术

主要内容

- 大数据获取
  - 大数据获取的挑战
  - 传统的数据获取与大数据获取区别
- 领域数据
  - 文本数据
  - 语音数据
  - 图片数据
  - 摄像头数据
  - 图像数字化数据
  - 图形数字化数据
  - O2O LBS数据
  - 空间数据
- 网站数据
  - 网站内部数据
  - 网站外部数据
  - 移动网站数据
- 网络爬虫
  - 网络爬虫的工作过程
  - 通用网络爬虫
  - 聚焦网络爬虫
  - 数据抓取目标的定义
  - 网页分析算法
  - 更新策略
  - 分布式爬虫的系统结构
- 大数据存储
  - 大数据存储模型
  - 大数据存储问题
  - 大数据存储方式
- 大数据存储管理技术
  - 数据容量问题
  - 大图数据
  - 数据存储管理

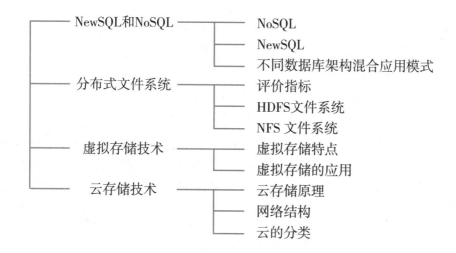

在从获取数据到获得有价值信息与知识的全过程（又称数据处理周期）中，数据获取是最初始的一步。在这一步主要完成数据获取，并将获取到的数据存入指定的存储系统中。互联网、云计算和移动计算等新模式的迅速发展与广泛应用，产生了大量数据，科学研究也产生了科学大数据。由于科学大数据经过试验部署，所以获取所付出的代价较高，但有一定的科学规律可循。

扫一扫 •……

数据获取
举例

3.1　大数据获取

获取的数据是指已被转换为电信号的各种物理量，例如温度、水位、风速、压力等，这些物理量可以是模拟量，也可以是数字量。获取方式一般是采样方式，采样频率遵循奈奎斯特定理。采样频率大于信号中最高频率的 2 倍时，采样之后的数字信号能够完整地保留原始信号中的信息，进而减少了数据量。

3.1.1　大数据获取的挑战

大数据获取是利用数据获取工具，从系统外部获取数据并存入系统内部的存储资源。在各个领域，数据获取技术应用广泛，例如摄像头、麦克风和传感器等都是经常使用的数据获取工具。大数据获取的挑战主要包括下述几方面：

① 面对数据源多种多样。

② 面对数据量巨大。

③ 面对数据变化快。

④ 保证数据获取的可靠性的性能。

⑤ 避免重复数据。

⑥ 保证数据的真实性。

3.1.2　传统的数据获取与大数据获取的区别

传统的数据获取与大数据获取区别如表 3-1 所示。

表3-1　传统数据获取与大数据获取的比较

比较项目	传统的数据获取	大数据的数据获取
数据来源	数据来源单一	数据来源广泛
数据量	数据量相对较小	数据量巨大
数据类型	结构单一	包括结构化、半结构化和非结构化数据
使用数据库	关系数据库和并行数据库	NoSQL、NewSQL和SQL数据库

从表 3-1 中可以看出，传统的数据获取来源单一，且存储、管理和分析数据量也相对较小，采用关系型数据库和并行数据库可以完成处理。对于依靠并行计算提升数据处理速度方面，并行数据库技术追求高度一致性和容错性，根据 CAP 理论，难以保证其可用性和扩展性。大数据存储使用了 NoSQL、NewSQL 和 SQL 数据库技术。

3.2　领　域　数　据

将各领域产生的数据称为领域数据，常见的领域数据如下。

- 统计数据：统计年鉴数据、人口数据、产业数据、气候数据和用地数据等。
- 基础地图数据：河流水系数据、行政边界数据、各级道路数据和绿化植被数据等。
- 交通传感数据：公交 IC 卡数据、专车 GPS 数据和长途客物流数据等。
- 互联网数据：PIO 数据、街景数据、社交网络数据、人流和车流数据和 OSM 开源地图数据等。
- 民生数据：电商数据、医疗数据和超市购物数据等。
- 遥感测绘数据：地质水文数据、遥感影像数据和地形地貌数据等。
- 智慧设施数据：用电数据、用水数据和通信网络数据等。
- 移动设备数据：手机信令数据、移动 APP 定位数据和其他移动终端数据等。

领域数据由下述数据组成。

3.2.1　文本数据

文本数据包括广告、杂志、报纸和教材等多种形式的数据。要求获取工具的灵活度高、速度快，可以根据需求定制文本获取方案。例如，获取指定广告内容、指定年份的期刊 / 杂志 / 报纸内容等。

在互联网营销中，用户反馈承担的核心任务是为产品收集用户舆情信息。常规的用户自发反馈信息来自于微博、贴吧、第三方论坛、社区和应用商店等的用户意见反馈。

1. 评价类用户反馈

评价类用户反馈主要来自应用市场，涉及用户对产品的评价、情感的宣泄、特殊问题的提出等。这类反馈对其他用户具有影响效应。

2. 意见建议类用户反馈

意见建议类用户反馈主要来自产品的用户，针对性较强，用户多是为咨询问题或者提出建议而来。因为是封闭式反馈，可证明这类反馈者是在使用过程中产生的意见建议，是期待问题解决的反馈。

3. 传播类用户反馈

传播类用户反馈主要来自第三方论坛和社区，通常涉及表达个人感受、反馈问题需求帮助、暴露问题发泄情绪等。这类反馈信息通常具有广播性质，其影响不是单点，而是病毒性的传播。

需要对不同平台用户反馈的信息，进行定期的用户反馈舆情数据获取、监控、分析与挖掘，进而获得具有价值的信息。

3.2.2　语音数据

为了提供各种特定条件下的语音获取服务，需要获取目标人群分散广、覆盖全，获取数据高度真实有效。为了使得获取效率高，需要可以多人并发获取。语音获取类型主要包括各地方言、多国外语、男/女/童声、多种录音环境等。语音内容可为单词、短句、诗词、短文等。

3.2.3　图片数据

根据实际需求获取特定场景的图片数据获取，包括实体图片、人物图片、场景图片、基于地理位置的图片，获取的图片针对性强、质量高，不与其他用户共享。获取的应用实例包括特定人群人脸图片、药盒图片、医疗单图片、街道全景、名片和多角度照片等。

3.2.4　摄像头视频数据

摄像头的工作原理大致为：景物通过镜头生成的光学图像投射到图像传感器表面上，然后转为电信号，经过 A/D（模数转换）转换后变为数字图像信号存储。

传感器是一种能把物理量或化学量转变成便于利用的电信号的器件，通常由敏感元件和转换元件组成。国际电工委员会（IEC）的定义为："传感器是测量系统中的一种前置部件，它将输入变量转换成可供测量的信号。"传感器是传感系统的一个组成部分，它是被测量信号输入的第一道关口。传感器可分为有源的和无源的两类。图像传感器是一种半导体芯片，其表面包含有几十万到几百万的光电二极管，光电二极管受到光照射时，就会产生电荷。

3.2.5　图像数字化数据

图像数字化是将连续色调的模拟图像经采样量化后转换成数字影像的过程。将空间上连续/不分割、信号值不分等级的模拟图像，转换成图像空间上被分割成离散像素，信号值分为有限个等级、用数码 0 和 1 表示的数字图像。数字化运用的是计算机图形和图像技术，在测绘学与摄影测量与遥感学等学科中得到广泛应用。

图像数字化是将模拟图像转换为数字图像，以便于计算机进行存储与处理。图像数字化是进行数字图像处理的前提。图像数字化必须以图像的电子化作为基础，把模拟图像转变成电子信号，随后将其转换成数字图像信号。

数字图像可以由许多不同的输入设备和技术生成，例如数码照相机、扫描仪、坐标测量机等，也可以从任意的非图像数据合成获得。

图像信息获取技术的主要方法是扫描技术，该技术已非常成熟。另外的方法是直接运用数字摄影技术。

3.2.6　图形数字化数据

图形数字化是将图形的连续模拟量转换成离散的数字量的过程。在计算机辅助设计、机助制图及地理信息系统应用中，为了对图形进行计算机处理，输入的图形必须是数字化的图形数据，才能为计算机接收。

图形数字化一般用数字化仪进行。依据数字化仪结构和工作方式的不同，数字化形式也各不同。例如，采用跟踪数字化仪作业，则有点方式、线方式（时间增量或坐标增量方式）和栅格方式（按设定的格网形式记录其交叉点的坐标值）等。还可用人工读点方式进行，一般多用于以格网为基础的数字地形模型的建立，把读出的数据用键盘输入，记录在磁盘或磁带上。如果采用扫描数字化仪，如摄像机扫描或激光扫描，则是一种逐点、逐行连续进行的面积方式数字化，对于复杂的图形，其速度快，但点、线间关系的处理则较复杂。

3.2.7 空间数据

空间数据是指用来表示空间实体的位置、形状、大小及其分布特征诸多方面信息的数据，它可以用来描述来自现实世界的目标，具有定位、定性、时间和空间关系等特性。空间数据是一种用点、线、面以及实体等基本空间数据结构来表示自然世界的数据。

1. 空间数据获取的任务

空间数据获取的任务包括对地图数据、野外实测数据、空间定位数据、摄影测量与遥感图像、多媒体数据等进行获取。将现有的地图、外业观测成果、航空照片、遥感图片数据、文本资料等转换成 GIS 可以接收的数字形式，在文字数据数据库入库之前进行验证、修改、编辑等处理，保证数据在内容和逻辑上的一致性。配置不同的设备和仪器：不同的数据来源要用到不同的设备和方法，如几何纠正、图幅拼接、拓扑生成等。

2. GIS 数据的内容。

① 地图数据：最常见的数据来源。

② 野外实测数据：指各种野外实验，实地测量所得数据，它们通过转换可直接进入空间数据库。

③ 遥感数据：也是一个极其重要的数据来源。

④ 统计数据：许多部门和机构拥有不同领域的数据，如人口、自然资源、国民经济等方面的诸多统计数据。

⑤ 共享数据：随着各种 GIS 专题图件的建立和各种 GIS 系统的建立直接获取的数字图像数据和属性数据。

⑥ 多媒体数据、文本资料数据在 GIS 数据中也占有很重要的地位。

3. 地图数字化方法

地图数字化的目的是让图形数据更好地在计算机中进行存储、分析和输出。常见的地图数字化方法有手工数字化、数字化仪数字化、扫描跟踪数字化等。地图数字化过程是首先用扫描仪对地图进行扫描处理获得栅格数据，然后利用GIS软件对栅格数据进行转换使之成为矢量数据，最后对矢量数据进行编辑和处理。地图数字化方法分为手工数字化、数字化仪数字化、扫描跟踪数字化三种。

数字化方法

3.3 网站数据

网站数据主要分为网站内部数据和外部数据。网站内部数据主要有日志数据和数据库数据，通常存放在网站的文件系统或数据库中。外部数据主要有互联网环境数据。网站的外部数据比其内部数据的真实性差，不确定性比较高，其中移动网站数据量巨大，主要包括用户手机连接移动网络之后可以获得的用户各种数据。

3.3.1　网站内部数据

网站内部数据是网站最容易获取到的数据，它们通常存放在网站的文件系统或数据库中，也是与网站本身最为密切相关的数据，是网站分析最常用的数据来源。

1. 日志数据

日志数据是在网络上详细描述一个过程和经历的记录。服务器日志数据是个人浏览 Web 服务器时，服务器方所产生服务器日志、错误日志和 Cookie 日志等三种类型的日志文件。利用服务器日志文件，可以分析服务器日志文件格式蕴涵的有用信息和存取请求失败的数据，例如丢失连接、授权失败或超时等。Cookie 是一种用于自动标记和跟踪站点的访问者。在电子商务的环境中，存储在 Cookie 日志中的信息可以为交易信息。

通常在数据获取部署大量数据库，并考虑到了数据库之间的负载均衡和分片。很多互联网企业都有自己的海量数据获取工具，多用于系统日志获取，这些工具均采用分布式架构，能满足每秒数百 MB 的日志数据获取和传输需求。例如 Hadoop 的 Chukwa、Cloudera 的 Flame 等。

2. 数据库数据

网站数据库中的数据主要包括网站用户信息数据、网站应用或产品数据和网站运营数据等。

3.3.2　网站外部数据

网站外部数据主要包括互联网环境数据、竞争对手数据、合作伙伴数据和用户数据等。

网站的外部数据比内部数据的真实性差，不确定性比较高。虽然网站内部数据也不准确，但至少可以知道数据的误差，而外部数据一般都是由其他网站或机构公布的，每个公司，无论是数据平台、咨询公司还是合作伙伴都可能为了某些利益而使其公布的数据具有一定的偏向性。非本网站的网页是主要的网站外部数据。

3.3.3　移动网站数据

① 在用户手机连接移动网络之后，可以获得用户的各种数据，包括用户手机号、操作系统、Mac 地址、地理信息等。

② 布局移动互联网入口的软硬件，例如手机本身，MIUI、OS 等深度定制版系统，无线路由器，各种 App，各种第三方 SDK 嵌入等。此种方式获取的数据深度和广度受限于布局的范围。

③ 在各 App 中、移动 Web 站点中嵌入图片等能执行获取信息或直接发送请求附带信息的元素。此类获取信息较为零碎、收集困难、噪声较大、布局困难，但实现相对比较容易。

④ 通过购买，如各互联网数据和第三方统计工具等，方便易得。但经媒体及提供商二次加工，数据真实性无法保障。

⑤ 利用搜索引擎搜索各互联网，搜索数据公司发布的市场化数据。

3.4　网络爬虫

网站数据采集是指通过网络采集软件工具或网站公开 API 等方式从网站上将非结构化数

据、半结构化数据和结构化数据从网页中提取出来，并将其存储到统一的本地数据文件中。采集的数据包括图片、音频、视频等。网络爬虫是经常使用的网站数据采集工具，其主要目的是将互联网上的网页下载到本地，获得一个互联网内容的镜像备份。更具体地说，网络爬虫通过获取网页、解析网页和存储数据，按照一定的获取网页规则，自动地抓取互联网数据的软件。

按照系统结构和实现技术，可以将网络爬虫分为通用网络爬虫、聚焦网络爬虫、增量式网络爬虫、深层网络爬虫等。实际的网络爬虫系统通常是上述几种网络爬虫技术相结合实现的混合系统。

3.4.1 网络爬虫的工作过程

网络爬虫是一种搜索引擎软件。一个典型的网络爬虫工作原理框架如图 3-1 所示，主要包含种子 URL（需要抓取数据网站的 URL）、待抓取 URL 队列、已抓取 URL 和已下载网页库等。

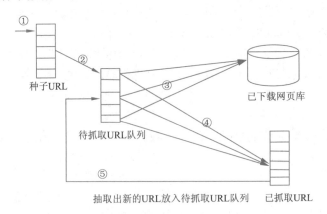

图3-1　网络爬虫工作原理框架

网络爬虫工作过程如下：

① 人工选取一部分种子 URL。

② 将这些 URL 放入待抓取 URL 队列。

③ 从待抓取 URL 队列中取出待抓取 URL，解析 DNS 得到主机 IP，并将 URL 对应的网页下载下来，存储到自己的网页库中。

④ 将这些已抓取的 URL 放入已抓取 URL 队列中。

⑤ 分析已抓取网页中的其他 URL，并将 URL 放入待抓取的 URL 队列中，进行下一个循环。

可以看出，网络爬虫从一个或若干初始网页的 URL 开始，获得初始网页上的 URL，在抓取网页的过程中，不断从当前页面上抽取新的 URL 放入队列，直到满足系统的停止条件为止。

3.4.2 通用网络爬虫

通用网络爬虫又称全网爬虫，可将爬行对象从一些种子 URL 扩充到整个 Web，主要为门户站点搜索引擎和大型 Web 服务采集数据。这类网络爬虫的爬行范围和数量巨大，要求爬行速度快和存储空间大，对于爬行页面的顺序要求较低。通常采用并行工作方式，但需要较长时间才能刷新一次页面。通用网络爬虫适用于搜索广泛的主题，有较强的应用价值。

1. 爬行策略

通用网络爬虫的结构可由页面爬行模块、页面分析模块、链接过滤模块、页面数据库、

URL 队列、初始 URL 集合等部分组成。网页的爬行策略可以分为深度优先、广度优先和最佳优先三种，其中广度优先和最佳优先是经常使用的方法。

（1）深度优先搜索策略

搜索过程是从起始网页开始，选择一个 URL 进入，分析这个网页中的 URL，再选择一个进入，……，如此一个链接一个链接地抓取下去。深度优先遍历策略是指网络爬虫从起始页开始，一个链接一个链接跟踪下去，处理完这条线路之后再转入下一个起始页，继续跟踪链接。如图 3-2 所示，遍历的路径为 A → F → G → E → H → I → B → C → D。

深度优先策略设计较为简单，这种策略抓取深度直接影响着抓取命中率以及抓取效率，抓取深度是该种策略的关键。相对于其他两种策略而言。深度优先策略使用较少。

（2）广度优先搜索策略

广度优先搜索策略是指在抓取过程中，在完成当前层次的搜索后，才进行下一层次的搜索。
为了覆盖尽可能多的网页，一般使用广度优先搜索方法。广度优先遍历策略的基本思路是：将新下载网页中发现的链接直接插入待抓取 URL 队列的末尾，也就是指网络爬虫会先抓取起始网页中链接的所有网页，然后再选择其中的一个链接网页，继续抓取在此网页中链接的所有网页。还是以图 3-2 为例，广度优先搜索策略的遍历路径为 A → B → C → D → E → F → G → H → I。

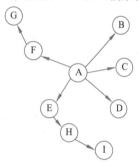

图3-2　深度优先搜索策略

将广度优先搜索策略应用于爬虫中的基本思想是：与初始 URL 在一定链接距离内的网页具有主题相关性的概率很大。另外一种应用是将广度优先搜索策略与网页过滤技术结合使用，先用广度优先策略抓取网页，再将其中无关的网页过滤掉。这些方法的缺点是：随着抓取网页的增多，大量的无关网页将被下载并过滤，降低了算法的效率。

（3）最佳优先搜索策略

最佳优先搜索策略按照一定的网页分析算法，预选 URL 与目标网页的相似度接近，或与主题的相关性强，并选取评价最好的一个或几个 URL 进行抓取。它只访问经过网页分析算法预测为有用的网页。这种方法的问题是：在爬虫抓取路径上的很多相关网页可能被忽略。这就表现出最佳优先策略是一种局部最优搜索算法，需要考虑避免或跳出局部最优点。

（4）反向链接数策略

反向链接数是指一个网页被其他网页链接指向的数量。反向链接数表示的是一个网页的内容受到其他人推荐的程度。搜索引擎的抓取系统使用这个指标来评价网页的重要程度，从而决定不同网页的抓取先后顺序。

（5）Partial PageRank 策略

PageRank 计算利用了数量假设和质量假设，其步骤如下：

① 在初始阶段，网页通过链接关系构建 Web 图，每个页面设置相同的 PageRank 值，通过若干轮的计算，将得到每个页面所获得的最终 PageRank 值。随着每一轮的计算进行，网页当前的 PageRank 值不断得到更新。

② 在一轮中更新页面，PageRank 得分的计算方法是：在一轮更新页面 PageRank 得分的计算中，每个页面将其当前的 PageRank 值平均分配到本页面包含的出链上，这样每个链

接即获得了相应的权值。而每个页面将所有指向本页面的入链所权值求和，即可得到新的 PageRank 得分。当每个页面都获得了更新后的 PageRank 值，就完成了一轮 PageRank 计算。

PageRank 计算的基本思想是：如果网页 T 存在一个指向网页 A 的链接，则表明网页 T 的所有者认为 A 比较重要，从而把 T 的一部分重要性得分赋予 A。这个重要性得分值为 PR(T)/$L(T)$。其中，PR(T) 为 T 的 PageRank 值，$L(T)$ 为 T 的出链数，则 A 的 PR（PageRank）值为一系列类似于 T 的页面重要性得分值的累加，即一个页面的得票数由所有链向它的页面的重要性来决定，到一个页面的超链接相当于对该页投一票。一个页面的 PageRank 是由所有链向它的页面（链入页面）的重要性经过递归算法得到的。一个有较多链入的页面具有较高的等级；相反，如果一个页面没有任何链入页面，那么它没有等级。

例如，一个由 4 个页面 A、B、C 和 D 组成的集合，如果所有页面都链向 A，那么 A 的 PR 值将是 B、C 及 D 之和。

$$PR(A)=PR(B)+PR(C)+PR(D)$$

继续假设 B 也有链接到 C，并且 D 也有链接到包括 A 的三个页面。一个页面不能投票两次。所以 B 给每个页面半票。以同样的逻辑，D 投出的票只有 1/3 算到了 A 的 PageRank 上。

$$PR(A)=\frac{PR(B)}{2}+\frac{PR(C)}{1}+\frac{PR(D)}{3}$$

即使用链出总数来平分一个页面的 PR 值。

$$PR(A)=\frac{PR(B)}{L(B)}+\frac{PR(C)}{L(C)}+\frac{PR(D)}{L(D)}$$

例如，在图 3-3 中，完成 PageRank 的计算。

Partial PageRank 算法借鉴了 PageRank 算法的思想，对于已经下载的网页，连同待抓取 URL 队列中的 URL，形成网页集合。计算每个页面的 PageRank 值，计算完之后，将待抓取 URL 队列中的 URL 按照 PageRank 值的大小排列，并按照该顺序抓取页面。如果每次抓取一个页面，就重新计算 PageRank 值，一种折中方案是：每抓取 K 个页面后，重新计算一次 PageRank 值。这样处理的问题是：对于已经下载下来的页面中分析出的链接，之前提到的未知网页那一部分暂时是没有 PageRank 值的。为了解决这个问题，

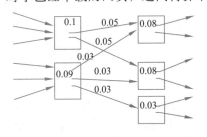

图3-3 链接结构中的部分网页及其 PageRank值

将给这些页面一个临时的 PageRank 值：将这个网页的所有入链传递进来的 PageRank 值进行汇总，这样就形成了该未知页面的 PageRank 值，从而参与排序。

2. 通用网络的局限性

通用网络爬虫是一个辅助检索信息的工具，现已成为用户访问互联网的入口。但是，通用性网络爬虫存在下述问题。

① 不同领域、不同背景的用户具有不同的检索目的和需求，但是，通用网络爬虫所返回的结果可能含有大量用户并不需要的网页。

② 通用网络爬虫的目标是获得尽可能大的网络覆盖率，造成了有限的网络爬虫服务器资源与无限的网络数据资源之间的冲突。

③ 图片、数据库、音频、视频多媒体等不同类型的非结构化数据大量出现，通用网络爬

虫对这些信息含量密集数据获取出现了困难。

④ 通用网络爬虫主要提供基于关键字的检索，难以支持基于语义信息的查询。

3.4.3　聚焦网络爬虫

为了解决通用网络爬虫的问题，定向抓取相关网页资源的聚焦爬虫应运而生。聚焦爬虫是一个自动下载网页的程序，可以根据既定的抓取目标，有选择地访问互联网上的网页与相关的链接，获取所需要的信息。聚焦爬虫与通用爬虫不同，并不追求大的覆盖范围，而将目标定为抓取与某一特定主题内容相关的网页，为面向主题的用户查询和准备数据资源。

1.　聚焦网络爬虫工作原理

聚焦网络爬虫又称主题网络爬虫，是面向特定主题的一种网络爬虫程序。它与通用爬虫的区别之处是：聚焦网络爬虫在实施网页抓取时要进行主题筛选，尽量保证只抓取与主题相关的网页信息。也就是说，选择性地爬行那些与预先定义好的主题相关页面的网络爬虫。聚焦网络爬虫节省了硬件和网络资源，保存的页面也由于数量少而更新快，可以很好地满足一些特定人群对特定领域信息的需求。

聚焦网络爬虫需要根据网页分析算法过滤掉与主题无关的链接，保留有用的链接并将其放入等待抓取的 URL 队列。然后，将根据一定的搜索策略从队列中选择下一步要抓取的网页URL，并重复上述过程，直到达到系统的某一条件时停止。另外，所有被爬虫抓取的网页将被系统存储，进行一定的分析、过滤，并建立索引，以便为之后的查询和检索。对于聚焦网络爬虫来说，这一过程所得到的分析结果还可以对以后的抓取过程给出反馈和指导。

2.　聚焦爬行策略

评价页面内容和链接的重要性是聚焦网络爬虫爬行策略实现的关键，由于不同的方法计算出的重要性不同，因此导致链接的访问顺序也不同。

（1）基于内容评价的爬行策略

这是将文本相似度的计算算法引入网络爬虫中而提出的算法，这种算法将用户输入的查询词作为主题，包含查询词的页面与主题相关，利用空间向量模型计算页面与主题的相关度大小。

（2）基于链接结构评价的爬行策略

Web 页面是一种半结构化文档，包含很多结构信息，可用来评价链接重要性。PageRank算法最初用于搜索引擎信息检索中对查询结果进行排序，也可用于评价链接重要性，具体做法就是每次选择 PageRank 值较大的页面链接来访问。

（3）基于增强学习的爬行策略

将增强学习引入聚焦网络爬虫，利用贝叶斯分类器，根据整个网页文本和链接文本对超链接进行分类，为每个链接计算出重要性，从而决定链接的访问顺序。

（4）基于语境图的爬行策略

可以利用一种通过建立语境图学习网页之间的相关度，训练一个机器学习系统，通过该系统可计算当前页面到相关 Web 页面的距离，距离越近的页面中的链接优先访问。例如，聚焦网络爬虫是对主题的定义既不是采用关键词也不是加权矢量，而是一组具有相同主题的网页。它包含两个重要模块：一个是分类器，用来计算所爬行的页面与主题的相关度，确定是否与主题相关；另一个是净化器，用来识别通过较少链接连接到大量相关页面的中心页面。

3. 聚焦网络爬虫类型

聚焦网络爬虫主要分为浅聚焦网络爬虫和深聚焦网络爬虫两大类。浅聚焦网络爬虫是指爬虫程序抓取特定网站的所有信息。其工作方式和通用爬虫几乎一样，唯一的区别是种子 URL 的选择确定了抓取内容，因此其核心是种子 URL 的选择。深聚焦网络爬虫是指在海量的不同内容网页中，通过主题相关度算法选择主题相近的 URL 和内容进行爬取，因此，其核心是如何判断所爬取的 URL 和页面内容与主题相关。三种爬虫的关系如图 3-4 所示。

浅聚焦网络爬虫可以看成将通用爬虫局限在了一个单一主题的网站上，通常所说的聚焦网络爬虫大多是指深聚焦网络爬虫。

（1）浅聚焦网络爬虫

浅聚焦网络爬虫从一个或若干初始网页的 URL 开始，获得初始网页上的 URL，在抓取网页的过程中，不断从当前页面上

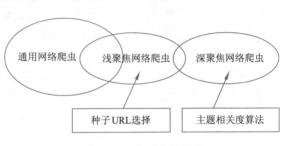

图3-4　三种爬虫的关系

抽取新的 URL 放入队列，直到满足系统的停止条件。其工作流程如图 3-5 所示。

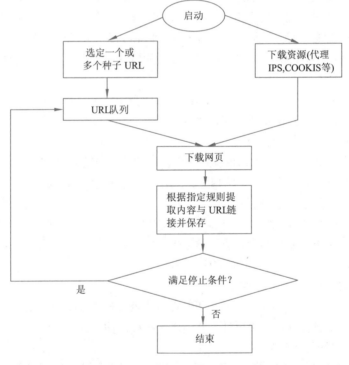

图3-5　浅聚焦网络爬虫

浅聚焦网络爬虫的原理与通用爬虫的原理相同，其特点是选定种子 URL。例如，要抓取招聘信息，可以将招聘网站的 URL 作为种子 URL。使用主题网站保证了抓取内容与主题相一致。

（2）深聚焦网络爬虫

深聚焦网络爬虫主要的特点是主题一致性，常用下述方法来达到这个目标。

① 针对页面内容方法。针对页面内容方法是不管页面的主题是什么，先将页面爬取下来，对页面进行简单去噪之后，利用关键字、分类聚类算法等提取策略对处理后的页面内容进行主题提取，最后与设定好的主题相比较。如果与主题一致，或在一定的阈值内，则保存页面，并进一步进行数据清洗。如果主题偏差超过一点阈值，则直接丢弃页面。这种方式的优点是链接页面全覆盖，不会出现数据遗漏；缺点是全覆盖的页面，有很大一部分是与主题无关的废弃页面，这就拖慢了采集数据的速度。

② 针对 URL 方法。浅聚焦网络爬虫的核心是选定合适的种子 URL，这些种子 URL 是主题网站的入口 URL。互联网上的网站或者网站的一个模块大部分都有固定主题，并且同一网站中的同一主题的页面 URL 都有一定的规律可循。针对这种情况，可以通过 URL 预测页面主题。除此之外，页面中绝大部分超链接都带有对目标页面的概括性描述的锚文本。结合对 URL 的分析和对锚文本的分析，可以提高对目标页面进行主题预测的正确率。显而易见，针对 URL 的主题预测策略，可以有效地减少不必要的页面下载，节约下载资源，加快下载速度。然而，这种预测结果并不能完全保证丢弃的 URL 都是与主题无关的，因此会出现遗漏。同时，这种方式也无法确保通过预测的页面都与主题相关，因此，需要对通过的预测的 URL 页面进行页面内容主题提取，再与设定的主题对比做出取舍。

通过上面的分析，一般的解决方法是先通过 URL 分析，丢弃部分 URL；下载页面后，对页面内容进行主题提取，与预设定的主题比较来取舍，最后对留下的页面内容进行数据清洗。

3.4.4　数据抓取目标的定义

数据抓取目标的定义是决定网页分析算法与 URL 搜索策略选择的基础，而网页分析算法和候选 URL 排序算法是决定搜索引擎所提供的服务形式和爬虫网页抓取行为的关键，数据抓取目标可按照基于目标网页特征、基于目标数据模式和基于领域概念来定义。

1. 基于目标网页特征

（1）页面类型

网络从爬虫的角度可以将互联网的所有页面分为图 3-6 所示的 5 种类型。

① 已下载未过期网页。

② 已下载已过期网页：抓取到的网页实际上是互联网内容的一个镜像与备份，互联网是动态变化的，一部分互联网上的内容已经发生了变化，这时，这部分抓取到的网页就已经过期了。

③ 待下载网页：也就是待抓取 URL 队列中的页面。

④ 可知网页：是指还没有抓取下来，也没有在待抓取 URL 队列中，但是可以通过对已抓取页面或者待抓取 URL 对应页面进行分析获取到的 URL，认为是可知网页。

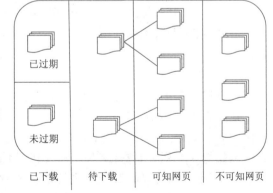

图3-6　互联网页面划分

⑤ 不可知网页：爬虫无法直接抓取下载的网页。

可以看出，不仅需要分析出那些网页需要抓取，还需确定如何抓取。

（2）抓取方式

根据种子样本获取方式可分为：

① 预先给定的初始抓取种子样本。

② 预先给定的网页分类目录和与分类目录对应的种子样本。

③ 通过用户行为确定的抓取目标样例。

2. 基于目标数据模式

基于目标数据模式的爬虫针对的是网页上的数据，所抓取的数据一般要符合一定的模式，或者可以转化或映射为目标数据模式。

3. 基于领域概念

建立目标领域的本体或词典，用于从语义角度分析不同特征在某一主题中的重要程度。

3.4.5 网页分析算法

网页分析算法可以归纳为基于网络拓扑、基于网页内容和基于用户访问行为三种类型。下面介绍前两种。

1. 基于网络拓扑

拓扑分析算法基于网页之间的链接，通过已知的网页或数据，来对与其有直接或间接链接关系的对象（网页或网站等）作出评价。又分为网页粒度、网站粒度和网页块粒度三种分析算法。

（1）网页粒度分析算法

PageRank 算法和 HITS 算法是最常用的链接分析算法，两者都是通过对网页间链接度的递归和规范化计算，得到每个网页的重要度评价。PageRank 算法虽然考虑了用户访问行为的随机性和沉没网页的存在，但忽略了绝大多数用户访问时带有目的性，即网页和链接与查询主题的相关性。针对这个问题，HITS 算法提出了两个关键的概念：权威型网页和中心型网页。

基于链接的抓取的问题是相关页面主题团之间的隧道现象，即很多在抓取路径上偏离主题的网页也指向目标网页，局部评价策略中断了在当前路径上的抓取行为。基于反向链接的分层式上下文模型，用于描述指向目标网页一定物理跳数半径内的网页拓扑图的中心为目标网页，将网页依据指向目标网页的物理跳数进行层次划分，从外层网页指向内层网页的链接称为反向链接。

（2）网站粒度分析算法

网站粒度的资源发现和管理策略比网页粒度更简单有效。网站粒度的爬虫抓取的关键之处在于站点的划分和站点等级的计算。其计算方法与 PageRank 类似，但是需要对网站之间的链接作一定程度抽象，并在一定的模型下计算链接的权重。

网站划分情况分为按域名划分和按 IP 地址划分两种。在分布式情况下，通过对同一个域名下不同主机、服务器的 IP 地址进行站点划分，构造站点图，利用类似 PageRank 的方法评价站点等级。同时，根据不同文件在各个站点上的分布情况，构造文档图，结合站点等级分布式计算得到 DocRank。利用分布式的站点等级计算，不仅大大降低了单机站点的算法代价，而且克服了单独站点对整个网络覆盖率有限的缺点。附带的一个优点是，常见 PageRank 造假难以对站点等级进行欺骗。

（3）网页块粒度分析算法

在一个页面中，通常具有多个指向其他页面的链接，其中只有一部分是指向主题相关网页，或根据网页的链接锚文本表明其具有较高重要性。但是，在 PageRank 和 HITS 算法中，并没有对这些链接作区分，因此可能对网页分析带来广告等噪声链接的干扰。网页块级别的链接分析算法是通过 VIPS 网页分割算法将网页分为不同的网页块，然后对这些网页块建立页到块和块到页的链接矩阵，分别记为 Z 和 X。于是，在页到页图上的网页块级别的 PageRank 为 $W_p=X \times Z$；在块到块图上的 BlockRank 为 $W_b=Z \times X$。实验表明，其效率和准确率都优于传统的对应算法。

2. 基于网页内容分析算法

基于网页内容的分析算法是利用网页内容（文本、数据等资源）特征进行的网页评价。网页的内容从原来的以超文本为主，发展到以动态页面数据为主，后者的数据量约为直接可见页面数据的 400 ～ 500 倍。另一方面，由于多媒体数据、Web Service 等各种网络资源日益丰富，因此，基于网页内容的分析算法也从原来的较为单纯的文本检索方法，发展为涵盖网页数据抽取、机器学习、数据挖掘、语义理解等多种方法的综合应用。

根据网页数据形式的不同，可将基于网页内容的分析算法，归纳以下三类：第一种针对以文本和超链接为主的无结构或结构很简单的网页；第二种针对从结构化的数据源（如 RDBMS）动态生成的页面，其数据不能直接批量访问；第三种针对的数据界于第一类和第二类数据之间，具有较好的结构，显示遵循一定模式或风格，且可以直接访问。基于文本的网页分析算法主要有两类。

（1）纯文本分类与聚类算法

这种算法主要使用了文本检索的技术，以快速有效地对网页进行分类和聚类，但是由于没有使用网页间和网页内部的结构信息，所以很少单独使用。

（2）超文本分类和聚类算法

根据网页链接网页的相关类型对网页进行分类，依靠相关联的网页推测该网页的类型。

3.4.6　更新策略

互联网实时变化，凸显动态性。网页更新策略主要决定何时更新之前已经下载过的页面。常用的更新策略有三种。

1. 历史参考策略

历史参考策略是根据页面的历史来更新数据，预测页面未来何时发生变化。通常是使用泊松过程进行建模与预测。

2. 用户体验策略

尽管搜索引擎针对某个查询条件能够返回数量巨大的结果，但是用户往往只关注前几页结果。因此，抓取系统可以优先更新那些查询结果在前几页中的网页，而后再更新那些后面的网页。这种更新策略也需要用到历史信息。用户体验策略保留网页的多个历史版本，并且根据过去每次内容变化对搜索质量的影响，得出一个平均值，用这个值作为何时重新抓取的依据。

3. 聚类抽样策略

前面提到的两种更新策略都有一个前提：需要网页的历史信息。这样就存在两个问题：第一，系统要是为每个系统保存多个版本的历史信息，无疑增加了很多的系统负担；第二，要是新的网页完全没有历史信息，就无法确定更新策略。

在聚类抽样策略中，由于网页具有很多属性，具有相类似属性的网页的更新频率也相类似。要计算某一个类别网页的更新频率，只需要对这一类网页抽样，以它们的更新周期作为整个类别的更新周期。聚类抽样策略基本思路的描述如图 3-7 所示。

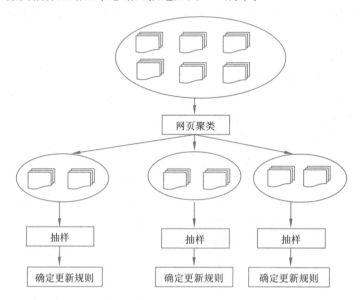

图3-7　聚类抽样策略

3.4.7　分布式爬虫的系统结构

数据抓取系统需要从整个互联网上数以亿计的网页中采集数据，因此，单一的抓取程序不可能完成这样的巨大任务，需要多个数据抓取程序并行处理。分布式爬虫的系统结构如图 3-8 所示，通常是一个分布式的三层结构。

最下一层是分布在不同地理位置的数据中心，在每个数据中心里有若干台抓取服务器，而每台抓取服务器上可能部署了若干套爬虫程序，构成一个基本的分布式抓取系统。对于一个数据中心内的不同抓取服务器，协同工作的方式有以下几种。

1. 主从式

主从式的基本结构如图 3-9 所示。

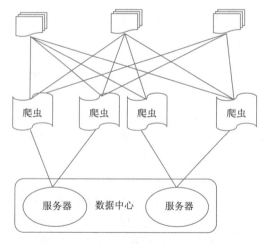

图3-8　分布式爬虫的系统结构

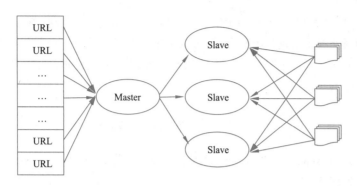

图3-9　主从式的基本结构

对于主从式，有一台专门的 Master 服务器来维护待抓取 URL 队列，它负责每次将 URL 分发到不同的 Slave 服务器，而 Slave 服务器则负责实际的网页下载工作。Master 服务器除了维护待抓取 URL 队列以及分发 URL 之外，还要负责调解各个 Slave 服务器的负载情况，以免某些 Slave 服务器过于清闲或者劳累。这种模式下，Master 往往成为系统瓶颈。

2. 对等式

对等式的基本结构如图 3-10 所示。

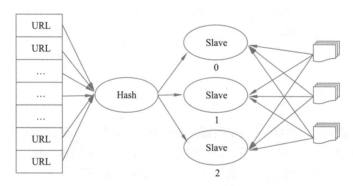

图3-10　对等式的基本结构

在这种模式下，所有的抓取服务器在分工上相同。每一台抓取服务器都可以从待抓取在 URL 队列中获取 URL，然后对该 URL 的主域名的 Hash 值H，然后计算 $H \bmod m$，其中 m 是服务器的数量，图 3-10 中 m 为 3，计算得到的数就是处理该 URL 的主机编号。

例如，假设对于 URL www.baidu.com，计算器 Hash 值 $H=8$，$m=3$，则 $H \bmod m=2$，因此由编号为 2 的服务器进行该链接的抓取。假设这时候是 0 号服务器拿到这个 URL，那么它将该 URL 转给服务器 2，由服务器 2 进行抓取。

这种模式的问题是：当有一台服务器死机或者添加新的服务器时，所有 URL 的哈希求余的结果都要变化。也就是说，这种方式的扩展性不佳。改进方案是用一致性哈希法来确定服务器分工，其基本结构如图 3-11 所示。

一致性哈希将 URL 的主域名进行哈希运算，映射为

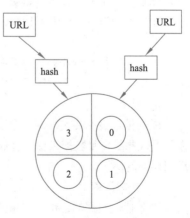

图3-11　一致性哈希法的基本结构

一个范围在 $0 \sim 2^{32}$ 之间的某个数。而将这个范围平均的分配给 m 台服务器，根据 URL 主域名哈希运算的值所处的范围判断由哪台服务器来进行抓取。如果某一台服务器出现问题，那么由该服务器负责的网页则按照顺时针顺延，由下一台服务器进行抓取。这样即使某台服务器出现问题，也不能影响其他工作。

3.5 大数据存储

大数据存储是对分布式存储的扩展，大数据容量已扩展到与互联网数据规模的级别，但在科学大数据中，数据量更大。

3.5.1 大数据存储模型

大数据主要的存储模型分为无格式的文件数据存储和有格式的数据存储模型。

1. 无格式的文件数据存储

无格式的文件数据是指无任何格式的文件数据，也就是说，被存储的文件数据是任意的二进制流，是非结构化数据。例如，文档文件就是无格式的文件。

2. 有格式的文件数据存储

有格式的文件数据存储是指具有一定格式的数据存储，也就是说，被存储的数据具有确定的格式，是结构化数据。例如，关系数据库中的数据具有确定的格式或结构，构成二维数据表格的形式。

3.5.2 大数据存储问题

1. 容量

大数据的容量可达到 PB 级的数据规模，因此对于海量数据存储系统需要有相应等级的扩展能力。存储系统的扩展要简便，可以通过增加模块或磁盘柜来增加容量，甚至不需要停机。在解决容量问题上，LSI 公司提出了全新 Nytro ™智能化闪存解决方案，可以将数据库事务处理性能提高 30 倍，并且具有超过每秒 4.0 GB 的持续吞吐能力，非常适用于大数据分析与处理。

2. 延迟

涉及与网上交易或者金融类相关的应用，由于仅允许小延迟，所以大数据应用的实时性问题更显突出。为了满足延迟指标，各种模式的存储设备应运而生。

3. 安全

虽然某些特殊行业的应用都有自己的安全标准和保密性需求，但是，大数据分析需要多种类数据相互参考，因此大数据应用提出一些新的需要考虑的安全性问题。

4. 成本

成本控制表明要使得每一台设备都实现更高的效率，同时还要减少昂贵的部件。一方面，需要提过删除重复数据来提升存储效率；另一方面，需要通过附加服务器提供引导镜像，减少后端存储的消耗。

5. 长期保存

因为任何数据都是历史记录的一部分，而且数据的分析大都是基于时间段进行的，所以大数据应用要求数据要保存多年。要实现长期的数据保存，就要求能够持续进行数据一致性检测的功能以及保证长期高可用的特性，同时还要实现数据直接在原位更新的功能需求。

6. 灵活性

大数据存储系统的基础设施规模大，因此，必须经过仔细设计，才能保证存储系统的灵活性，并能够使其能够随着应用分析软件一起扩容及扩展。在大数据存储环境中，已经没有必要再做数据迁移，这是由于数据同时保存在多个部署站点中。

7. 应用感知

应用感知存储可以根据性能、可用性、可恢复性、法规要求及其价值来调整存储，以适应存储对应的单个应用。应用感知存储可以优化数据布局、数据行为和服务质量水平，以确保最佳性能。应用感知磁盘按照关键任务次序识别与存储数据。

3.5.3　大数据存储方式

常用的存储介质为磁盘和磁带。数据存储组织方式因存储介质不同而异。在磁带上数据仅按顺序文件方式存取，在磁盘上则可按使用要求采用直接存取方式。数据存储方式与数据文件组织密切相关，其关键在于建立记录的逻辑与物理顺序间对应关系，确定存储地址，以提高数据存取速度。

1. 直接连接存储

DAS（Direct Attached Storage，直接连接存储）是指将外置存储设备通过连接电缆，直接连接到一台主机上，再直接连接到存储系统中，使得数据存储是整个主机结构的一部分，在这种情况下，文件和数据的管理依赖于本机操作系统。操作系统对磁盘数据的读写与维护管理，需要占用主机资源，如 CPU、系统 I/O 等 。直接连接存储的 优点是中间环节少，磁盘读写带宽的利用率高，成本也比较低；缺点是其扩展能力有限，数据存储占用主机资源，使得主机的性能受到相当大的影响，同时主机系统的软硬件故障将直接影响对存储数据的访问。直接连接存储方式适用于小型网络及一些硬盘播出系统。

2. 网络连接存储

NAS（Network Attached Storage，网络连接存储）全面改进了低效的 DAS 存储。它采用独立于服务器，单独为网络数据存储而开发的一种文件服务器来连接所存储设备，自形成一个网络。这样数据存储不再是服务器的附属，而是作为独立网络结点存在于网络之中，可由所有的网络用户共享。

由于 NAS 可无须网络文件服务器，不依赖通用的操作系统，而是采用一个专门用于数据存储的简化操作系统，内置了网络通信协议，其内嵌的操作系统及硬件体系结构专门针对文件管理和存储管理进行设计和优化，去掉了通用服务器的大多数计算及多媒体功能，能提供高效率的文档服务，不仅响应速度快，而且数据传输速率高。

3. 存储域网络存储

SAN（Storage Area Network，存储域网络）是指通过支持 SAN 协议的光纤信道交换机，将主机和存储系统联系起来，组成一个 LUN Based 的网络。与传统技术相比，SAN 技术的最大特点是将存储设备从传统的以太网中隔离出来，成为独立的存储局域网络。SAN 使得存储与服务器分开成为现实。SAN 技术的另一大特点是完全采用光纤连接，从而保证了大的数据传输带宽。SAN 具有以下优点：专为传输而设计的光纤信道协议，使其传输速率和传输效率都非常高，特

扫一扫

存储域网络的
组成与优点

别适合于大数据量高带宽的传输要求。SAN 采用了网络结构，所以具有无限的扩展能力。SAN 的缺点是成本高，管理难度大。

4. DAS、NAS 和 SAN 三种存储比较

DAS、NAS 和 SAN 三种存储共存与互补，已经能够很好地满足数据存储的应用。

① 连接方式。从连接方式上比较，DAS 采用了存储设备直接连接应用服务器，具有一定的灵活性和限制性；NAS 通过网络（TCP/IP、ATM、FDDI）技术连接存储设备和应用服务器，存储设备位置灵活，随着万兆网的出现，传输速率有了很大的提高；SAN 则是通过光纤通道技术连接存储设备和应用服务器，具有很好的传输速率和扩展性能。三种存储方式各有优势，相互共存，占到了现在磁盘存储市场的 70% 以上。

② 产品的价格。SAN 和 NAS 产品的价格仍然远远高于 DAS，许多用户出于价格因素考虑选择了低效率的直连存储而不是高效率的共享存储。

③ 自动精简配置。SAN 和 NAS 系统可以利用自动精简配置技术来弥补早期存储分配不灵活问题。与直连存储架构相比，共享式的存储架构（如 SAN 或者 NAS）都可以较好地完成存储问题。于是淘汰直接连接存储的进程越来越快。但是，目前直接连接存储仍然是服务器与存储连接的一种常用方式。

3.6 大数据存储管理技术

随着大数据应用的飞快发展，现已经出现了其独特的架构，而且直接推动了存储、网络以及计算技术的发展。由于大数据处理的需求是一个新的挑战，硬件的发展最终还是需要软件需求推动，所以大数据分析应用需求正在影响和促进数据存储基础设施的发展。随着结构化数据和非结构化数据量的持续增长，以及被分析数据的来源多样化，现有的存储系统已经无法满足大数据存储的需要。基于存储基础设施研究的考虑，可以通过修改基于块和文件的存储系统的架构设计适应这些新的要求。

3.6.1 数据容量问题

大数据容量为 PB 级的数据规模，因此数据存储系统需要具有一定相应等级的扩展能力。与此同时，存储系统的扩展一定要简便，可以通过增加模块或增加磁盘柜的方式来增加容量，甚至不需要停机。基于这样的需求，客户现在越来越多地选择规模可扩展架构的存储。规模可扩展集群结构的特点是每个结点除了具有一定的存储容量之外，内部还具备数据处理能力以及互联设备，与传统存储系统的架构完全不同，规模可扩展架构能够实现无缝平滑的扩展，避免存储孤岛的出现。

在文件系统中，文件是文件系统的存储单位，大数据除了数据容量巨大之外，文件数量也十分庞大。因此，管理文件系统层累积的元数据是一个困难问题，如果处理不当，将影响系统的扩展能力和性能，例如传统的网络连接存储系统就存在这一瓶颈。但是，基于对象的存储架构就不存在这个问题，它可以在一个系统中管理十亿级别的文件数量，而且不像传统存储一样遇到元数据管理的困扰。基于对象的存储系统还具有广域性扩展能力，可以在多个不同的地点部署并组成一个跨区域的大型存储基础架构。

大数据的存储是分布式的，并呈现出与计算融合的趋势。由于 TB、PB 级数据的急剧膨胀，传统的数据移动方式已经不适用，导致新的融合趋势的存储服务器出现。在这样的架构中，数据不再移动，写入以后分散存储，它的计算结点融合在数据旁边的 CPU 中，数据越来越贴近计算结点，形成以数据为中心的架构模式。

3.6.2　大图数据

数十亿顶点规模的大图数据的出现，对数据管理技术提出了新的要求。万维网目前已经包含超过 500 亿个网页以及数量达万亿级别的统一资源定位符，社交网络 Facebook 存储的好友网络包含了超过 8 亿个结点和 1 000 亿条边。语义网的 Linked Data 规模正迅速呈指数方式提升，已包含了 310 亿个资源描述框架（Resource Description Framework，RDF）三元组以及超过 5 亿个 RDF 链接。

图存储技术主要包括图数据在磁盘上存储以及分布式环境下的存储布局、划分、复制等方法，图存储技术是图数据管理的基石。图的存储方式直接决定了图数据的访问方式、图查询方式与挖掘的效率。

1. 大图存储的基本框架

大图存储的基本框架是分布式存储框架，其原因如下。

（1）大图数据规模大

10 亿顶点规模的大图的每个顶点或者边上存储的附加信息，其规模在 TB 级别，甚至达到 PB 级。

（2）利用了基于分布式内存的计算框架

为了实现对整个图进行随机访问而不是顺序访问，图计算必须基于内存展开。由于内存规模在 GB 级别，通过分布式存储就可以直接装入内存，从而降低每台机器上的图的规模，避免频繁进行磁盘交互。

2. 图划分技术

大图的分布式存储的核心技术是图划分技术。为了将图部署到分布式系统中，需要将图分为若干部分，而后将每一部分分别存入某一机器。具体而言，图划分是一类问题的集合，这类问题需要将顶点集合划分为若干单元，这些单元的并集构成总体的顶点集，任意两个单元相交为空。在考虑通过顶点复制减少通信的策略中，需要放松单元不相交的约束。通常考虑下述几种因素。

（1）负载均衡

避免网络通信代价的极端方法是将完整的图信息仅存储于一台机器上。显然，这一方式很可能超出单台机器的存储上限，同时这一方法也没有并行计算能力。期望图划分的各个部分具有相近的规模，从而避免负载失衡的情况。负载均衡是相对于机器存储容量和计算能力而言。在复杂的实际应用中，可以构建复杂的度量模型来刻画机器存储容量和计算能力的负载均衡模型。

（2）存储冗余

避免网络通信代价升高的另一种方法是将图的信息在每台机器上复制一份。但这种方法也容易超出单台机器的存储能力，同时导致大量冗余。对于 k 台机器组成分布式计算系统，这种方法导致 $k-1$ 份存储冗余。为了降低冗余，可以选择特定顶点及其邻接信息进行复制。通常选择度数较大的顶点进行复制从而在降低通信代价的同时，避免较大冗余。此外，复制顶点个数和位置的选择等都对最终结果有着直接影响。另外，多个副本之间的一致性也是重要的问题，通常需要额外的计算代价保持多份副本与主本的完全一致性。

3. 大图数据的查询

如果用图表示社交网络，用户可以看作图的顶点，用户之间的关系（如朋友关系等）可以看作图的边。与社交网络相类似，Web 网络中的网页可以看作图的顶点，网页之间的链接关系可以看作图的边。

计算机查询方式经历了文件系统查询、数据库系统查询、Web 网络查询、社会网络查询的发展历程，如图 3-12 所示。

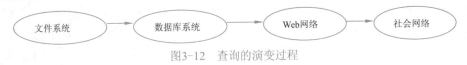

图3-12 查询的演变过程

（1）文件系统

从 20 世纪 60 年代开始，计算机开始装配了操作系统，而文件系统是操作系统提供的一种存储和组织计算机文件的方法。它提供简单的查询功能，使用户可以搜索文件。

（2）数据库系统

20 世纪 60 年代中期，数据库系统开始应用。70 年代，关系数据模型成为数据库管理系统的主流系统。70 年代后期出现的结构化查询语言 SQL 极大地提高了数据查询的灵活性。用户可以通过 SQL 语言来进行各种复杂的查询。

（3）Web 网络

从 20 世纪 90 年代开始，随着万维网的兴起，Web 搜索引擎广泛应用。它们通过提供关键词搜索的功能，使得几乎所有的用户都可以方便地搜索万维网数据。

（4）社交网络

随着 Web 2.0 的出现和社会计算的兴起，社交网络系统开始大量应用。图查询技术是适合社会计算的搜索方式。社会计算一般需要考虑社会的结构、组织和活动等社会因素。所有的社会活动构成社交网络，本质上是图的一种表现形式，所以图搜索技术的研究成为关键技术。

3.6.3 数据存储管理

传统的数据存储管理已经不能满足大数据的发展要求，大数据存储管理面临的挑战。

在大数据管理技术中，有 6 种数据管理技术普遍被关注，即分布式存储与计算、内存数据库技术、列式数据库技术、云数据库、NoSQL 技术、移动数据库技术。其中分布式存储与计算最受关注，如图 3-13 所示。

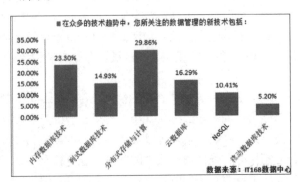

图3-13 关注的数据管理新技术

分布式存储与计算成为最受关注的数据管理新技术，比例达到 29.86%；其次是内存数据库技术，占到 23.30%；云数据库排名第三，比例为 16.29%。此外，列式数据库技术、NoSQL 也获得较多关注。统计结果表明，以 Hadoop 为代表的分布式存储与计算已成为大数据的关键技术。以 SAP HANA 为代表的内存数据库技术和以 SQL Azure 为代表的云数据库技术，也将成为占据重要地位的数据管理创新平台。

① 分布式存储与计算架构可以使大量数据以一种可靠、高效、可伸缩的方式进行处理。因为以并行的方式工作，所以数据处理速度相对较快，且成本较低，Hadoop 和 NoSQL 都属于分布式存储技术。硬件的迅速发展是新的数据库模型的最大推动力。多年来，磁盘存储经历了摩尔定律水平的发展。现已实现了将数千块几个 TB 容量的 PC 硬盘连接起来，就可以建立起 PB 级甚至 EB 级容量的数据库，由于这些硬盘可以通过网络或本地连接，所以促进了分布数据库和联合数据库的发展。

② 内存数据库技术可以作为单独的数据库使用，还能为应用程序提供即时的响应和高吞吐量。

③ 列式数据库的特点是可以更好地应对海量关系数据中列的查询，占用更少的存储空间，是构建数据仓库的理想架构之一。

④ 云数据库可以不受任何部署环境的优劣，随意地进行拓展，进而为客户提供适宜其需求的虚拟容量，并实现自助式资源调配和使用计量，SQL Server 可以提供类似的服务。

⑤ NoSQL 数据库适合于庞大的数据量、极端的查询量和模式演化。可以 NoSQL 得到高可扩展性、高可用性、低成本、可预见的弹性和架构灵活性的优势。

⑥ 随着智能移动终端的普及，对移动数据实时处理和管理要求的不断提高，移动数据库具有平台的移动性、频繁的断接性、网络条件的多样性、网络通信的非对称性、系统的高伸缩性和低可靠性以及电源能力的有限性等。

3.7　NoSQL 和 NewSQL

大数据导致数据库高并发负载，需要达到每秒上万次读写请求。关系数据库已经无法承受。对于大型的 SNS 网站的关系数据库，SQL 查询效率极其低下乃至不可忍受。此外，Web 架构中的数据库难以进行横向扩展，当一个应用系统的用户量和访问量与日俱增的时候，数据库却没有办法通过添加更多的硬件和服务结点来扩展性能和负载能力。对于需要提供 24 小时不间断服务的网站来说，数据库系统升级和扩展非常困难，往往需要停机维护和数据迁移，上述这些问题和挑战催生了新型数据库技术的诞生。

基于应用的构建架构角度出发，可以将数据库归纳为 OldSQL、NewSQL 和 NoSQL 数据库架构。OldSQL 数据库是指传统的关系数据库，NoSQL 是指非结构化数据库，NewSQL 是介于 OldSQL 数据库和 NoSQL 两者之间的数据库。其中，OldSQL 适用于事务处理应用，NewSQL 适用于数据分析应用，NoSQL 适用于互联网应用。三种类型数据库的功能如图 3-14 所示。

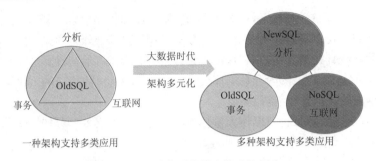

图3-14 三种类型数据库的功能划分

3.7.1 NoSQL

NoSQL 是 Not Only SQL 的英文简写，是不同于传统的关系型数据库的数据库管理系统的统称。NoSQL 出现于 1998 年，主要指非关系型、分布式、不提供 ACID 特性的数据库设计模式。NoSQL 强调键值存储和文档存储数据库。

NoSQL 代表了一系列的、不同类型的相互关联的数据存储与处理的技术的集合。NoSQL 与 OldSQL 的数据库显著的区别是 NoSQL 不使用 SQL 作为查询语言。其数据存储不使用固定的表格模式，具有横向可扩展性的特征。

（1）NoSQL 数据库的特点

CAP 理论、BASE 模型和最终一致性是 NoSQL 数据库存在的三大基石。主要特点如下。

① 运行在 PC 服务器集群上。

② 不需要预定义数据模式和预定义表结构。

③ 无共享架构，将数据划分后存储在各个本地服务器上。因为从本地磁盘读取数据的性能往往好于通过网络传输读取数据的性能，从而提高了系统的性能。

④ 将数据进行分区，分散存储在多个结点。并且分区的同时还要做复制。这样既提高了并行性能，又可以避免单点失效的问题。

⑤ 设计了透明横向扩展。可以在系统运行的时候，动态增加或者删除结点。不需要停机维护，数据可以自动迁移。

⑥ 保证最终一致性。

（2）NoSQL 的主要存储方式

在 NoSQL 数据库中，最常用的存储方式有文档存储、列存储、键值存储、对象存储、图形存储和 XML 存储等，其中键值存储和文档存储是最常用的存储方式。

① 键值存储。键值存储是 NoSQL 数据库中最常用的存储方式，键表示地址，值为被存储的数据。这种存储方式具有极高的并发读写性能，可以分为临时性、永久性和混合型三种式。临时型的键值存储方式是将所有的数据都保存在内存中，这样存储和读取的速度快，数据会丢失。在永久型存储方式中数据保存在磁盘中，读取的速度慢。混合型的键值存储方式集合了临时型的键值存储方式和永久型的键值存储方式的特点，进行了折中处理。首先将数据保存在内存中，在满足特定条件，例如默认为 15 min 一个以上、或 5 min 内 10 个以上、或 1 min 内 10 000 个以上的键发生变更的时候将数据写入硬盘。

② 文档存储。文档存储支持对结构化数据的访问，但与关系模型不同的是文档存储没有强

制的架构。

文档存储以封包键值对的方式进行存储。文档存储方式的 NoSQL 数据库主要由文档、集合、数据库组成。

- 文档相当于关系数据库中的一条记录。
- 多个文档组成一个集合，集合相当于关系数据库的表。
- 将多个集合在逻辑上组织在一起就是数据库。

例如，文档数据库（MongoDB）中的一个文档为：

```
{
    "name":"zhang",
    "scores": [75, 99, 87.2]
}
```

③ 列存储。列存储是以列为单位来存储数据，最大的特点是如果列值不存在就不存储，能够避免浪费空间。列存储从第一列开始，到最后一列结束。列存储的读取是列数据集中的一段或者全部数据，写入时，一行记录被拆分为多列，每一列数据追加到对应列的末尾处。

例如，一张表包含以下各列：名字（name）、邮编（post_code）、性别（gender）信息。

```
Name: liuming
post_code:100083
gender:male
```

同一张表中的另一组数据：

```
Name: liyong
post_code:102200
```

第一个数据的行键为 1，第二个数据的行键为 2。数据按列族存储。列族 name 的成员包括列 Name，列族 location 的成员包括 post_code，列族 profile 的成员包括 gender。则底层由三个存储桶组成：Name、location 和 profile。

列族 Name 桶的列值：

```
For row-key:1
Name: liuming
For row-key:2
Name: liyong
```

列族 location 桶的列值：

```
For row-key:1
post_code:100083
For row-key:2
post_code:102200
```

列族 profile 桶的列值：

```
For row-key:1
gender:male
```

同一行键的所有数据存储在一起。列族可以代表成员列的键，而行键代表整条数据的键。

Cassandra 数据库、HBase 数据库和 Hypertable 数据库都是列存储方式的 NoSQL 数据库。

（3）MongoDB 数据库

MongoDB 是一个高性能、开源、无模式自由的文档型数据库，是当前 NoSQL 数据库中最常用的一种数据库，其采用了键值存储方式。

　　MongoDB 主要解决的是海量数据的访问效率问题。根据资料记载，当数据量达到 50 GB 以上的时候，MongoDB 的数据库访问速度是 MySQL 的 10 倍以上。MongoDB 的并发读写效率不是特别出色，性能测试表明，大约每秒可以处理 0.5 万 ~ 1.5 万次读写请求。MongoDB 自带了一个出色的分布式文件系统 GridFS，可以支持海量的数据存储。

　　MongoDB 最大的特点是查询语言强大，其语法类似于面向对象的查询语言，几乎可以实现类似关系数据库单表查询的绝大部分功能，而且支持对数据建立索引。MongoDB 是比较常用的一种 NoSQL 数据库。

　　① 主要特点。

- 面向集合存储：文档以分组的方式存储在数据集中，一组称为一个集合。每个集合在数据库中都有一个唯一的标识名，并且可以包含无限数目的文档。集合的概念类似关系型数据库里的表，不同的是它不需要定义任何模式。易于存储对象类型的数据。

- 模式自由：对于存储在 MongoDB 数据库中的文件，不需要知道它的任何结构定义。例如，下面两条记录可以存在于同一个集合里面：

```
{"welcome":"Beijing"}
{"age":25}
```

- 文档型：存储的数据是键值对的集合，键是字符串，值可以是数据类型集合中的任意类型，包括数组和文档。这个数据格式称作 BSON（Binary Serialized document Notation）。

　　② MongoDB 的功能。

- 面向集合的存储：适合存储对象及 JSON 形式的数据。

- 动态查询：MongoDB 支持丰富的查询表达式。查询指令使用 JSON 形式的标记，可轻易查询文档中内嵌的对象及数组。

- 完整的索引支持：包括文档内嵌对象及数组。MongoDB 的查询优化器会分析查询表达式，并生成一个高效的查询计划。

- 查询监视：MongoDB 包含一系列监视工具用于分析数据库操作的性能。

- 复制及自动故障转移：MongoDB 数据库支持服务器之间的数据复制，支持主从模式及服务器之间的相互复制。复制的主要目标是提供冗余及自动故障转移。

- 高效的传统存储方式：支持二进制数据及大型对象（如照片或图片）。

- 自动分片以支持云级别的伸缩性：自动分片功能支持水平的数据库集群，可动态添加额外的机器。

　　③ 适用场合。

- 网站数据：MongoDB 非常适合实时插入、更新与查询，并具备网站实时数据存储所需的复制及高度伸缩性。

- 缓存数据：由于性能高，MongoDB 也适合作为信息基础设施的缓存层。在系统重启后，由 MongoDB 搭建的持久化缓存层可以避免下层的数据源过载。

- 大尺寸、低价值的数据：使用传统的关系型数据库存储一些数据时可能会比较昂贵，在此之前，很多时候程序员往往会选择传统的文件进行存储。

- 高伸缩性的场景：MongoDB 非常适合由数十或数百台服务器组成的数据库。MongoDB 的路线图中已经包含对 MapReduce 引擎的内置支持。

- 用于对象及 JSON 数据的存储：MongoDB 的 BSON 数据格式非常适合文档化格式的存储及查询。

④ 体系结构。MongoDB 数据库可以看作一个 MongoDB Server，该 Server 由实例和数据库组成。一般情况下，一个 MongoDB Server 机器上包含一个实例和多个与之对应的数据库，但是在特殊情况下，如硬件投入成本有限或特殊的应用需求，也允许一个 Server 机器上有多个实例和多个数据库。

MongoDB 中一系列物理文件（数据文件、日志文件等）的集合或与之对应的逻辑结构（集合、文档等）称为数据库。简单来说，数据库由一系列与磁盘有关的物理文件组成。

⑤ 数据逻辑结构。MongoDB 数据逻辑结构是面向用户的，用户使用 MongoDB 开发应用程序使用的就是逻辑结构。MongoDB 逻辑结构是一种层次结构，主要由文档、集合、数据库组成。

- MongoDB 的文档相当于关系数据库中的一条记录。
- 多个文档组成一个集合，集合相当于关系数据库的表。
- 多个集合逻辑上组织在一起就是数据库。
- 一个 MongoDB 实例支持多个数据库。

MongoDB 与关系型数据库的逻辑结构比较如表 3-2 所示。

表3-2　MongoDB与关系型数据库的逻辑结构比较

MongoDB	关系型数据库
文档	行
集合	表
数据库	数据库

3.7.2　NewSQL数据库

NewSQL 数据库是指各种新型的可扩展/高性能数据库，这类数据库不仅具有 NoSQL 对海量数据的存储管理能力，而且保持了传统数据库的 ACID 和 SQL 等特性。NewSQL 数据库是对传统数据库的挑战。

传统数据库的数据类型是整数、浮点数等。NewSQL 的数据类型还包括了整个文件。

NoSQL 数据库是非关系的、水平可扩展、分布式并且开源。NoSQL 可作为一个 Web 应用服务器、内容管理器、结构化的事件日志、移动应用程序的服务器端和文件存储的后备存储。

虽然 NoSQL 数据库可提供良好的扩展性和灵活性，但由于不使用 SQL，使得 NoSQL 数据库系统不具备高度结构化查询等特性，不能提供 ACID（原子性、一致性、隔离性和持久性）的操作。另外，不同的 NoSQL 数据库都有自己的查询语言，这使得很难规范应用程序接口。

NewSQL 系统的特点是：支持关系数据模型；SQL 作为其主要的接口。

NewSQL 系统是全新的数据库平台，主要有下述两种架构。一种架构是数据库工作在一个分布式集群的结点上，其中每个结点拥有一个数据子集。将 SQL 查询分成查询片段发送给自己所在的数据的结点上执行，可以通过添加结点来线性扩展。另一种架构是数据库系统有一个单一的主结点的数据源，有一组结点用来进行事务处理，这些结点接到特定的 SQL 查询后，将把它所需的所有数据从主结点上取回来后执行 SQL 查询，再返回结果。

3.7.3　不同数据库架构混合应用模式

对于一些复杂的应用场景，单一数据库架构不能完全满足应用场景对大量结构化和非结构化数据的存储管理、复杂分析、关联查询、实时性处理和控制建设成本等多方面的需要，因此不同数据库架构混合部署成为满足复杂应用的必然选择。可以概括为 OldSQL+NewSQL、

OldSQL+NoSQL、NewSQL+NoSQL 三种混合模式。

（1）OldSQL+NewSQL 模式

采用 OldSQL+NewSQL 混合模式构建数据中心，可以发挥 OldSQL 数据库的事务处理能力和 NewSQL 在实时性、复杂分析、即席查询等方面的优势，以及面对海量数据时较强的扩展能力，OldSQL 与 NewSQL 功能互补。

（2）OldSQL+NoSQL 模式

OldSQL+NoSQL 混合模式能够很好地解决互联网大数据应用对海量结构化和非结构化数据进行存储和快速处理的需求。OldSQL 负责高价值密度结构化数据的存储和事务型处理，NoSQL 负责存储和处理海量非结构化的数据和低价值密度结构化数据。

（3）NewSQL+NoSQL 模式

在行业大数据中应用 NewSQL+NoSQL 混合模式，NewSQL 承担高价值密度结构化数据的存储和分析处理工作，NoSQL 承担存储和处理海量非结构化数据。

NewSQL、NoSQL 和 OldSQL 三种类型数据库的性能比较与分布、数据价值密度和数据管理能力方面的差异和分布情况如图 3-15 所示。

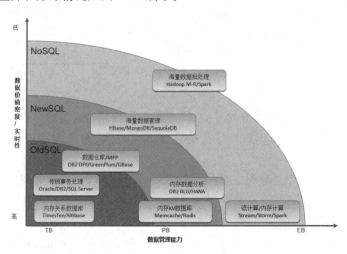

图3-15 NewSQL、NoSQL和OldSQL三种类型数据库的性能比较与分布

3.8 分布式文件系统

扫一扫

分布式文件系统

分布式文件系统的物理存储资源不一定直接连接在本地结点上，而是通过计算机网络与结点相连。分布式文件系统的设计基于客户机/服务器模式。一个典型的网络可能包括多个供多用户访问的服务器。另外，对等特性与模式允许一些系统扮演客户机和服务器的双重角色。例如，用户可以发布一个允许其他客户机访问的目录，一旦被访问，这个目录对客户机来说就像使用本地驱动器一样。

3.8.1 评价指标

分布式文件系统的服务范围扩展到了整个网络。不仅改变了数据的存储和管理方式，而且具备了本地文件系统所无法具备的数据备份、数据安全等优点。

衡量一个分布式文件系统的优劣主要取决于以下三个因素。

1. 数据的存储方式

例如有 10 000 万个数据文件，可以在一个结点存储全部数据文件，在其他 N 个结点上每个结点存储 10 000/N 万个数据文件作为备份；或者平均分配到 N 个结点上存储，每个结点上存储 10 000/N 万个数据文件。无论采取何种存储方式，目的都是保证数据的存储安全和方便获取。

2. 数据的读取速率

数据的读取速率包括响应用户读取数据文件的请求、定位数据文件所在的结点、读取实际硬盘中数据文件的时间、不同结点间的数据传输时间以及一部分处理器的处理时间等。上述各种因素决定了分布式文件系统中数据的读取速率不能与本地文件系统中数据的读取速率相差太大，否则将严重影响用户的使用体验。

3. 数据的安全机制

由于数据分散在各个结点中，必须要采取冗余、备份、镜像等方式，以保证结点出现故障的情况下，能够进行数据的恢复，确保数据安全。

3.8.2　HDFS文件系统

Hadoop 分布式文件系统（HDFS）是运行在通用硬件上的分布式文件系统，与现有的分布式文件系统有很多共同点。HDFS 具有高容错性，并且可以部署在低廉的硬件上，能够高吞吐量访问应用程序的数据，适用超大数据集的应用程序。HDFS 放宽了 POSIX 的要求，可以实现流的形式访问文件系统中的数据。

HDFS 的主要特点如下所示。

① 故障检测和自动快速恢复。整个 HDFS 由数百或数千个存储文件数据片断的服务器组成。每一个组成部分有可能出现故障，这就表明 HDFS 中的一些部件失效不可避免，HDFS 具有故障的检测和自动快速恢复的能力。

② 适合批量处理。运行在 HDFS 之上的应用程序能够流式地访问它们的数据集，HDFS 适合批量处理，但是不是交互式处理。重点是在数据吞吐量，而不是数据访问的反应时间。

③ 大数据集。HDFS 文件大小是 GB 到 TB 的数量级，支持大文件访问，可提供很高的数据带宽，一个集群中支持数百个结点，一个集群中还应该支持千万个文件。

④ 简单一致性模型。大部分的 HDFS 程序对文件操作需要的是一次写多次读取的操作模式。一个文件一旦创建、写入、关闭之后就不需要修改了。这种方式使高吞吐量的数据访问变得可能。

⑤ 移动计算比移动数据更经济。当数据集特别巨大的时，靠近存储计算数据的位置来计算可以消除了网络的拥堵，减少了数据通信的代价，提高了系统的整体吞吐量。一个假定就是迁移计算到离数据更近的位置比将数据移动到程序运行更近的位置要更好。HDFS 提供了接口，来让程序将自己移动到离数据存储更近的位置。

⑥ 异构软硬件平台间的可移植性。HDFS 可以简便地实现平台间的迁移，更有利于广泛地采用 HDFS 作为大数据平台。

⑦ 名字结点和数据结点。HDFS 是一个主从结构，一个 HDFS 集群是由一个名字结点和一些数据结点组成。名字结点是一个管理文件命名空间和调节客户端访问文件的主服务器，它来管理

对应结点的存储。通常是一个结点一个机器，HDFS 对外开放文件命名空间，并允许用户数据以文件形式存储。

内部机制是将一个文件分割成一个或多个块，存储在一组数据结点中。名字结点用来操作文件命名空间的文件或目录操作，如打开、关闭、重命名等。它同时确定块与数据结点的映射。数据结点负责来自文件系统客户的读写请求。数据结点同时还要执行块的创建，删除和来自名字结点的块复制指令。

3.8.3 NFS 文件系统

网络文件系统（Network File System，NFS）是一种分布式的客户机 / 服务器文件系统。NFS 的核心理念是资源共享。它允许网络中的计算机之间通过 TCP/IP 网络共享资源。用户可以连接到共享计算机并像访问本地硬盘一样访问共享计算机上的文件。管理员可以建立远程系统上文件的访问，以至于用户感觉不到他们是在访问远程文件。这也是 NFS 的设计目标。NFS 提供了对无盘工作站的支持，进而降低了网络开销。

1. 主要特点

① 简化应用程序对远程文件的访问，使得不需要因访问这些文件而调用特殊的过程。

② 使用一次一个服务请求以使系统能从已崩溃的服务器或工作站上恢复。

③ 采用安全措施保护文件免遭偷窃与破坏。

④ 使 NFS 协议可移植和简单，以便它们能在许多不同计算机上实现，包括低档的 PC。

⑤ 节省本地存储空间，将常用的数据存放在一台 NFS 服务器上且可以通过网络访问，那么本地终端将可以减少自身存储空间的使用。

⑥ 用户不需要在网络中的每个机器上都建有 Home 目录，Home 目录可以放在 NFS 服务器上且可以在网络上被访问使用。

⑦ 一些存储设备如软驱、CDROM 和 Zip（一种高储存密度的磁盘驱动器与磁盘）等都可以在网络上被别的机器使用。这可以减少整个网络上可移动介质设备的数量。

2. NFS 组成

NFS 体系至少由两个主要部分组成，一台 NFS 服务器和若干台客户机，如图 3-16 所示。

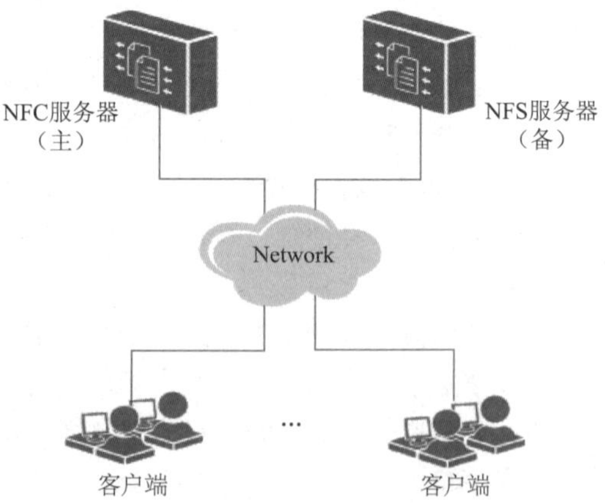

客户机通过 TCP/IP 网络远程访问存放在 NFS 服务器上的数据。在 NFS 服务器正式启用前，需要根据实际环境和需求，配置一些 NFS 参数。

大型计算机、小型计算机和文件服务器运行 NFS 时，都为多个用户提供了一个文件存储区。工作站只需要运行 TCP/IP 协议来访问这些系统和位于 NFS 存储区内的文件。工作站上的 NFS 通常由 TCP/IP 软件支持。

服务器目录是共享服务器广播或通知正在共享的目录，有关共享目录和谁可访问它们的信息放在一个文件中，由操作系统启动时读取。

图3-16 NFS组成

在共享目录上建立一种链接和访问文件的过程叫做装联，用户将网络用作一条通信链路来访问远程文件系统。

NFS 的一个重要组成是虚拟文件系统（VFS），它是应用程序与低层文件系统间的接口。

3. 应用

① 多个机器共享一台 CDROM 或者其他设备。这对于在多台机器中安装软件来说更加便宜和方便。

② 在大型网络中，配置一台中心 NFS 服务器用来放置所有用户的 Home 目录可能会带来便利。这些目录能被输出到网络，以便用户不管在哪台工作站上登录，总能得到相同的 Home 目录。

③ 不同客户端可在 NFS 上观看影视文件，节省本地空间。

④ 在客户端完成的工作数据，可以备份保存到 NFS 服务器上用户自己的路径下。

NFS 是运行在应用层的协议。随着 NFS 多年的发展和改进，NFS 既可以用于局域网，也可以用于广域网，且与操作系统和硬件无关，可以在不同的计算机或系统上运行。

3.9　虚拟存储技术

虚拟存储是将硬盘、RAID 等多种存储介质模块按照一定的规则集中管理，即在一个存储池中统一管理全部存储模块。从主机的角度来看，一个分区类似一个超大容量的硬盘，将这种能够把多个存储设备统一管理起来，为用户提供大容量、高数据传输性能的存储系统，称为虚拟存储系统。基于虚拟存储系统的拓扑结构不同，可以分为对称式和非对称式两种。对称式的拓扑结构是指虚拟存储控制设备、存储软件系统、交换设备集成于一体，内嵌于网络传输路径之中。非对称式的拓扑结构是指虚拟存储控制设备独立于网络传输路径之外。基于虚拟化存储的实现原理不同，可以分为数据块虚拟和虚拟文件系统两种方式。

虚拟存储系统的结构如图 3-17 所示。共享存储系统由运行于主机的存储管理软件、互联网络磁盘阵列等网络存储设备组成。可以在共享存储系统的三个层次上实现存储的虚拟化，即基于主机的虚拟存储、基于网络的虚拟存储和基于存储设备的虚拟存储。各个层次上的虚拟存储的特点不同，目的明确，都是为了使共享存储更易于管理。

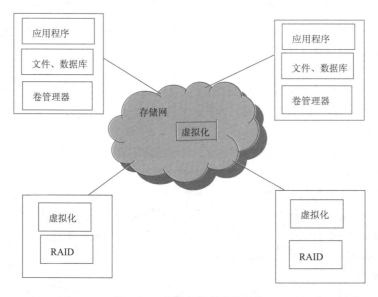

图3-17　虚拟存储系统的结构

3.9.1 虚拟存储的特点

① 虚拟存储提供了一个大容量存储系统集中管理的手段，由网络中的一个环节（如服务器）进行统一管理，避免了由于存储设备扩充所带来的管理方面的麻烦。使用虚拟存储技术，增加新的存储设备时，只需要网络管理员对存储系统进行较为简单的系统配置更改，客户端无须任何操作。

② 虚拟存储可以大大提高存储系统整体访问带宽。存储系统是由多个存储模块组成，而虚拟存储系统可以很好地进行负载平衡，把每一次数据访问所需的带宽合理地分配到各个存储模块上，这样系统的整体访问带宽就增大了。例如，一个存储系统中有 4 个存储模块，每一个存储模块的访问带宽为 50 Mbit/s，则这个存储系统的总访问带宽就可以接近各存储模块带宽之和，即 200 Mbit/s。

③ 虚拟存储技术为存储资源管理提供了更好的灵活性，可以将不同类型的存储设备集中管理使用，保障了用户以往购买的存储设备的投资。

④ 虚拟存储技术可以通过管理软件，为网络系统提供一些其他有用功能，如无须服务器的远程镜像、数据快照等。

3.9.2 虚拟存储的应用

由于虚拟存储具有上述特点，虚拟存储技术正逐步成为共享存储管理的主流技术，其应用具体如下：

1. 数据镜像

数据镜像就是通过双向同步或单向同步模式在不同的存储设备间建立数据复本。一个合理的解决方案应该能在不依靠设备生产商及操作系统支持的情况下，提供在同一存储阵列及不同存储阵列间制作镜像的方法。

2. 数据复制

通过 IP 地址实现的远距离数据迁移（通常为异步传输）对于不同规模的企业来说，都是一种极为重要的数据灾难恢复工具。好的解决方案不应当依赖特殊的网络设备支持，同时，也不应当依赖主机，以节省企业的管理费用。

3. 磁带备份增强设备

过去的几年，在磁带备份技术上鲜有新发展。尽管如此，一个网络存储设备平台亦应能在磁带和磁盘间搭建桥路，以高速、平稳、安全地完成备份工作。

4. 实时复本

出于测试、拓展及汇总或一些别的原因，企业经常需要制作数据复本。

5. 实时数据恢复

利用磁带来还原数据是数据恢复工作的主要手段，但常常难以成功。数据管理工作中一个重要的发展方向是将近期内的备份数据（可以是数星期前的历史数据）转移到磁盘介质，而非磁带介质。用磁盘恢复数据就像闪电般迅速（所有文件能在 60 s 内恢复），并远比用磁带恢复数据安全可靠。同时，整卷数据都能被恢复。

6. 应用整合

将服务贴近应用这是存储管理发展的又一新理念，信息技术领域的管理人员不会单纯出于对存储设备的兴趣而去购买。存储设备用来服务于应用，例如数据库，通信系统等。通过将存储设备和关键的企业应用行为相整合，能够获取更大的价值，减少操作过程中遇到的难题。

3.10　云存储技术

云存储是云计算的延伸，是一种新型的、重要的网络存储技术。

3.10.1　云存储原理

云存储是在云计算基础上延伸和发展出来的一个新的概念。云计算是分布式处理、并行处理和网格计算的发展，通过网络将大型的计算处理程序自动拆分成无数个较小的子程序，再交由多部服务器所组成的集群系统运行，程序经计算分析之后将处理结果回传给用户。通过云计算技术，网络服务提供者可以在数秒之内，处理数以千万计甚至亿计的信息，提供与超级计算机同样强大的服务。云存储的概念是指通过集群应用、网格技术或分布式文件系统等功能，使网络中大量各种不同类型的存储设备通过应用软件集合起来协同工作，共同对外提供数据存储和业务访问功能的一个系统，保证数据的安全性，并节约存储空间。简单来说，云存储就是将存储资源放到云上供用户存取的方案。使用者可以在任何时间、任何地方，通过任何可连网的装置连接到云上可以方便地存取数据。

3.10.2　网络结构

在局域网中，使用者需要知道网络中每一个软硬件的型号和配置，如交换机型号、端口数量、路由器和防火墙设置等。但当使用广域网和互联网时，则只需要知道接入网和用户名、密码就可以连接到广域网和互联网，并不需要知道广域网和互联网中到底有多少台交换机、路由器、防火墙和服务器，不需要知道数据是通过什么样的路由到达目的计算机，也不需要知道网络中的服务器分别安装了什么软件，更不需要知道网络中各设备之间采用了什么样的连接线缆和端口。也就是说，广域网和互联网对于具体的使用者完全透明，可用图 3-18 所示的云状图形来表示广域网和互联网。

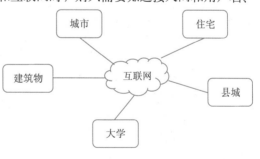

图3-18　广域网和互联网

3.10.3　云的分类

1. 公有云

公有云是第三方提供商为用户提供的能够使用的云。公有云可通过 Internet 使用，可以向整个开放的公有网络中提供服务。公有云的定义是企业通过自己的基础设施直接向外部用户提供服务。外部用户并不拥有云计算资源，而通过互联网访问服务。公有云能够以低廉的价格，提供有吸引力的服务给最终用户，创造新的业务价值，公有云作为一个支撑平台，还能够整合上游的服务（如增值业务、广告）提供者和下游最终用户，构造新的价值链和生态系统。

2. 私有云

私有云是为一个客户单独使用而构建的云，可以提供对数据、安全性和服务质量的有效控制。公司拥有基础设施，并可以控制在此基础设施上部署应用程序的方式。私有云可部署在企业数据中心的防火墙内，也可以将它们部署在一个安全的主机托管场所。私有云的核心属性是专有资源。

3. 混合云

混合云融合了公有云和私有云，是云计算的主要模式和发展方向。出于安全考虑，用户更愿意将数据存放在私有云中，但是同时又希望可以获得公有云的计算资源，在这种情况下混合云应运而生。混合云将公有云和私有云进行混合和匹配，以获得最佳的效果，这种个性化的解决方案，达到了既省钱又安全的目的。特别是需要临时配置容量的时候，从公有云上划出一部分容量配置一种私有云可以帮助用户面对迅速增长的负载波动或高峰时很有帮助。

公有云、私有云和混合云构成的虚拟服务中心如图3-19所示。

图3-19　虚拟服务中心

小　结

大数据的获取与存储是大数据技术重要一环。本章系统地介绍了大数据的获取、存储与管理技术。对常用的存储模型、NewSQL 和 NoSQL、分布式文件系统、虚拟存储技术、云存储技术等内容作了概括性介绍。

第 ④ 章　大数据抽取技术

主要内容

- 大数据抽取技术概述
  - 数据抽取的定义
  - 数据映射与数据迁移
  - 数据抽取程序
  - 抽取、转换和加载
  - 数据抽取方式
- 增量数据抽取技术
  - 增量抽取特点与策略
  - 基于触发器的增量抽取方式
  - 基于时间戳的增量抽取方式
  - 全表删除插入方式
  - 全表比对抽取方式
  - 日志表方式
  - 系统日志分析方式
  - 各种数据抽取机制的比较与分析
- 非结构化数据抽取
  - 非结构化数据类型
  - 非结构化数据模型
  - 非结构化数据组织
  - 纯文本抽取通用程序库
- 基于Hadoop平台的数据抽取

大数据抽取是指将在大数据分析与挖掘中所需要的相关数据抽取出来，放到指定的目标系统中的过程，其抽取的数据的特点是便于统计分析、信息量大、可靠有效性强。

4.1　大数据抽取技术概述

采集来的数据通常不能够直接用于数据分析，需要从众多底层数据库中将所需要的数据抽取出来，从中提取出关系和实体，经过关联和聚合之后，再将这些数据存储于同一种数据结构中，进而形成适于数据分析的数据结构。大数据来源十分广泛，数据规模大而且类型多，获取的数据不仅包含结构化数据和半结构化数据，也包含图像、视频等非结构化的数据。除此之外，由于监控摄像头、装载有 GPS 的智能手机、相机和其他便携设备无处不在，产生了保真度不等的位置和轨迹数据，进而形成复杂的数据环境，这就给大数据抽取带来了极大的困难。

数据抽取需要做的首要工作是准确地确定源数据和抽取原则。将多种数据库运行环境中的数据进行整合与处理，然后设计新数据的存储结构，并定义与源数据的转换机制和装载机制，以便能够准确地从各个数据源中抽取所需的数据，并将这些结构和转换信息作为元数据存储起来。在数据抽取过程中，需要全面掌握数据源的结构与特点。在抽取多个异构数据源的过程中，可以将不同的源数据格式转换成一种中间模式，然后再把它们集成起来。数据抽取是知识发现的关键性工作，早期的数据抽取依靠手工编程来实现，现在可以通过高效的抽取工具来实现。即使应用抽取工具，数据抽取和装载仍然是一件很艰苦的工作。应用领域的分析数据通常来自不同的数据源，不仅存在模式定义的差异，而且存在因数据冗余而无法确定有效数据的情形。此外，还需要考虑多个数据库系统存在不兼容的情况。

数据抽取技术的研究主要集中在应用机器学习方法来增强系统的可移植性、探索更深层次的理解技术、篇幅分析技术、多语言文本处理技术、Web 信息抽取技术以及时间信息处理等技术。

4.1.1 数据抽取的定义

数据抽取过程是搜索全部数据源，按照某种标准选择合乎要求的数据，并将被选中的数据传送到目的地中存储的过程。简单地说，数据抽取过程就是从数据源中抽取数据并传送到目的数据系统中的过程。数据源可以是关系型数据库或非关系型数据库，数据可以是结构化数据、非结构化数据和半结构化数据。在数据抽取之前，需要清楚数据源的类型和数据的类型，以便根据不同的数据源和数据类型采取不同的抽取策略与方法。

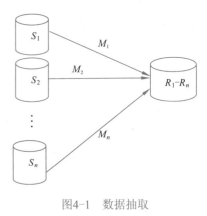

数据抽取的广义定义是：从给定数据源 S_i，到数据存储系统 R_i 的映射 M_i，该映射是从 S_i 中抽取数据对象，并将这些数据对象按一定格式装入 R_i 中，这就是数据抽取。如图 4-1 所示，从 n 个数据源 $\{S_1, S_2, \cdots, S_n\}$ 中，将选定的数据对象按一定映射规则映射到 R 中。在 R 中的数据对象为 $R=\{R_1, R_2, R_3, \cdots, R_n\}$。

图4-1　数据抽取

4.1.2 数据映射与数据迁移

1. 数据映射的定义

数据映射是指给定两个数据模型，在模型之间建立起数据元素的对应关系的过程。在数据迁移、数据清洗、数据集成、语义网构造、P2P 等信息系统中广泛使用数据映射技术。

2. 数据映射方式

数据映射具有手工编码和可视化操作两种方式。手工编码是直接用类似 XSLT、Java、C++ 等编程语言来定义数据对应关系。可视化操作通常支持用户在数据项之间画一条线以定义数据项之间的对应关系，有些可视化操作的工具可以自动建立这种对应关系。这种自动建立的对应关系一般要求数据项具有相同的名称。无论采用手工方式操作还是自动建立关系，最终都需要工具自动将图形表示的对应关系转化成可执行程序。

3. 数据迁移过程

数据迁移包括三个阶段：数据抽取、数据转换和数据加载，但是如何抽取、如何转换、加载到什么位置等需要有一个明确的规则。因此，需要数据映射来定义这些规则。也就是说，在数据迁移之前，必须要了解源和目的数据库的概念模型，以及源和目的系统之间的对应关系，将这种关系进行分类和细化，并且给出明确的定义和解释，即映射规则。

4.1.3　数据抽取程序

将完成数据抽取的程序称为数据抽取程序，又称包装器。构建数据抽取程序的条件如下。

1. 抽取数据对象的类型

数据源中的数据对象繁多、千差万别，从简单的字符串到线性表、树形结构和有向图结构等。如果在数据模型中描述了数据源中数据对象的结构，那么就能够使得数据抽取程序抽取任意数据对象类型的数据，从而使数据抽取程序具有通用性。

2. 在数据源中寻找所需的数据对象的方法

可以应用搜索规则驱动一个通用的搜索算法在数据源中搜索与抽取规则相匹配的数据对象。

3. 为已找到的数据选择组装格式

应用符合某个数据库模式的格式来组装已经找到的数据对象，对于结构化数据可以使用关系数据库格式，对于非结构化的数据可以利用文档数据库或键值数据库等格式，对于半结构化数据可以应用关系数据库格式和文档数据库或键值数据库相结合的格式。

4. 将找到的数据对象组装到数据库中的方法

可以用一组映射规则来描述数据类型与数据库字段之间的关系。当找到一个数据对象之后，先用映射规则根据数据对象所属的数据类型找到所对应的数据库字段，然后将这些数据对象组装这个字段中。

5. 生成和维护数据抽取过程所需的元数据

元数据是数据抽取模型、抽取规则、数据库模式和映射规则的参数，元数据能够使抽取和组装算法正常工作。在数据仓库系统中的元数据定义为数据仓库管理和有效使用的任何信息。一个数据源需要用一套元数据进行描述，由于数据集成系统包含有大量数据源和元数据，所以维护这些元数据的工作量巨大。

一般不单独设计组装算法，而是设计能够完成数据抽取与组装功能的算法。

4.1.4　抽取、转换和加载

数据抽取、转换和加载（Extraction Transformation Loading，ETL）工具将分布的、异构数据源中的数据，如关系数据、平面数据文件等抽取到临时中间层后进行清洗、转换、集成，最后加载到数据仓库或数据集市中，成为联机分析处理、数据挖掘的基础。一个简单的 ETL 处理过程如图 4-2 所示。

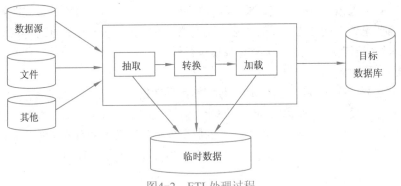

图4-2 ETL处理过程

4.1.5 数据抽取方式

不同的数据类型的源和目标抽取方法不同，常用的数据抽取方法简述如下。

1. 同构同质数据抽取

同构同质数据库是指同一类型的数据模型、同一型号的数据库系统。例如，MySQL 数据库与 SQL Server 数据库是同构同质数据库。如果数据源与组装的目标数据库系统是同构同质，那么目标数据库服务器和原业务系统之间可以在建立直接的链接关系之后，就可以利用结构化查询语言的语句访问，进而实现数据迁移。

2. 同构异质数据抽取

同构异质是指同一类型的数据模型、不同型号的数据库系统。如果数据源存组装的目标数据库系统是同构异质，对于这类数据源可以通过 ODBC 的方式建立数据库链接。例如，Oracle 数据库与 SQL Server 数据库可以建立 ODBC 连接。

3. 文件型数据抽取

如果抽取的数据在文件中，可以有结构化数据、非结构化数据与半结构化数据。如果是非结构化数据与半结构化数据，那么就可以利用数据库工具以文件为基本单位，将这些数据导入指定的数据库，然后借助工具从这个指定的文档数据库完成抽取。

4. 全量数据抽取

全量数据抽取类似于数据迁移或数据复制，它将数据源中的表或视图的数据原封不动地从数据库中抽取出来，并转换成抽取工具可以识别的格式。

5. 增量数据抽取

当源系统的数据量巨大时，或在实时的情况下装载业务系统的数据时，实现完全数据抽取几乎不太可能，为此可以使用增量数据抽取。增量数据抽取是指在进行数据抽取操作时，只抽取数据源中发生改变的地方数据，没有发生变化的数据不再进行重复抽取。也可将增量数据抽取看作时间戳方式，抽取一定时间戳前所有的数据。

4.2 增量数据抽取技术

要实现增量抽取，关键是如何准确快速的捕获变化的数据。增量抽取机制能够将业务系统中的变化数据按一定的频率准确地捕获到，同时不对业务系统造成太大的压力，也不影响现有业务。相对全量抽取，增量抽取的设计更为复杂。

4.2.1　增量抽取的特点与策略

1. 增量抽取的特点

① 只抽取发生变化的数据。

② 相对于全量抽取更为快捷，处理量更少。

③ 采用增量抽取需要在与数据装载时的更新策略相对应。

2. 增量抽取的策略

① 时间戳：扫描数据记录的更改时间戳，比较时间戳来确定被更新的数据。

② 增量文件：扫描应用程序在更改数据时所记录的数据变化增量文件，增量文件是指数据所发生的变化的文件。

③ 日志文件：目的是实现恢复机制，其中记载了各种操作的影响。

④ 修改应用程序代码：以产生时间戳、增量文件、日志等信息，或直接推送更新内容，达到增量更新目标数据的目的。

⑤ 快照比较：在每次抽取前首先对数据源快照，并将该快照与上次抽取时建立的快照相互比较，以确定对数据源所做的更改，并逐表、逐记录进行比较，抽取相应更改内容。

在数据抽取中，根据转移方式的不同，可以将数据转移分两个阶段，即初始化转移阶段和增量转移阶段。初始化转移阶段采用全量抽取的方式，增量转移阶段按照上述的增量抽取方式进行有选择的抽取。

4.2.2　基于触发器的增量抽取方式

当数据源存于数据库时，可在数据库管理系统中设置触发器来侦听数据源的增删改事件以监控数据的增量变化，并进一步采取措施将增量变化反映到目标数据中。其具体方法如下。

① 使用配套工具直接捕获数据变化事件并实时刷新目标数据。

② 与时间戳法或增量文件法结合，在数据变化事件处理逻辑中，设置时间戳或产生增量记录。

③ 在捕获到数据变化时，将增量数据追加到临时表中。

触发器方式是普遍采取的一种增量抽取机制。该方式是根据抽取要求，在要被抽取的源表上建立插入、修改、删除三个触发器，每当源表中的数据发生变化，就被相应的触发器将变化的数据写入一个增量日志表，ETL 的增量抽取从增量日志表中而不是直接在源表中抽取数据，同时增量日志表中抽取过的数据要及时做标记或者删除。为了简单起见，增量日志表一般不存储增量数据的所有字段信息，而只是存储源表名称、更新的关键字值和更新操作类型（插入、修改或删除），ETL 增量抽取进程首先根据源表名称和更新的关键字值，从源表中提取对应的完整记录，再根据更新操作类型，对目标表进行相应的处理。

扫一扫 ●

数据同步
与触发器

4.2.3　基于时间戳的增量抽取方式

1. 时间戳方式

时间戳方式是一种基于快照比较的变化数据捕获方式，在原表上增加一个时间戳字段，当系统中更新修改表数据的时，同时修改时间戳字段的值。当进行数据抽取时，通过比较上次抽取时间与时间戳字段的值来决定抽取数据。

时间戳方式的优点是性能优异，系统设计清晰，数据抽取相对简单，可以实现数据的递增加载。时间戳方式的缺点是需要由业务系统来完成时间戳的维护，对业务系统需要加入额外的时间戳字段，特别是对不支持时间戳的自动更新的数据库，还要求业务系统进行额外的更新时间戳操作；另外，无法捕获对时间戳以前数据的删除和刷新操作，在数据准确性上受到了一定的限制。

2. 基于时间戳的数据转移

时间戳方式抽取数据需要在源表上增加一个时间戳字段，当系统中更新修改表数据的时，同时修改时间戳字段的值。有的数据库（例如 SQL Server）的时间戳支持自动更新，即表的其他字段的数据发生改变时，时间戳字段的值也会被自动更新为记录改变的时刻。这时进行 ETL 实施时只需要在源表加上时间戳字段就可以了。对于不支持时间戳自动更新的数据库，要求业务系统在更新业务数据时，通过编程的方式手工更新时间戳字段。使用时间戳方式可以正常捕获源表的插入和更新操作，但对于删除操作则无能为力，需要结合其他机制才能完成。

基于时间戳的数据转移如图4-3所示。

图4-3 基于时间戳的数据转移

4.2.4 全表删除插入方式

全表删除插入方式是指每次抽取前先删除目标表数据，抽取时全新加载数据。该方式实际上将增量抽取等同于全量抽取。当数据量不大，全量抽取的时间代价小于执行增量抽取的算法和条件代价时，可以采用该方式。

全表删除插入方式的优点是加载规则简单，速度快，缺点是对于维表加外键不适应，当业务系统产生删除数据操作时，综合数据库将不会记录到所删除的历史数据，不可以实现数据的递增加载，同时对于目标表所建立的关联关系，需要重新进行创建。

4.2.5 全表比对抽取方式

全表比对抽取方式是指在增量抽取时，逐条比较源表和目标表的记录，将新增和修改的记录读取出来。优化之后的全部比对方式是采用 MD5 校验码，需要事先为要抽取的表建立一个结构类似的 MD5 临时表，该临时表记录源表的主键值以及根据源表所有字段的数据计算出来的 MD5 校验码，每次进行数据抽取时，对源表和 MD5 临时表进行 MD5 校验码的比对，如果不同，则进行刷新操作。如目标表没有存在该主键值，表示该记录还没有被抽取，则进行插入操作。然后，还需要对在源表中已不存在而目标表仍保留的主键值执行删除操作。

下载文件之后，如果需要知道下载的这个文件与网站的原始文件是否相同，就需要给下载的文件进行 MD5 校验。如果得到的 MD5 值和网站公布的相同，可确认下载的文件完整；如有不同，说明下载的文件不完整，其原因可能是在网络下载的过程中出现错误，或此文件已被别人修改。为防止他人更改该文件时放入病毒，不应使用不完整文件。

当用 E-mail 给好友发送文件时，可以将要发送文件的 MD5 值告诉对方，这样好友收到该文件以后即可对其进行校验，来确定文件是否安全。在刚安装好系统后可以给系统文件做个 MD5 校验，过了一段时间后如果怀疑某些文件被人换掉，那么就可以给那些被怀疑的文件做个 MD5 校验，如果与从前得到的 MD5 校验码不相同，那么就可以肯定出现了问题。

典型的全表比对的方式是采用 MD5 校验码。数据抽取事先为要抽取的表建立一个结构类似的 MD5 临时表，该临时表记录源表主键以及根据所有字段的数据计算出来的 MD5 校验码。每次进行数据抽取时，对源表和 MD5 临时表进行 MD5 校验码的比对，从而决定源表中的数据是新增、修改还是删除，同时更新 MD5 校验码。MD5 方式的优点是对源系统的倾入性较小（仅需要建立一个 MD5 临时表）；缺点也是显而易见的，与触发器和时间戳方式中的主动通知不同，MD5 方式是被动地进行全表数据的比对，性能较差。当表中没有主键或唯一列且含有重复记录时，MD5 方式的准确性较差。

4.2.6　日志表方式

对于建立了业务系统的生产数据库，可以在数据库中创建业务日志表，当特定需要监控的业务数据发生变化时，由相应的业务系统程序模块来更新维护日志表内容。增量抽取时，通过读日志表数据决定加载哪些数据及如何加载。日志表的维护需要由业务系统程序用代码来完成。

在业务系统中添加系统日志表，当业务数据发生变化时，更新维护日志表内容，当加载时，通过读日志表数据决定加载哪些数据及如何加载。其优点是不需要修改业务系统表结构，源数据抽取清楚，速度较快，可以实现数据的递增加载；其缺点是日志表维护需要由业务系统完成，需要对业务系统业务操作程序作修改，记录日志信息。日志表维护较为麻烦，对原有系统有较大影响，且工作量较大，改动较大，有一定风险。

4.2.7　系统日志分析方式

系统日志分析方式通过分析数据库自身的日志来判断变化的数据。关系型数据库系统都会将所有的 DML 操作存储在日志文件中，以实现数据库的备份和还原功能。ETL 增量抽取进程通过对数据库的日志进行分析，提取对相关源表在特定时间后发生的 DML 操作信息，可以得知自上次抽取时刻以来该表的数据变化情况，从而指导增量抽取动作。有些数据库系统提供了访问日志的专用的程序包，例如 Oracle 的 LogMiner，使数据库日志的分析工作更为简化。

4.2.8　各种数据抽取机制的比较与分析

在进行增量抽取操作时，存在多种可以选择的数据抽取机制。从兼容性、完备性、性能和侵入性等方面对这些机制进行比较与分析，以合理选择数据抽取方式。

1. 兼容性

数据抽取面对的源系统并不一定都是关系型数据库系统。某个 ETL 过程需要从若干年前的遗留系统中抽取数据的情形经常发生。这时所有基于关系型数据库产品的增量机制都无法工作，时间戳方式和全表比对方式可能有一定的利用价值。在这种情况下，只有放弃增量抽取的思路，转而采用全表删除插入方式。

2. 完备性

在完备性方面，时间戳方式不能捕获删除操作，需要结合其他方式一起使用。

3. 性能

增量抽取的性能因素表现在两方面：一方面是抽取进程本身的性能，另一方面是对源系统性能的负面影响。触发器方式、日志表方式以及系统日志分析方式由于不需要在抽取过程中执行比对步骤，所以增量抽取的性能较佳。全表比对方式需要经过复杂的比对过程才能识别出更改的记录，抽取性能最差。在对源系统的性能影响方面，触发器方式是直接在源系统业务表上建立触发器，同时写临时表，对于频繁操作的业务系统可能会有一定的性能损失，尤其是当业务表上执行批量操作时，行级触发器将会对性能产生严重的影响；同步 CDC 方式内部采用触发器的方式实现，也同样存在性能影响的问题；全表比对方式和日志表方式对数据源系统数据库的性能没有任何影响，只是它们需要业务系统进行额外的运算和数据库操作，会有少许的时间损耗；时间戳方式、系统日志分析方式以及基于系统日志分析的方式（异步 CDC 和闪回查询）对数据库性能的影响也是非常小的。

4. 侵入性

对数据源系统的侵入性是指业务系统是否要为实现增量抽取机制做功能修改和额外操作，在这一点上，时间戳方式值得特别关注。该方式除了要修改数据源系统表结构外，对于不支持时间戳字段自动更新地关系型数据库产品，还必须要修改业务系统的功能，让它在源表执行每次操作时都要显式地更新表的时间戳字段，这在 ETL 实施过程中必须得到数据源系统高度的配合才能达到，并且在多数情况下这种要求在数据源系统看来比较过分，这也是时间戳方式无法得到广泛运用的主要原因。另外，触发器方式需要在源表上建立触发器，这种在某些场合中也遭到拒绝。还有一些需要建立临时表的方式，例如全表比对和日志表方式，可能因为开放给 ETL 进程的数据库权限的限制而无法实施。同样的情况也可能发生在基于系统日志分析的方式上，因为大多数的数据库产品只允许特定组的用户甚至只有 DBA 才能执行日志分析。闪回查询在侵入性方面的影响是最小的。

各种数据增量抽取机制性能比较如表 4-1 所示。

表4-1　各种数据增量抽取机制性能比较

增量机制	兼容性	完备性	抽取性能	对源系统性能影响	对源系统侵入性	实现难度
触发器方式	关系数据库	高	优	大	一般	较容易
时间戳方式	关系型数据库．具有"字段"结构的其他数据格式	低	较优	很小	大	较容易
全表删除插入方式	任何数据格式	高	极差	无	无	容易
全表比对方式	关系型数据库、文本格式	高	差	小	一般	一般
日志表方式	关系型数据库	高	优	小	较大	较容易
系统日志分析方式	关系型数据库	高	优	很小	较大	难

通过表 4-1 可以看出，没有哪一种机制具有绝对的优势，不同机制在各种因素下的表现大体上都是相对平衡的。兼容性较差的机制，如闪回查询机制，由于充分利用了数据源系统 DBMS 的特性，相对来说具有较好的整体优势；最容易实现以及兼容性最佳的全表删除插入机制，则是以牺牲抽取性能为代价的；系统日志分析方式对源业务系统的功能无须作任何改变，

对源系统表也无须建立触发器，而抽取性能也不错，但有可能需要源系统开放 DBA 权限给 ETL 抽取进程，并且自行分析日志系统难度较高，不同数据库系统的日志格式不一致，这就在一定程度上限制了它的使用范围。所以，ETL 实施过程中究竟选择哪种增量抽取机制，需要根据实际的数据源系统环境进行决策，需要综合考虑源系统数据库的类型、抽取的数据量（决定对性能要求的苛刻程度）、对源业务系统和数据库的控制能力以及实现难度等各种因素，甚至结合各种不同的增量机制以针对环境不同的数据源系统进行 ETL 实施。

4.3　非结构化数据抽取

扫一扫

数据的结构

非结构化数据已经逐渐成为大数据的代名词。与交易型数据相比较，非结构化数据的增长速度要快很多。整理、组织并分析非结构化数据，能够为企业带来更多的竞争优势。

4.3.1　非结构化数据类型

1. 文本

在掌握了元数据结构之后，就能够进行解译机器生成的数据等。当然，流数据中有一些字段需要更加高级的分析和发掘功能。

2. 交互数据

交互数据是指社交网络中的数据，大量的业务价值隐藏其中。人们表达对人、产品的看法和观点，并以文本字段的方式存储。为了自动分析这部分数据，需要借助实体识别以及语义分析等技术。需要将文本数据以实体集合的形式展现，并结合其中的关系属性。

3. 音频

许多研究是针对解译音频流数据的内容，并能够判断说话者的情绪，然后再利用文本分析技术对这部分数据进行分析。

4. 视频

视频是最具挑战性的数据类型。图像识别技术可以对每一帧图像进行抽取，当然，要真正做到对视频内容进行分析还需要技术的进一步发展。而视频中又包括音频，可以用上述的技术进行解译。

4.3.2　非结构化数据模型

对于非结构化数据的描述，除了采用关键字，还可以基于领域知识对数据中的对象进行解释。借助解释使得被解释的对象可以用一些概念来表达，并且基于这些概念进行对象检索，将这种检索方式称为基于概念的检索，例如 OVID、CORE、SCORE 系统等。随着本体 (Ontology) 理论在知识管理中的应用，基于本体的数据描述与检索方法也成为研究的热点。本体是以文本形式对一个共享概念的形式化规范说明。利用本体的词汇、规则和关系可以描述非结构化数据中各种对象所包含的概念，以及各种概念之间的关系结构，从而形成对数据所包含语义的注释。对于非结构化数据的检索，可以基于这些概念以及注释进行。基于内容的检索是以图像、音频、视频等多媒体数据中所包含的内容信息为索引进行的。这种检索方式以多媒体处理中的模式识别技术为基础，主要方法是抽取多媒体数据的内容特征，如图像的颜色、纹理、形状，以及内容特征之间的空间和时间关系，并以特征向量的形式存储特征。在检索时，计算被查询数据的

扫一扫

碎片信息的价值

特征向量与目标数据特征向量之间的相似距离，按相似度匹配进行检索。基于内容的检索中，避免了对大量数据手工建立文本标注的问题。数据模型是非结构化数据管理系统的核心。现有的非结构化数据模型主要有关系模型、扩展关系模型、面向对象模型、E-R 模型以及分层式数据模型等。基于现有关系数据库的研究成果，人们提出用结构化的方法管理非结构化数据，并采用关系模型表达非结构化数据的描述性信息，但是，关系无法表达非结构化数据的复杂结构。扩展关系模型是在关系模型的二维表结构中增加新的字段类型，表达非结构化数据。在多媒体数据库和空间数据库中，多采用面向对象模型。这种模型将具有相同静态结构、动态行为和约束条件的对象抽象为一类，各个类在继承关系下构成网络，整个面向对象的数据模型构成一个有向无环图。面向对象模型能够根据客观世界的本来面貌描述各种对象，能够表达对象间各种复杂的关系。该模型存在的问题是缺乏坚实的理论基础，并且实现复杂。

1. 非结构化数据的描述

在内容上，非结构化数据没有统一的结构，数据以原生态行数据形式保存，因此计算机无法直接理解和处理。为了对不同类型的非结构化数据进行处理，可以对这些非结构化数据进行描述，利用描述性信息来实现对非结构化数据内容的管理和操作。经常采用关键字语义来描述非结构化数据，从图像的底层颜色、纹理和形状特征来描述图像或视频，也可以基于人类对一个复杂的过程或事物的理解的概念语义来描述。

2. 非结构化数据组成

一个非结构化数据可以由基本属性、语义特征、底层特征以及原始数据 4 个部分构成，而且 4 个部分的数据之间存在各种联系。

① 基本属性：所有非结构化数据都具有的一般属性，这些属性不涉及数据的语义，包括名称、类型、创建者和创建时间等。

② 语义特征：以文字表达的非结构化数据特有的语义属性，包括作者创作意图、数据主题说明、底层特征含义等语义要素。

③ 底层特征：通过各种专用处理技术（如图像、语音、视频等处理技术）获得的非结构化数据特性，例如对图像数据而言，有颜色、纹理、形状等。

④ 原始数据：非结构化数据的原生态文件。

3. 非结构化数据模型举例

（1）四面体模型

基于上述的四部分所提出的四面体模型对非结构化数据进行全面刻画。

（2）基于主体行为的非结构化数据模型

为了满足用户的复杂检索需求，在对用户的行为特性进行分析的基础之上，提出了基于主体行为的非结构化数据模型，该数据模型是基于对文件系统中属性使用情况的统计结果，通过优化文件属性、增加用户行为特性属性等方法，形成非结构化数据属性集，进而可以使用数据对象和属性类表示非结构化数据。

主要包括下述内容。

① 数据对象。数据对象与文件系统中的文件向对应，数据对象包括数据的属性与属性值，因此可以用 < 属性，属性值 > 对来组织文件。

② 属性。可以利用属性来描述文件特征，也可以通过属性对文件进行分类，通常将属性

分为系统属性和扩展属性两类。

系统属性是指文件系统提供的描述文件信息的属性，例如文件的创建时间、最后修改时间、文件名、路径、权限等。系统属性又称元数据，文件系统通过这些元数据来对文件进行组织，用户可以根据某个或多个元数据的信息对文件系统中的文件进行检索。

系统属性中的属性是为了操作系统更方便管理的通用属性，扩展属性可以更详细地描述各文件的特征信息，但不把元数据固定个数和格式存放在底层的数据结构中。

③ <属性,属性值>。<属性,属性值>可以作为一个扩展属性元组来描述文件，比仅使用属性作为关键字描述信息更加灵活和方便，更能准确和清晰放映信息的特征。

④ 关系。关系实现了属性之间的联系。

4.3.3　非结构化数据组织

由于数据获取速度高于处理速度，因此获取的数据必须存储以待未来使用，高效率的数据组织方法能够实现在需要时迅速从后台的大数据中获取需要的数据。另外，对数据的理解是一个不断深入的过程，需要保存数据本身核对数据的不断认知，如何保存这些新增的数据成为当前需要解决的问题。

扫一扫

现有的分析
方式

1. 数据组织

Excel 文件、数据库表格等，都是非常规范的二维表，这就是结构化数据。对结构化数据的处理，因为相对简单，不再赘述。结构化数据之外的其他数据，都可以称为非结构化数据。主要包括各类文档数据，比如 txt、doc、pdf、rtf、htm、jpg、mpg、rar、db……。

对于非结构化数据，可以通过实施模型构建，进行自然语义的深度挖掘，从中找出地名、人名、手机号码、邮箱号码、交流内容、身份信息等。

非结构化数据组织的一般的做法是：建立一个包含三个字段的表（编号 number、内容描述 varchar(1024)、内容 blob）。引用通过编号，检索通过内容描述。现在还有很多非结构化数据的处理工具，一种常用的工具就是内容管理器。可以采用文件目录树、索引与检索、语义文件系统等方法。

（1）文件目录树

文件是存储数据的基本单位，数据通常以文件的方式进行存储与管理，对数据的组织与管理也可以看成对文件的组织与管理。目录树是最常用的文件管理结构。目录树通过文件的路径名对文件进行分类管理，其优势是用户通过其对文件内容的理解，来建立路径名，将文件精确地存放到某个路径中，文件的路径名包括了逻辑语义和物理地址的作用，即用户通过文件路径名来进行逻辑管理。通过传统的文件目录树方式来管理大数据时，由于大数据不仅数据规模大，而且非结构化，由此成为两难问题，即用户需要更详细的分类，又无法记住文件详细分类的绝对路径名。因此，文件目录树适用于非结构化的数据组织。

（2）索引与检索

多数用户无法记住所有数据信息的绝对路径，但是用户可以提供描述所需数据信息的某些特征，用户希望利用这些少量的特征信息来缩小数据文件集，进而更迅速地定位所需要的数据。应用索引与检索使用户仅需一些简单的操作，就可以迅速找到部分所需的非结构化数据。但是，对于规模大、非结构化的大数据，准确性和易用性都满足不了用户的需要。

（3）语义文件系统

语义文件系统通常使用＜分类，值＞给文件赋予可检索的映射，分类是文件的属性，可以通过用户输入或者其他方法来获取，例如对全文进行分析，对文件路径的数据提取等。当属性确定之后，用户就可以建立该属性的虚拟文件夹，所有包含该属性的文件都可以链接到这个虚拟文件夹下，如果属性之间具有继承关系，那么虚拟父文件夹可以通过虚拟子文件夹的形式来体现。

2. 大数据组织

（1）大数据组织管理系统的功能

结合语义文件系统和索引机制的特点，对大数据组织管理应该具有：

① 逻辑分类与物理分类。

② 利用＜属性，属性值＞来描述数据的特征。

③ 不限制＜属性，属性值＞集，随着用户不断深入认识数据信息，对数据信息的描述也不断丰富。

④ 根据不同的＜属性，属性值＞，组织数据，产生新的知识。

⑤ 根据用户的行为习惯，方便高效地呈现用户所需要的数据。

⑥ 更加高效的索引及检索机制。

大数据组织与管理的设计需要更合理地、智能地产生＜属性，属性值＞，并能够体现出用户对信息认识的渐进性。

（2）大数据组织的结构

根据大规模非结构化数据组织的需求，系统可以分为下述 5 个模块：

① 属性获取模块。属性获取模块主要完成＜属性，属性值＞对的生成、修改、删除以及一致性的相关操作。

② 属性组织模块。属性组织模块完成对存于系统中的属性组织关联，形成属性关系网。

③ THLI 模块。THLI 模块完成生成索引及提供检索的功能。

④ 逻辑视图模块。逻辑视图模块负责对结果数据集进行分类和产生热点导航。

⑤ XML 模块。XML 模块负责对 XML 数据库相关操作。

利用上述 5 个模块，对大规模非结构化数据组织的过程如下所述。

数据文件进入文件系统时，可以对文件进行属性处理，通过系统对文件的属性以及系统原有的属性集进行再组织之后，完成属性索引。用户进行检索时，输入属性和属性值，首先通过THLI 检索是否存在相关属性，然后在返回的结果集中检索符合属性值的数据集，最终呈现给用户。利用 XML 模块完成对数据模型（属性，属性值，关系）的存储。

4.3.4 纯文本抽取通用程序库

抽取数据处理的数据源除关系数据库外，还可能是文件，例如 TXT 文件、Excel 文件、XML 文件等。

DMCTextFilter 是 HYFsoft 开发的纯文本抽出通用程序库，利用它可以从各种各样的文档格式的数据中或从插入的 OLE 对象中完全除掉特殊控制信息，快速抽出纯文本数据信息，便于用户对多种文档数据资源信息进行统一管理、编辑、检索和浏览。

DMCTextFilter 采用先进的多语言、多平台、多线程的设计理念，提供了多种形式的 API 功能接口（文件格式识别函数、文本抽出函数、文件属性抽出函数、页抽出函数、设定 User Password 的 PDF 文件的文本抽出函数等），便于用户使用。用户可以十分便利地将本程序组装到自己的应用程序中，进行二次开发。通过调用本产品提供的 API 功能接口，可以实现从多种文档格式的数据中快速抽出纯文本数据。

1. 文件格式自动识别功能

该功能通过解析文件内部的信息，自动识别生成文件的应用程序名和其版本号，不依赖于文件的扩展名，能够正确识别文件格式和相应的版本信息。支持 Microsoft Office、RTF、PDF、Visio、Outlook EML 和 MSG、Lotus1-2-3、HTML、AutoCAD DXF 和 DWG、IGES、PageMaker、ClarisWorks、AppleWorks、XML、WordPerfect、Mac Write、Works、Corel Presentations、QuarkXpress、DocuWorks、WPS、压缩文件的 LZH/ZIP/RAR 以及 OASYS 等文件格式。

2. 文本抽出功能

即使系统中没有安装文件的应用程序，该功能也可以从指定的文件或插入文件中的 OLE 中抽出文本数据。

3. 文件属性抽出功能

该功能从指定的文件中，抽出文件属性信息。

4. 页抽出功能

该功能从文件中抽出指定页中文本数据。

5. 对加密的 PDF 文件文本抽出功能

该功能从设有打开文档口令密码的 PDF 文件中抽出文本数据。

6. 流抽出功能

该功能从指定的文件或是嵌入文件中的 OLE 对象中向流里抽取文本数据。

7. 支持的语言种类

本产品支持以下语言：英语、中文简体、中文繁体、日本语、韩国语。

8. 支持的字符集合的种类

抽出文本时，可以指定以下的字符集合作为文本文件的字符集（也可指定任意特殊字符集，但需要另行定制开发）：GBK、GB18030、Big5、ISO-8859-1、KS X 1001、Shift_JIS、WINDOWS31J、EUC-JP、ISO-10646-UCS-2、ISO-10646-UCS-4、UTF-16、UTF-8 等。

扫一扫 •············

Web 数据
抽取
•············

4.4 基于 Hadoop 平台的数据抽取

将存储在关系型数据库中的数据抽取出来之后，存于 HDFS 中。首先将关系型数据库中的数据首先抽取出来并以中间格式（如 Text File）导入 Hadoop 大数据平台，然后，再将其导入 HDFS 中，如图 4-4 所示。

① 确定有一份大数据量输入。

② 通过分片之后，变成若干分片（split），每个分片交给一个 Map 处理。

③ Map 处理完后，tasktracker 把数据进行复制和排序，然后通过输出的 key 和 value 进行 partition 的划分，并把 partition 相同的 Map 输出，合并为相同的 Reduce 的输入。

④ Ruduce 通过处理输出数据，每个相同的 key 一定在一个 Reduce 中处理完，每一个 Reduce 至少对应一份输出。

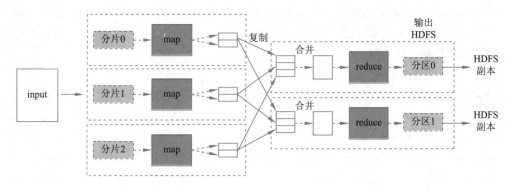

图4-4　MapReduce分布计算的过程

结合图 4-5，以获得每一年的最高气温为例，说明 MapReduce 分布计算的过程。

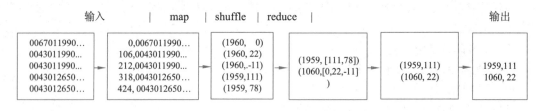

图4-5　计算每一年的最高气温

① 输入的数据可能就是一堆文本

② map 解析每行数据，然后提取有效的数据作为输出。这个例子是从日志文件中抽取每一年每天的气温，最后计算每年的最高气温。

③ map 的输出就是一条一条的 key-value。

④ 通过 shuffle 之后，变成 reduce 的输入，这是相同的 key 对应的 value 被组合成了一个迭代器。

⑤ reduce 的任务是提取每一年的最高气温，然后输出。

小　结

为了实现数据仓库数据的高效更新，增量抽取是数据抽取过程中经常使用的方法。本章通过对几种常见的增量抽取机制进行了对比，总结了各种机制的特性并分析了它们的优劣。在 ETL 的设计和实施工作过程中，需要依据项目的实际环境进行综合考虑，才能确定一个最优的增量抽取方法。在本章最后，对非结构化数据抽取和 Web 数据抽取页做了介绍。

第 ⑤ 章　大数据清洗技术

数据清洗是数据预处理的重要部分，主要工作是检查数据的完整性及数据的一致性，对其中的噪声数据进行平滑，对丢失的数据进行填补，对重复数据进行消除等。

5.1　数据质量与数据清洗

要把繁杂的大数据变成一个完备的高质量数据集，清洗处理过程尤为重要。只有通过清洗之后，才能通过分析与挖掘得到可信的、可用于支撑决策的信息。高质量的数据有利于通过数据分析而得到准确的结果。

以往对数据的统计分析给予了足够多的关注，但有了高质量的数据之后，统计分析反而简单。统计分析关注数据的共性，利用数据的规律性进行处理，而数据清洗关注数据的个性，针对数据的差异性进行处理。有规律的数据便于统一处理，存在差异的数据难以统一处理，所以，

扫一扫

数据清洗
举例

从某种意义上说，数据清洗比统计分析更费时间、更困难。需对现有的数据进行有效的清洗、合理的分析，使之能够满足决策与预测服务的需求。

5.1.1 数据质量

数据是信息的载体，高质量的数据是通过数据分析获得有意义结果的基本条件。数据丰富，信息贫乏的一个原因就是缺乏有效的数据分析技术，而另一个重要原因则是数据质量不高，如数据不完整、数据不一致、数据重复等，导致数据不能有效地被利用。数据质量管理如同产品质量管理一样贯穿于数据生命周期的各个阶段，但目前缺乏系统性的考虑。提高数据质量的研究由来已久，涉及统计学、人工智能和数据库等多个领域。

1. 数据质量定义与表述

数据是进行数据分析的最基本资源，高质量的数据是保证完成数据分析的基础。尤其是大数据具有数据量巨大、数据类型繁多和非结构化等特征，为了快速而准确地获得分析结果，提供高质量的大数据尤其重要。数据质量与绩效之间存在着直接关联，高质量的数据可以满足需求，有益于获得更大价值。

数据质量评估是数据管理面临的首要问题。目前对数据质量有不同的定义，其中一种定义是数据质量是数据适合使用的程度，另一种定义是数据质量是数据满足特定用户期望的程度。

利用准确性、完整性、一致性和及时性来描述数据质量，通常将其称为数据质量的四要素。

（1）数据的准确性

数据的准确性是数据真实性的描述，即是所存储数据的准确程度的描述。数据不准确的表现形式是多样的，例如字符型数据的乱码现象、异常大或者异常小的数值、不符合有效性要求的数值等。由于发现没有明显异常错误的数据十分困难，所以对数据准确性的监测是一项困难的工作。

（2）数据的完整性

数据的完整性是数据质量最基础的保障，在源数据中，可能由于疏忽、懒惰或为了保密使系统设计人员无法得到某些数据项的数据。假如这个数据项正是知识发现系统所关心的数据，那么对这类不完整的数据就需要填补缺失的数据。缺失数据可分为两类：一类是这个值实际存在但是没有被观测到，另一类是这个值实际上根本就不存在。

（3）数据的一致性

数据的一致性主要包括数据记录规范的一致性和数据逻辑的一致性。

① 数据记录规范的一致性。数据记录规范的一致性主要是指数据编码和格式的一致性，例如网站的用户 ID 是 15 位的数字、商品 ID 是 10 位数字，商品包括 20 个类目、IPv4 的地址是用"."分隔的 4 个 0 ～ 255 的数字组成等，都遵循确定的规范，所定义的数据也遵循确定的规范约束。例如，完整性的非空约束、唯一值约束等。这些规范与约束使得数据记录有统一的格式，进而保证了数据记录的一致性。

② 数据逻辑的一致性。数据逻辑的一致性主要是指标统计和计算的一致性，例如 PV ≥ UV，新用户比例在 0 ～ 1 之间等。具有逻辑上不一致性的答案可能以多种形式出现，例如，许多调查对象说自己开车去学校，但又说没有汽车；或者调查对象说自己是某品牌的重度购买者和使用者，但同时又在熟悉程度量表上给了很低的分值。

在数据质量中，保证数据逻辑的一致性比较重要、但也是比较复杂的工作。

（4）数据的及时性

数据从产生到可以检测的时间间隔称为数据的延时时间。虽然分析数据的实时性要求并不是太高,但是,如果数据的延时时间需要两三天,或者每周的数据分析结果需要两周后才能出来,那么分析的结论可能已经失去时效性。如果某些实时分析和决策需要用到延时时间为小时或者分钟级的数据,这时对数据的时效性要求就更高。所以及时性也是衡量数据质量的重要因素之一。

2. 数据质量的提高策略

可以从不同的角度来提高数据质量,下面介绍从问题的发生时间或者提高质量所相关的知识这两个角度来提高数据质量的策略。

(1) 基于数据的整个生命周期的数据质量提高策略

① 从预防的角度考虑,在数据生命周期的任何一个阶段,都应有严格的数据规划和约束来防止脏数据的产生。

② 从事后诊断的角度考虑,由于数据的演化或集成,脏数据逐渐涌现,需要应用特定的算法检测出现的脏数据。

(2) 基于相关知识的数据质量提高策略

① 提高策略与特定业务规则无关,例如数据拼写错误、某些缺失值处理等,这类问题的解决与特定的业务规则无关,可以从数据本身中寻找特征来解决。

② 提高策略与特定业务规则相关,相关的领域知识是消除数据逻辑错误的必需条件。

由于数据质量问题涉及多方面,成功的数据质量提高方案必然综合应用上述各种策略。目前,数据质量的研究主要围绕数据质量的评估和监控,以及从技术的角度保证和提高数据质量。

3. 数据质量评估

数据质量评估和监控是解决数据质量问题的基本问题。尽管对数据质量的定义不同,但一般认为数据质量是一个层次分类的概念,每个质量类都分解成具体的数据质量维度。数据质量评估的核心是具体地评估各个维度,数据质量评估的 12 个维度如下。

(1) 数据规范

数据规范是对数据标准、数据模型、业务规则、元数据和参考数据进行有关存在性、完整性、质量及归档的测量标准。

(2) 数据完整性

数据完整性是对数据进行存在性、有效性、结构、内容及其他基本数据特征的测量标准。

(3) 重复性

重复性是对存在于系统内或系统间的特定字段、记录或数据集重复的测量标准。

(4) 准确性

准确性是对数据内容正确性进行测量的标准。

(5) 一致性和同步性

一致性和同步性是对各种不同的数据仓库、应用和系统中所存储或使用的信息等价程度的测量,以及使数据等价处理流程的测量标准。

(6) 及时性和可用性

及时性和可用性是在预期时段内数据对特定应用的及时程度和可用程度的测量标准。

(7) 易用性和可维护性

易用性和可维护性是对数据可被访问和使用的程度、以及数据能被更新、维护和管理程度的测量标准。

(8) 数据覆盖性

数据覆盖性是对数据总体或全体相关对象数据的可用性和全面性的测量标准。

（9）质量表达性

质量表达性是进行有效信息表达以及如何从用户中收集信息的测量标准。

（10）可理解性、相关性和可信度

可理解性、相关性和可信度是数据质量的可理解性和数据质量中执行度的测量标准，以及对业务所需数据的重要性、实用性及相关性的测量标准。

（11）数据衰变性

数据衰变性是对数据负面变化率的测量标准。

（12）效用性

效用性是数据产生期望业务交易或结果程度的测量标准。

在评估一个具体项目的数据质量时，首先需要先选取几个合适的数据质量维度，再针对每个所选维度，制定评估方案，选择合适的评估手段进行测量，最后合并和分析所有质量评估结果。

5.1.2 数据质量提高技术

数据质量提高技术可以分为实例层和模式层两个层次。在数据库领域，关于模式层的应用较多，而在数据质量提高技术的角度主要关注根据已有的数据实例重新设计和改进模式的方法，即主要关注数据实例层的问题。数据清洗是数据质量提高技术的主要技术，数据清洗的目的是为了消除脏数据，进而提高数据的可利用性，主要消除异常数据、清除重复数据、保证数据的完整性等。数据清洗的过程是指通过分析脏数据产生的原因和存在形式，构建数据清洗的模型和算法来完成对脏数据的清除，进而实现将不符合要求的数据转化成满足数据应用要求的数据，为数据分析与建模建立基础。

基于数据源数量的考虑，将数据质量问题可分为单数据源的数据质量问题和多数据源的数据质量问题，并进一步分为模式和实例两个方面，如图 5-1 所示。

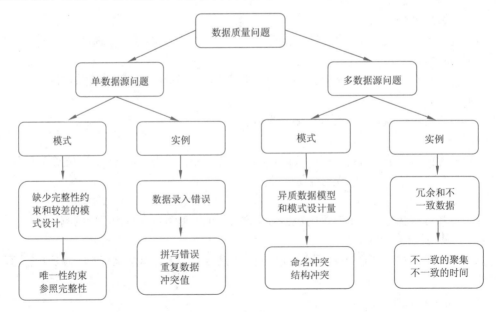

图5-1 数据质量分类

1. 单数据源的数据质量

单数据源的数据质量问题可以分为模式层和实例层两类问题。

（1）模式层

一个数据源的数据质量取决于控制这些数据的模式设计和完整性约束。例如，文件就是由于对数据的输入和保存没有约束，进而可能造成错误和不一致。因此，出现模式相关的数据质量问题是因为缺乏合适的特定数据模型和特定的的完整性约束。

单数据源的模式层质量问题如表 5-1 所示。

表5-1　单数据源的模式层质量问题

范围	问题	脏数据	原因
字段	不合法值	Birthday=155.3.2.36	超出值域范围
记录	违反属性依赖	Age=44. Birthday=155.2.6.36	生日表示出现问题
记录类型	违反唯一性	Provider1:name="A1"，No="G001" Provider2:name="A2"，No="G001"	供应商号不唯一
数据源	违反参照完整性	Provider:name="A1"，City="101"	编号为101的城市不存在

（2）实例层

与特定实例问题相关的错误和不一致错误（例如拼写错误）不能在模式层得到预防。不唯一的模式层约束不能够防止重复的实例，例如同一现实实体的记录可能够以不同的字段值输入两次。

（3）四种不同的问题

无论模式层的问题，还是实例层问题，都可以分成字段、记录、记录类型和数据源四种不同的问题：

① 字段：错误仅局限于单个字段值中。

② 记录：错误表现在同一个记录中不同字段值之间出现的不一致。

③ 记录类型：错误表现在同一个数据源中不同记录之间出现的不一致。

④ 数据源：错误表现在同一个数据源中的某些字段和其他数据源中相关值出现的不一致。

2. 多数据源的质量问题

在多个数据源情况下，上述问题表现更为严重，这是因为每个数据源都是为了特定的应用而单独开发、部署和维护，进而导致数据管理、数据模型、模式设计和产生的实际数据的不同。每个数据源都可能包含脏数据，而且多个数据源中的数据可能出现不同的表示、重复和冲突等。

（1）模式层

在模式层，模式设计的主要问题是命名冲突和结构冲突。

① 命名冲突。命名冲突主要表现为不同的对象使用同一个命名和同一对象可能使用多个命名。

② 结构冲突。结构冲突存在许多不同的情况，一般是指不同数据源中同一对象有不同的表示，如不同的组成结构、不同的数据类型、不同的完整性约束等。

（2）实例层

除了模式层冲突，也出现了许多实例层冲突，即数据冲突。

① 由于不同的数据源中的数据表示可能不同，单数据源中的问题在多数据源中都可能出

扫一扫
单数据源的
实例级质量
问题

现，例如重复记录、冲突的记录等。

② 在整个的数据源中，尽管有时不同的数据源中有相同的字段名和类型，但仍可能存在不同的数值表示，例如对性别的描述，数据源 A 中可能用 0/1 来描述，数据源 B 中可能用 F/M 来描述；或者对一些数值的不同表示，例如数据源 A 采用美元作为度量单位，而数据源 B 采用欧元作为度量单位。

③ 不同数据源中的信息可能表示在不同的聚集级别上，例如一个数据源中信息可能指的是每种产品的销售量，而另一个数据源中信息可能指的是每组产品的销售量。

3. 实例层数据清洗

数据清洗主要研究如何检测并消除脏数据，以提高数据质量。数据清洗的研究主要是从数据实例层的角度考虑来提高数据质量。

数据清洗是利用有关技术，如数理统计、数据挖掘或预定义的清理规则将脏数据转化为满足数据质量要求的数据，如图5-2 所示。

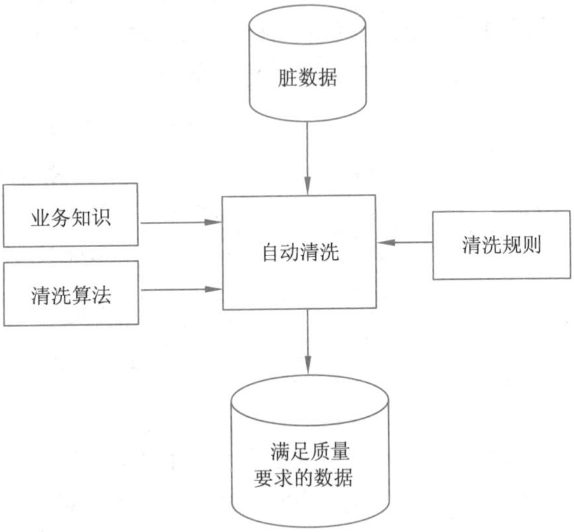

图5-2　数据清洗

5.1.3　数据清洗算法的标准

数据清洗是一项与领域密切相关的工作，由于各领域的数据质量不一致、充满复杂性，所以还没有形成通用的国际标准，只能根据不同的领域制定不同的清洗算法。数据清洗算法的衡量标准主要包含下述几方面。

（1）返回率

返回率是指重复数据被正确识别的百分率。

（2）错误返回率

错误返回率是指错误数据占总数据记录的百分比。

（3）精确度

精确度是指算法识别出的重复记录中的正确的重复记录所占的百分比，计算方法如下：

$$精确度 =100\% - 错误返回率$$

5.1.4　数据清洗的过程与模型

1. 数据清洗的基本过程

数据清洗的基本过程如图 5-3 所示。主要步骤如下：

S1：数据分析。在数据清洗之前，对数据进行分析，对数据的质量问题有更为详细的了解，从而更好地选取方法来设计清洗方案。

S2：定义清洗规则。通过数据分析，掌握了数据质量的信息后，针对各类问题制定清洗规则，如对缺失数据进行填补策略选择。

S3：规则验证。检验清洗规则的效率和准确性。在数据源中随机选取一定数量的样本进行验证。

S4：清洗验证。当不满足清洗要求时要对清洗规则进行调整和改进。真正的数据清洗过程中需要多次迭代地进行分析、设计和验证，直到获得满意的清洗规则。它们的质量决定了数据清洗的效率和质量。

S5：清洗数据中存在的错误。执行清洗方案，对数据源中的各类问题进行清洗操作。

S6：干净数据的回流。执行清洗方案后，将清洗后符合要求的数据回流到数据源中。

2.　数据清洗的主要模型

数据清洗的主要模型有：基于聚类模式的数据清洗模型、基于粗糙集理论数据清洗模型、基于模糊匹配数据清洗模型、基于遗传神经网络数据清洗模型和基于专家系统的数据清洗模型等。虽然利用这些模型可以完成不同程度的数据清洗，但是都存在一些不足。例如，聚类模式的数据清洗模型直接检测异常数据作用不显著，而且耗时，不适于在记录条数多时检测异常数据。

① 在运用聚类算法的基础之上，使用给予模式的方法，即每个字段使用欧式距离，类别 k-Mean 算法，仅检测到较少数的记录（30%）满足超过 90% 字段的模式。

② 经典的关联规则难以发现异常，但数量型关联规则、序数规则能够较好地检测异常与错误。

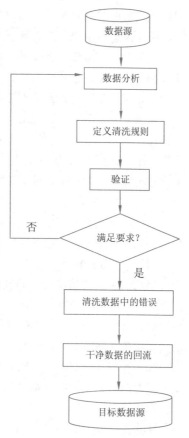

图5-3　数据清洗的基本过程

5.2　不完整数据清洗

不完整数据清洗是指对缺失值的填补。准确填补缺失值与填补算法密切相关，在这里，介绍常用的不完整数据的清洗方法。

5.2.1　基本方法

1.　删除对象方法

如果在信息表中含有缺失信息属性值的对象（元组，记录），那么将缺失信息属性值的对象（元组，记录）删除，从而得到一个不含有缺失值的完备信息表。这种方法虽然简单易行，但只在被删除的含有缺失值的对象与信息表中的总数据量相比非常小的情况下有效。这种方法是以减少历史数据来换取信息的完备，导致了资源的大量浪费，丢弃了大量隐藏在这些对象中的信息。在信息表中的对象很少的情况下，删除少量对象将严重影响到信息表信息的客观性和结果的正确性。当每个属性空值的百分比变化很大时，它的性能非常差。因此，当缺失数据所占比例较大，特别当缺失数据非随机分布时，这种方法可能导致数据发生偏离，从而引出错误的数据分析与挖掘结论。

2.　数据补齐方法

数据补齐方法是用某值去填充空缺值，从而获得完整数据的方法。通常基于统计学原理，根据决策表中其余对象取值的分布情况来对一个缺失值进行填充，例如用其余属性的平均值或中位值等来进行填充。缺失值填充方法主要分有单一填补法和多重填补法，其中单一填补法是指对缺失值，构造单一替代值来填补，常用的方法有取平均值或中间数填补法、回归填补法、最大期望填补法、近补齐填补等方法，采用了与有缺失的观测最相似的那条观测的相应变量值作为填充值。单值填充方法不能反映原有数据集的不确定性，会造成较大的偏差。多重填补法是指用多个值来填充，然后用针对完整数据集的方法进行分析得出综合的结果，比较常用的有趋势得分法等。这类方法的优点在于通过模拟缺失数据的分布，可以较好地保持变量间的关系；其缺点在于计算复杂。填补缺失值主要是为了防止数据分析时由于空缺值导致的分析结果偏差。但这种填补方法对于填补单个数据只具有统计意义，不具有个体意义。

（1）特殊值填充

特殊值填充是将空值作为一种特殊的属性值来处理，它不同于其他任何属性值。例如所有的空值都用未知填充。这可能导致严重的数据偏离，一般不使用。

（2）平均值填充

平均值填充将信息表中的属性分为数值属性和非数值属性来分别进行处理。如果空值是数值型的，就根据该属性在其他所有对象的取值的平均值或中位数来填充该缺失的属性值；如果空值是非数值型的，就根据统计学中的众数原理（众数是一组数据中出现次数最多的数值），用该属性在其他所有对象的取值次数最多的值（即出现频率最高的值）来补齐该缺失的属性值。另外有一种与其相似的方法叫条件平均值填充法。在该方法中，缺失属性值的补齐同样是靠该属性在其他对象中的取值求平均得到，但不同的是用于求平均的值并不是从信息表所有对象中取，而是从与该对象具有相同决策属性值的对象中取得。这两种数据的补齐方法基本出发点都是一样的，以最大概率可能的取值来补充缺失的属性值，只是在具体方法上有一点不同。与其他方法相比，平均值填充是用现存数据的多数信息来推测缺失值。

（3）就近补齐

就近补齐对于一个包含空值的对象，在完整数据中找到一个与它最相似的对象，然后用这个相似对象的值来进行填充。不同的问题可能选用不同的标准来对相似进行判定。该方法简单，利用了数据间的关系来进行空值估计；其缺点是难以定义相似标准，主观因素较多。

（4）K 最近距离邻法填充

K 最近距离邻法填充首先是根据欧式距离或相关分析来确定距离具有缺失数据样本最近的 K 个样本，将这 K 个值加权平均来估计该样本的缺失数据。这种方法与均值插补的方法一样，都属于单值插补，不同的是它用层次聚类模型预测缺失变量的类型，再以该类型的均值插补。假设 $X=(x_1, x_2, \cdots, x_p)$ 为信息完全的变量，Y 为存在缺失值的变量，那么首先对 X 或其子集行聚类，然后按缺失个案所属类来插补不同类的均值。

（5）回归法

基于完整的数据集来建立回归模型。对于包含空值的对象，将已知属性值代入方程来估计未知属性值，以此估计值来进行填充。当变量不是线性相关或预测变量高度相关时会导致有偏差的估计。

回归法使用所有被选入的连续变量为自变量，存在缺失值的变量为因变量建立回归方程，使用此方程对因变量相应的缺失值进行填充，具体的填充数值为回归预测值加上任意一个回归残差，以使它更接近实际情况。当数据缺失比较少，缺失机制比较明确时可以选用这种方法。

5.2.2 基于 k–NN 近邻缺失数据的填充算法

k–NN 近邻缺失数据的填充算法是一种简单快速的算法，它利用本身具有完整记录的属性值实现对缺失属性值的估计。

① 设 k–NN 分类的训练样本用 n 维属性描述，每个样本代表 n 维空间的一个点，所有的训练样本都存放在 n 维模式空间中。

② 给定一个未知样本，k–NN 分类法搜索模式空间，找出最接近未知样本的 k 个训练样本。这表明 k 个训练样本是未知样本的 k 个近邻。临近性用欧氏距离定义，

二维平面上两点 $a(x_1,y_1)$ 与 $b(x_2,y_2)$ 间的欧氏距离

$$d_{12} = \sqrt{(x_1 - x_2)^2 + (y_1 - y_2)^2}$$

三维空间两点 $a(x_1,y_1,z_1)$ 与 $b(x_2,y_2,z_2)$ 间的欧氏距离

$$d_{12} = \sqrt{(x_1 - x_2)^2 + (y_1 - y_2)^2 + (z_1 - z_2)^2}$$

两个 n 维向量 $\boldsymbol{a}(x_{11},x_{12},\cdots,x_{1n})$ 与 $\boldsymbol{b}(x_{21},x_{22},\cdots,x_{2n})$ 间的欧氏距离

$$d_{12} = \sqrt{\sum_{k=1}^{n}(x_{1k} - x_{2k})^2}$$

也可以使用向量运算的形式：

$$d_{12} = \sqrt{(\boldsymbol{a} - \boldsymbol{b})(\boldsymbol{a} - \boldsymbol{b})^{\mathrm{T}}}$$

③ 设 z 是需要测试的未知样本，所有的训练样本 $(x,y) \in D$，未知样本的最临近样本集设为 D_z。

基于 k–NN 近邻缺失数据的填充算法如下。

S1：k 是最临近样本的个数，D 是训练样本集。通过对数据做无量纲处理（标准化处理），来消除量纲对缺失值清洗的影响。这是对原始数据的线性变换，使结果映射到 [0,1] 区间。

对序列 x_1，x_2，$\cdots$，x_n 进行变换：

$$y_i = \frac{x_i - \min_{1\leqslant i\leqslant n}\{x_j\}}{\max_{1\leqslant j\leqslant n}\{x_j\} - \min_{1\leqslant i\leqslant n}\{x_j\}}$$

则新序列 y_1，y_2，$\cdots$，$y_n \in [0,1]$ 且无量纲。

S2：计算未知样本与各个训练样本 (x,y) 之间的距离 d，得到距离样本 z 最临近的 k 个训练样本集 D_z。

S3：确定了测试样本的 k 个近邻后，根据这 k 个近邻相应的字段值的均值来替换该测试样本的缺失值。

例如，采集数据缺失值填充过程如下。

在数据采集过程中，由于数据产生环境复杂，缺失值的存在不可避免。例如，表 5-2 是一组采集数据，可以发现序号 2 及序号 4 在字段 1 上存在缺失值，即出现了"–"，在数据集较大的情况下，往往对含缺失值的数据记录做丢弃处理，也可以使用上述的基于 k–NN 近邻缺失

数据的填充算法来填充这一缺失值。

S1：首先对这个数据集各个字段值做非量纲化，消除字段间单位不统一的影响，得到标准化的数据矩阵，如表 5-3 所示。

缺失值

表5-2　带有缺失值的采集数据集

序号	字段1	字段2	字段3
1	86	7300487	73
2	□	4013868	67
3	189	173228617	75
4	□	15300886	64
5	66	16186008	69
6	151	17015021	69
7	203	19464726	63
8	128	2089545	64
9	400	4555990	69
10	303	49001008	69
...	...	...	...
9547	87	9286467	63
9545	388	17339129	130

表5-3　非量纲化的采集数据集

序号	字段1	字段2	字段3
1	4.12E-05	0.139455	2.58E-06
2	-	0.076673	2.36E-06
3	9.1E-05	0.331013	2.65E-06
4	-	0.292279	2.43E-06
5	3.15E-05	0.309187	2.22E-06
6	7.26E-05	0.325023	2.43E-06
7	9.78E-05	0.371817	2.22E-06
8	6.15E-05	0.973619	2.25E-06
9	0.000193	0.371817	2.43E-06
10	0.000146	0.936023	0.000146
...	...	...	...
9547	4.16E-05	0.177391	2.22E-06
9545	0.000187	0.331214	4.62E-06

S2：取 K 值为 5，计算序号 2 与其他不包含缺失值的数据点的距离矩阵，选出欧氏距离最近的 5 个数据点，即 D_5，如表 5-4 所示。

S3：对含缺失值"-"的序号 2 数据做 K 近邻填充，用这 5 个近邻的数据点对应的字段均值来填充序号 2 中的"-"值。得到序号 2 的完整数据如下：

2	58	4013868	67

表5-4　选出欧氏距离最近的5个数据点

序号	欧式距离（升序）
7121	3.54E-12
3616	3.54E-12
5288	3.56E-12
812	3.58E-12
356	3.58E-12
...	...

5.3　异常数据清洗

当个别数据值偏离预期值或大量统计数据值结果的情况时，如果将这些数据值和正常数据值放在一起进行统计，可能会影响实验结果的正确性；如果将这些数据简单地删除，又可能忽略了重要的实验信息。数据中的异常值的存在十分危险，对后面的数据分析危害巨大，应该重视异常数据的检测，并分析其产生的原因之后，做适当的处理。

5.3.1　异常值产生的原因

1. 异常值产生的原因

① 数据来源于不同的类：某个数据对象可能不同于其他数据对象（即出现异常值），又称离群点，它属于一个不同的类型或类。离群点定义为一个观测值，它与其他观测值的差别如此之大，以至于怀疑它是由不同的机制产生的。

② 自然变异：许多数据集可以用一个统计分布建模，如正态（高斯）分布建模，其中数据对象的概率随对象到分布中心距离的增加而急剧减少。换言之，大部分数据对象靠近中心（平均对象），数据对象显著地不同于这个平均对象的似然性很小。

③ 数据测量和收集误差：数据收集和测量过程中的误差是另一个异常源。剔除这类异常是数据预处理的关注点。

2. 异常检测方法分类

① 基于模型的技术：许多异常检测技术首先建立一个数据模型。异常是那些同模型不能完美拟合的对象。

② 基于邻近度的技术：通常可以在对象之间定义邻近性度量，并且许多异常检测方法都基于邻近度。异常对象是那些远离大部分其他对象的对象，这一邻域的许多技术都基于距离，称作基于距离的离群点检测技术。

③ 基于密度的技术：对象的密度估计可以相对直接地计算，特别是当对象之间存在邻近度度量时。在密度区域中的对象相对远离近邻，可能被看作异常。

5.3.2　统计方法

统计学方法是基于模型的方法，即为数据创建一个模型，并且根据对象拟合模型的情况来评价所建立的模型。离群点检测的统计学方法是基于构建一个概率分布模型，并考虑对象有多大可能符合该模型。统计判别法是给定一个置信概率，并确定一个置信限，凡超过此限的误差，就认为它不属于随机误差范围，将其视为异常值剔除。

拉依达准则又称为 3σ 准则，首先假设一组检测数据只含有随机误差，对其进行计算处理得到标准偏差，按一定概率确定一个区间，凡超过这个区间的误差，就不属于随机误差而是粗大误差，含有粗大误差的数据应予以删除。

正态曲线是一条中央高，两侧逐渐下降、低平，两端无限延伸，与横轴相靠而不相交，左右完全对称的钟形曲线。正态分布是指靠近均数分布的频数最多，离开均数越远，分布的数据越少，左右两侧基本对称，如图 5-4 所示。

正态分布又名高斯分布，在正态分布中 σ 代表标准差，μ 代表均值 $x=\mu$，即为图像的对称轴，3σ 原则即为：

① 数值分布在 $(\mu-\sigma, \mu+\sigma)$ 中的概率为 0.6826。

② 数值分布在 $(\mu-2\sigma, \mu+2\sigma)$ 中的概率为 0.9546。

③ 数值分布在 $(\mu-3\sigma, \mu+3\sigma)$ 中的概率为 0.9973。

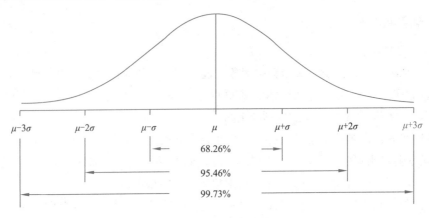

图5-4 正态分布曲线

如果实验数据值的总体 x 是服从正态分布的，则

$$P(|x-u|>3\sigma)<0.003$$

其中，μ 与 σ 分别表示正态总体的数学期望和标准差。此时，在实验数据值中出现大于 $\mu+3\sigma$ 或小于 $\mu-3\sigma$ 数据值的概率是很小的，将正态曲线和横轴之间的面积看作 1，可以计算出上下规格界限之外的面积，该面积就是出现缺陷的概率。正态分布在 $(\mu+3\sigma,\mu-3\sigma]$ 以外的取值概率不到 0.3%，几乎不可能发生，称为小概率事件，因此，根据上式对于大于 $\mu+3\sigma$ 或小于 $\mu-3\sigma$ 的实验数据值作为异常值处理。

在这种情况下，异常值是指一组测定值中与平均值的偏差超过两倍标准差的测定值。将与平均值的偏差超过三倍标准差的测定值称为高度异常的异常值。在处理数据时，应删除高度异常的异常值。在统计检验时，指定为检出异常值的显著性水平 $\alpha=0.05$ 称为检出水平；指定为检出高度异常的异常值的显著性水平 $\alpha=0.01$ 称为舍弃水平，又称剔除水平。

5.3.3 基于邻近度的离群点检测

一般情况下，利用数据分布特征或业务理解来识别单维数据集中的异常数据快捷有效，但对于聚合程度高、彼此相关的多维数据，通过数据分布特征或业务理解来识别异常数据的方法便显得无能为力。面对这种情况，聚类方法是识别多维数据集中的异常数据的有效方法。

很多情况下，基于整个记录空间聚类，能够发现在字段级检查未被发现的孤立点。聚类就是将数据集分组为多个类或簇，在同一个簇中的数据对象（记录）之间具有较高的相似度，而不同簇中的对象的差别就比较大。将散落在外、不能归并到任何一类中的数据称为孤立点或奇异点。对于孤立或是奇异的异常数据值进行剔除处理。图 5-5 所示为基于欧氏距离的聚类。

如果一个对象远离大部分点，将是异常的。这种方法比统计学方法更一般、更容易使用，因为确定数据集的有意义的邻近性度量比确定它的统计分布更容易。一个对象的离群点得分由到它的 $k-$ 最近邻的距离给定。离群点得分对 k 的取值高度敏感。如果 k 太小（例如 1），则少量的邻近离群点可能导致较低的离群点得分；如果 k 太大，则点数少于 k 的簇中所有的对象可能都成了离群点。为了使该方案对于 k 的选取更具有健壮性，可以使用 k 个最近邻的平均距离。

度量一个对象是否远离大部分点的一种最简单的方法是使用到 $k-$ 最近邻的距离。离群点得分的最低值是 0，而最高值是距离函数的可能最大值，一般为无穷大。一个对象离群点得分

由到它的 $k-$ 最近邻的距离给定。

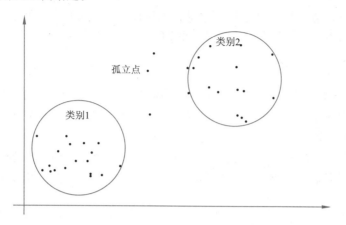

图5-5　基于欧氏距离的聚类

5.4　重复数据清洗

重复数据清洗又称数据去重。通过数据去重可以减少重复数据，提高数据质量。重复的数据是冗余数据，对于这一类数据应删除其冗余部分。数据清洗是一个反复的过程，只有不断地发现问题、解决问题，才能完成数据去重。

去重是指在不同的时间维度内，重复一个行为产生的数据只计入一次。按时间维度去重主要分为按小时去重、按日去重、按周去重、按月去重或按自选时间段去重。例如，来客访问次数的去重，同一个访客在所选时间段内产生多次访问，只记录该访客的一次访问行为，来客访问次数仅记录为1。如果选择的时间维度为按天，则同一个访客在当日内产生的多次访问，来客访问次数也仅记录为1。

5.4.1　使用字段相似度识别重复值算法

字段之间的相似度 S 是根据两个字段的内容而计算出的一个表示两字段相似程度的数值，$S \in (0,1)$。S 越小，则两字段相似程度越高；如果 $S=0$，则表示两字段为完全重复字段。根据字段的类型不同，计算方法也不相同。

① 布尔型字段相似度计算方法：对于布尔型字段，如果两字段相等，则相似度取 0；如果不同，则相似度取 1。

② 数值型字段相似度计算方法：对于数值型字段，可采用计算数字的相对差异。利用公式

$$S(s1, s2) = |s1 - s2| / (\max(s1, s2))$$

③ 字符型字段相似度计算方法：对于字符型字段，比较简单一种方法是将进行匹配的两个字符串中可以互相匹配的字符个数除以两个字符串平均字符数。利用公式

$$S(s1, s2) = |k| / ((|s1| + |s2|)/2)$$

其中，$|s1|$ 是字符串 $s1$ 的长度，$|s2|$ 是字符串 $s2$ 的长度，$|k|$ 是匹配的字符数。例如，字符串 $s1$="dataeye"，字符串 $s2$="dataeyegrg" 利用字符型字段相似度计算公式得到其相似度

$$S(s1,s2)=7/((|7|+|10|)/2)$$

通过设定阈值，当字段相似度大于阈值时，识别其为重复字段，并发出提示，再根据实际业务理解，对重复数据做剔除或其他数据清洗操作。

5.4.2 搜索引擎快速去重算法

根据搜索引擎原理，搜索引擎在创建索引前将对内容进行简单的去重处理。面对以亿计出现的网页，去重处理页面方法采用了特征抽取、文档指纹生成和文档相似性计算。

1. 特征抽取

Shingling 算法将文档中出现的连续汉字序列作为一个整体，为了方便后续处理，对这个汉字片段进行哈希计算，形成一个数值，每个汉字片段对应的哈希值，由多个哈希值构成文档的特征集合。

例如，对"搜索引擎在创建索引前会对内容进行简单的去重处理"这句话。采用 4 个汉字组成一个片段，那么这句话就可以被拆分为：搜索引擎、索引擎在、引擎在创、擎在创建、在创建索、创建索引，……，去重处理。则这句话就变成了由 20 个元素组成的集合 A，另外一句话同样可以由此构成一个集合 B，将 $AB \rightarrow C$，将 $A \cup B \rightarrow D$，则 C/D 之值即为两句话的相似程度。在实际运用中，搜索引擎从效率方面考虑，对算法进行了优化，新的方式称为 Super Shingle，此方法计算一亿五千万个网页，在 3 个小时内即可完成。

2. 文档指纹生成和文档相似性计算

SimHash 算法是最优秀的去重算法之一， SimHash 算法中采用了文档指纹生成方式以及相似文档查找方式。

首先，从文档内容中抽取一批能代表该文档的特征，并计算出其权值 w。例如，TF-IDF 算法，其主要思想是：如果某个词或短语在一篇文章中出现的频率 TF 高，并且在其他文章中很少出现，则认为此词或者短语具有很好的类别区分能力，适合用来分类。在计算出权值之后，利用一个哈希函数将每个特征映射成固定长度的二进制表示，如果定为 6 比特的二进制向量及其权值，则一篇文章就变成如下所示：100110 w1 110000 w2 …… 001001 wn。定义一个实数向量，规则为：特征 1 的权值为 w1，如果二进制比特位的值为 1，则记录为 w1，如为 0，则记录为 -w1。然后特征 1 就变成了 w1 -w1 -w1 w1w1-w1，其余类推，然后将这些进行进行简单的相加。假定得到一个数值 11，205，-3，-105，1057，505。最后一步，分别将大于 0 的值记录 1，将小于 0 的部分记录 0，则上述的数据就变成了 110011，这个数据可称为这篇文章的指纹。如果另一篇文章的指纹为 100011，则二进制数值对应位置的相同的 0 或 1 越少，两篇文章相似度越高。在实际的运用中，将网页 Q 转换为 64 比特的二进制数值，如果两者对应位置相同的 0 或 1 小于等于 3（阈值定为 3），则可以认为是近似重复的网页。

5.5 文 本 清 洗

文本由记录组成，可以将整条记录看成一个字符串来计算它们的相似度，再按某些规则合成得到文本相似度，其基础都是字符串匹配。造成相似重复文本记录的原因有两类：一类是拼写错误引起的，如插入、交换、删除、替换和单词位置的交换；另一类是等价错误，即是对同一个逻辑值的不同表述。记录去重的方法是：首先需要识别出同一现实实体的相似重复记录，即通过记录匹配过程完成，然后删除冗余的记录。

判定记录是否重复是通过比较记录对应的字符串之间的相似度来判定参与比较的记录是否是表示显示中的同一实体。与领域无关的记录匹配方法的主要思想是利用记录间的文本相似度来判断两个记录是否相似。如果两个记录的文本相似度大于某个预先指定的值，那么可以判定这两个记录是重复的，反之则不是。

5.5.1 字符串匹配算法

字符串匹配是指从文本中找出给定字符串（称为模式）或其出现的位置，一个字符串是否包含另一个字符串的问题就是一个字符串匹配问题，有许多算法可以完成判断字符串匹配的任务，KMP（Knuth-Morris-Pratt）字符串匹配算法是常用的算法之一。下面举例说明 KMP 字符串匹配算法算法过程描述如下。

S1：将 BBC ABCDAB ABCDABCDABDE 字符串的第一个字符与搜索词 ABCDABD 的第一个字符进行比较。

BBC ABCDAB ABCDABCDABDE
ABCDABD

S2：因为 B 与 A 不匹配，所以搜索词后移一位进行比较。

BBC ABCDAB ABCDABCDABDE
ABCDABD

S3：因为 B 与 A 不匹配，搜索词再向后移一位，直到字符串有一个字符与搜索词的第一个字符相同为止。

BBC ABCDAB ABCDABCDABDE
ABCDABD

S4：接着比较字符串和搜索词的下一个字符，其过程与搜索第一个字符相同。

BBC ABCDAB ABCDABCDABDE
ABCDABD

S5：直到字符串有一个字符，与搜索词对应的字符不相同为止。

BBC ABCDAB ABCDABCDABDE
ABCDABD

S6：这时最自然的反应是，将搜索词整个后移一位，再从头逐个比较。这样做虽然可行，但是效率很差，因为需要把搜索位置移到已经比较过的位置重比一遍。

BBC ABCDAB ABCDABCDABDE
ABCDABD

S7：当空格与 D 不匹配时，说明前面 6 个字符是 ABCDAB。KMP 算法的想法是设法利用已知信息，不把搜索位置移回已经比较过的位置，继续把它向后移，这样可以提高效率。

BBC ABCDAB ABCDABCDABDE
ABCDABD

S8：完成这个任务的方法是，可以针对搜索词，生成表 5-5 所示的"部分匹配表"。

表5-5　部分匹配表

搜索词	A	B	C	D	A	B	D
部分匹配值	0	0	0	0	1	2	0

S9：在下述操作中，

BBC ABCDAB ABCDABCDABDE
ABCDABD

当空格与 D 不匹配时，前面 6 个字符 ABCDAB 匹配。通过查表 5-5 可知，最后一个匹配字符 B 对应的部分匹配值为 2，因此按照下面的公式算出向后移动的位数：

移动位数 = 已匹配的字符数 - 对应的部分匹配值

部分匹配是指当字符串头部和尾部出现重复时，例如，ABCDAB 之中有两个 AB，那么它的部分匹配值就是 2（AB 的长度）。搜索词移动的时候，第一个 AB 向后移动 4 位（字符串长度 - 部分匹配值），就可以来到第二个 AB 的位置。

因为 6-2=4，所以将搜索词向后移动 4 位。

BBC ABCDAB ABCDABCDABDE
ABCDABD

S10：因为空格与 C 不匹配，搜索词还要继续往后移。这时，已匹配的字符数为 2（"AB"），对应的部分匹配值为 0。所以，移动位数 = 2 - 0，结果为 2，于是将搜索词向后移 1 位。

S11：

BBC ABCDAB ABCDABCDABDE
ABCDABD

因为空格与 A 不匹配，继续后移一位。

S12：

BBC ABCDAB ABCDABCDABDE
ABCDABD

逐位比较，直到发现 C 与 D 不匹配。于是，移动位数 = 6 - 2，继续将搜索词向后移动 4 位。

S13：

BBC ABCDAB ABCDABCDABDE
ABCDABD

逐位比较，直到搜索词的最后一位，发现完全匹配，于是搜索完成。如果还要继续搜索（即找出全部匹配），移动位数 = 7 - 0，再将搜索词向后移动 7 位，重复上述步骤。

S14：结束。

在上面使用了"部分匹配表"，结合实例说明其生成的过程如下。

在字符串中，前缀是指除了最后一个字符以外一个字符串的全部头部组合，后缀是指除了第一个字符以外一个字符串的全部尾部组合。

在部分匹配表中，部分匹配值是指前缀和后缀的最长的共有元素的个数。例如：

① 字符串 A 的前缀和后缀都为空集，共有元素的个数为 0。

② 字符串 AB 的前缀为 [A]，后缀为 [B]，共有元素的个数为 0。

③ 字符串 ABC 的前缀为 [A, AB]，后缀为 [BC, C]，共有元素的个数 0。

④ 字符串 ABCD 的前缀为 [A, AB, ABC]，后缀为 [BCD, CD, D]，共有元素的个数为 0。

⑤ 字符串 ABCDA 的前缀为 [A, AB, ABC, ABCD]，后缀为 [BCDA, CDA, DA, A]，共有元素为 A，个数为 1。

⑥ 字符串 ABCDAB 的前缀为 [A, AB, ABC, ABCD, ABCDA]，后缀为 [BCDAB, CDAB, DAB, AB, B]，共有元素为 AB，个数为 2。

⑦ 字符串 ABCDABD 的前缀为 [A, AB, ABC, ABCD, ABCDA, ABCDAB]，后缀为 [BCDABD, CDABD, DABD, ABD, BD, D]，共有元素的个数为 0。

```
BBC ABCDAB ABCDABCDABDE
ABCDABD
```

5.5.2　文本相似度度量

在做分类时经常需要估算不同样本之间的相似性度量，这时通常采用的方法就是计算样本间的距离。对于一个给定的文本字符串，用一个向量表示这个字符串中所包含的所有字母。相似性的度量方法很多，有的方法适用于专门领域，也有的方法适用于特定类型的数据。针对具体的问题，如何选择相似性的度量方法是一个复杂的问题。例如，聚类算法是按照聚类对象之间的相似性进行分组，因此描述对象间相似性是聚类算法的重要问题。数据的类型不同，相似性的含义也不同。例如，对数值型数据而言，两个对象的相似度是指它们在欧氏空间中的互相邻近的程度；而对分类型数据来说，两个对象的相似度是与它们取值相同的属性的个数相关。

聚类分析按照样本点之间的远近程度进行分类。为了使类更合理，必须描述样本之间的远近程度。刻画聚类样本点之间的远近程度主要有以下两类函数。

（1）相似系数函数：两个样本点越相似，则相似系数值越接近 1；样本点越不相似，则相似系数值越接近 0。这样就可以使用相似系数值来刻画样本点性质的相似性。

（2）距离函数：可以将每个样本点看作高维空间中的一个点，进而可以使用某种距离来表示样本点之间的相似性，距离较近的样本点性质较相似，距离较远的样本点则差异较大。

需要由领域专家选择特征变量来精确刻画样本的性质，以及样本之间的相似性测度的定义。

文本相似度计算在信息检索、数据挖掘、机器翻译和文档复制检测等领域应用广泛。相似性的度量即是计算个体间的相似程度，相似性的度量值越小，说明个体间小；相似性的值越大，说明个体相似度越大。对于多个不同的文本或者短文本对话消息，要计算它们之间的相似度如何，一个好的做法就是将这些文本中的词语映射到向量空间，形成文本中文字和向量数据的映射关系，通过计算不同向量差异的大小来计算文本的相似度。几种简单的文本相似性判断的方法如下所述。

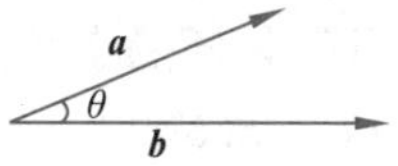

图5-6　向量余弦

1. 余弦相似性

余弦相似度用向量空间中两个向量夹角的余弦值作为衡量两个个体间差异的大小。

图 5-6 中的两个向量 a、b 的夹角很小可以说 a 向量和 b 向量有很高的相似性，极端情况下，

*a*和*b*向量完全重合，可以认为*a*和*b*向量是相等的，也即*a*、*b*向量代表的文本是完全相似的，或者说是相等的。

两个向量*a*、*b*的夹角很大，可以说*a*向量和*b*向量有很小的相似性，或者说*a*和*b*向量代表的文本基本不相似。可以用两个向量的夹角大小的函数值来计算个体的相似度。向量空间余弦相似度理论就是基于上述来计算个体相似度的一种方法。

余弦值越接近1，就表明夹角越接近0°，也就是两个向量越相似，夹角等于0，即两个向量相等，称为余弦相似性。

下面举例说明利用余弦相似性来计算文本的相似性。

例如，判断下述两句话的相似性：

A= 你是个好人
B= 小明是个好人

S1：先进行分词。

A= 你 ／ 是个 ／ 好人
B= 小明 ／ 是个 ／ 好人

S2：列出所有的词。

{ 你 小明 是个 好人 }

S3：计算词频（词出现的次数）。

将每个数字对应上面的字：

S4：写出词频向量。

A=（1 0 1 1）对应 A= 你是个好人
B=（0 1 1 1）对应 B= 小明是个好好人

S5：计算这两个向量的相似程度。

$$\frac{1\times0+0\times1+1\times1+1\times1}{\sqrt{1^2+0^2+1^2+1^2}\times\sqrt{0^2+1^2+1^2+1^2}}$$

最终 =0.667（只余3位），代表两个句子大概六成相似。

由上述例子可以得到文本相似度计算的处理流程如下：

S1：找出两篇文章的关键词。

S2：每篇文章各取出若干关键词，合并成一个集合，计算每篇文章对于这个集合中的词的词频。

S3：生成两篇文章各自的词频向量。

S4：计算两个向量的余弦相似度，值越大就表示越相似。

也可以通过计算两篇文档共有的词的总字符数除以最长文档字符数来评估它们的相似度。假设有A、B两句话，先取出这两句话的共同都有的词的字数，然后看哪句话更长就除以哪句话的字数。例如，A、B两句话，共有词的字符长度为4，最长句子长度为6，那么$4/6\approx0.667$。

2. 利用编辑距离表示相似性

编辑距离又称Levenshtein距离，可以利用编辑距离测量字符串之间的距离。

（1）编辑距离的概念

编辑距离是指由一个字符串转换成另一个字符串所需的最少编辑操作次数。编辑操作包括将一个字符替换成另一个字符、插入一个字符、删除一个字符。也就是说，编辑距离是从一个字符串变换到另一个字符串的最少插入、删除和替换操作的总数目。编辑距离是一种常用的字符串距离测量方法，在确定两个字符串的相似性时应用广泛。例如，源字符串 S 为 test，目标字符串 T 为 test，则 S 和 T 之间的编辑距离为 0，因为这两个字符串相同，不需要任何转换操作。如果目标字符串改为 text，那么 S 和 T 之间的编辑距离为 1，至少需要一个替换操作，才能将 S 中的 s 替换为 x。可以看出，编辑距离越大，字符串之间的相似度越小，将源字符串转换为目标字符串所需的操作就越多。

（2）编辑距离的性质

编辑距离具有下面几个性质：

① 两个字符串的最小编辑距离至少是两个字符串的长度差。

② 两个字符串的最大编辑距离至多是两字符串中较长字符串的长度。

③ 两个字符串的编辑距离是零的充要条件是两个字符串相同。

④ 如果两个字符串等长，编辑距离的上限是海明距离（Hamming distance）。

⑤ 编辑距离满足三角不等式，即 $d(a, c) \leqslant d(a, b) + d(b, c)$。

⑥ 如果两个字符串有相同的前缀或后缀，则去掉相同的前缀或后缀对编辑距离没有影响，其他位置不能随意删除。

（3）编辑距离算法

例如，计算 cafe 和 coffee 的编辑距离。

$$cafe \rightarrow caffe \rightarrow coffe \rightarrow coffee$$

S1：首先创建一个 6×8 的表，其中 cafe 长度为 6，coffee 长度为 8，如表5-6 所示。

表5-6　6×8表

		c	o	f	f	e	e
c							
a							
f							
e							

S2：填上行号和列号，如表 5-7 所示。

表5-7　填上行号和列号的6×8表

		c	o	f	f	e	e
	0	1	2	3	4	5	6
c	1						
a	2						
f	3						
e	4						

S3：从 (1,1) 格开始计算填表。

如果最上方的字符等于最左方的字符，则为左上方的数字；否则为左上方的数字 +1，对于 (1,1)，因为最上方的字符等于最左方的字符，所以为 0，如表 5-8 所示。

表5-8　对(1,1)格填表

		c	o	f	f	e	e
	0	1	2	3	4	5	6
c	1	0					
a	2						
f	3						
e	4						

S4：循环操作，推出表 5-9。

表5-9　编辑距离

		c	o	f	f	e	e
	0	1	2	3	4	5	6
c	1	0	1	2	3	4	5
a	2	1	1	2	3	4	5
f	3	2	2	1	2	3	4
e	4	3	4	2	2	2	3

S5：取表 5-9 右下角数，得到编辑距离为 3。

编辑距离应用广泛，最初的应用是拼写检查和近似字符串匹配。在生物医学领域，科学家将 DNA 看成由 A、S、G、T 构成的字符串，然后采用编辑距离判断不同 DNA 的相似度。

编辑距离另一个用途在语音识别中，它被当作一个评测指标。语音测试集的每一句话都有一个标准答案，然后利用编辑距离判断识别结果和标准答案之间的不同。不同的错误可以反映识别系统存在的问题。

3. 利用海明距离表示相似性

两个等长字符串之间的海明距离是两个字符串对应位置的不同字符的个数，也就是将一个字符串变换成另外一个字符串所需要替换的字符个数。例如，1011101 与 1001001 之间的海明距离是 2。test 与 text 之间的海明距离是 1。

利用海明距离表示相似性的过程是：首先将一个文档转换成 64 位的字节，然后可以通过判断两个字节的海明距离就可以知道其相似程度。

算法过程描述如下：

① 提取文档关键词得到 [word,weight] 数组。

② 用 hash 算法将 word 转为固定长度的二进制值的字符串 [hash(word),weight]。

③ word 的 hash 从左到右与权重相乘，如果为 1 则乘以 1，如果是 0 则乘以 -1。

④ 计算下一个数，直到将所有分词得出的词计算完，然后将每个词第③步得出的数组中的每一个值相加。

⑤ 对第④步得到的数组中每一个值进行判断，如果其值大于 0 记为 1，如果小于记为 0。

上述的第④步得出的就是这个文档的相似值，可将两个不同长度的文档转换为同样长度的相似值，现在可以计算第一个文档和第二个文档的海明距离（一般 <3 就是相似度高的）。

5.5.3　文档去重算法

文档去重算法的基本思想是：首先对文档集合进行预处理，根据比较粗糙的一种划分方式将文档集合进行分类，然后只比较同一类中的文档，从而缩短比较时间，减少运算次数。

文档去重算法的具体过程如下：

对于一个文档，先对其进行预处理，获得其 spot signature 集，该集合是一个多重集合。

首先定义在文章中频繁出现的词（又称先行词），然后再对一个文档从头开始检查。每遇到一个定义在先行词集合中的词 a，便从该先行词后面的第一个词开始选取相对距离为 d 的一个词，直到取到规定个数 c。例如 is(2,3) 即为从 a 后面第一个词开始，选取相对距离为 2 的词，一共取 3 个。如果在取词的过程中遇到另一个先行词，则跳过该先行词从后面第一个非先行词为开始继续取词。例如，一句话为 At a rally to kick off a weeklong campaign for the South Carolina primary. 先行词集为 {a,is,the,to}，取 $d=2,c=2$，则 a(2,2)={off,weeklong}，to(2,2)={off,weeklong} 等。如此执行便可得到对应该文档的一个 spot signature 集合。对同一个文档，还可以取不同的 d 和 c，以得到更大的 spot signature 集，但其他文档也必须对应的取不同的 d 和 c。例如，文档 1 取 $d=1$，$c=3$ 和 $d=2$，$c=4$ 两种，则其他文档也必须取这两种，而不能只取一种。

根据集合长度将所有文档映射到划分好的分隔中去，该映射可以将相似度高的文档映射在同一分隔或相邻分隔中，相似度低的文档映射在不同的分隔中，并且划分要在满足条件的情况下尽量细。进行文档相似度比较时，只需比较在同一分隔或相邻分隔中的文档，利用多重集合的 Jaccard 相似度公式，将 Jaccard 相似度大于某个阈值的两个文档看为相似文档。文档最后返回相似文档对的集合。

5.6　数据清洗的实现

5.6.1　数据清洗的步骤

数据清洗的基本步骤是定义和确定错误的类型、搜寻并识别错误的实例和纠正所发现的错误。

1. 定义和确定错误的类型

（1）分析数据

分析数据是数据清洗的前提与基础，通过详尽的数据分析来检测数据中的错误或不一致情况。使用分析程序可以获得关于数据属性的元数据，从而发现数据集中存在的质量问题。

（2）定义数据清洗转换规则

根据上一步进行数据分析得到的结果来定义清洗转换规则与工作流程。根据数据源的个数，数据源中不一致数据和脏数据多少的程度，需要执行大量的数据转换和清洗步骤。运用 MapReduce 分布编程模型，完成转换代码的自动生成。

2. 搜寻并识别错误的实例

（1）自动检测属性错误

检测数据集中的属性错误，往往需要花费大量的人力、物力和时间，而且这个过程本身很容易出错，所以需要利用高效的方法自动检测数据集中的属性错误，主要方法有基于统计的方法、聚类方法、关联规则的方法。

（2）检测重复记录的算法

为了消除重复记录，可以针对两个数据集或者一个合并后的数据集，首先需要检测出标识同一个现实实体的重复记录，即匹配过程。检测重复记录的算法主要有基本的字段匹配算法、递归的字段匹配算法、Smith-Waterman 算法和余弦相似度函数等。

3. 纠正所发现的错误

在数据源上执行预先定义好的并且已经得到验证的清洗转换规则和工作流。当直接在源数据上进行清洗时，需要备份源数据，以防需要撤销上一次或几次的清洗操作。清洗时根据脏数据存在形式的不同，执行一系列的转换步骤来解决模式层和实例层的数据质量问题。为处理单数据源问题并且为其与其他数据源的合并做好准备，一般在各个数据源上应该分别进行几种类型的转换。

（1）从自由格式的属性字段中抽取值（属性分离）

自由格式的属性一般包含着很多信息，这些信息有时候需要细化成多个属性，从而进一步支持后面重复记录的清洗。

（2）确认和改正

自动处理输入和拼写错误，基于字典查询的拼写检查对于发现拼写错误是很有用的。

（3）标准化

为了使记录实例匹配和合并变得更方便，应该把属性值转换成一个一致和统一的格式。

（4）干净数据回流

当数据被清洗后，干净的数据应该替换数据源中原来的脏数据。这样可以提高原系统的数据质量，还可避免将来再次抽取数据后进行重复的清洗工作。

5.6.2 基于 MapReduce 的大数据去重

数据去重是指对数据文件中的数据进行去重，数据文件中的每行是一个数据。

1. MapReduce 设计

数据去重的最终目标是让原始数据中出现次数超过一次的数据在输出文件中只出现一次。将同一个数据的所有记录都交给一台 reduce 机器，无论这个数据出现多少次，只要在最终结果中输出一次即可。具体就是 reduce 的输入应该以数据作为 key，而对 value-list 则没有要求。当 reduce 接收到一个 <key,value-list> 时就直接将 key 复制到输出的 key 中，并将 value 设置成空值。

在 MapReduce 流程中，map 的输出 <key,value> 经过 shuffle 过程聚集成 <key,value-list> 后交给 reduce。所以，从设计好的 reduce 输入可以反推出 map 的输出 key 应为数据，value 任意。继续反推，map 输出数据的 key 为数据，而在这个实例中每个数据代表输入文件中的一行内容，所以 map 阶段要完成的任务就是在采用 Hadoop 默认的作业输入方式之后，将 value 设置为 key，并直接输出（输出中的 value 任意）。map 中的结果经过 shuffle 过程之后交给 reduce。reduce 阶段不会管每个 key 有多少个 value，它直接将输入的 key 复制为输出的 key，并输出（输出中的 value 被设置成空）。

2. Hadoop 大数据去重举例

在第 2 章中已经介绍了单词计数运行过程，重复部分不作重复介绍。

（1）进入 /usr/local/hadoop 目录准备数据

本步骤的主要任务是在当前目录的 ./input/ 目录下创建 file1.txt 文件、file2.txt 文件，并输入实验数据。

① 打开 gedit 窗口界面，并创建 file1.txt 文件，执行如下命令：

```
$sudo gedit ./input/file1.txt
```

如果在终端初次执行 sudo 命令，需要按提示输入 hadoop 的密码，之后进入 gedit 的窗口界面，在编辑区输入以下格式的样例数据：

```
2016-8-1 a
2016-8-2 b
2016-8-3 c
2016-8-4 d
2016-8-5 a
2016-8-6 b
2016-8-7 c
2016-8-3 c
```

gedit 的窗口界面如图 5-7 所示。

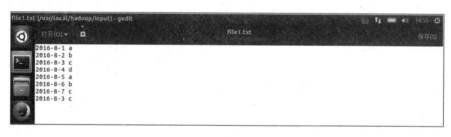

图5-7　gedit的窗口界面

② 完成输入之后，单击右上角的"保存"按钮，将输入数据保存到文件 file1.txt 中，然后单击左上面的"x"图标关闭文件，退出 gedit，返回终端。

③ 打开 gedit 窗口界面，并创建 file2.txt 文件，执行如下命令：

```
$sudo gedit ./input/file2.txt
```

进入 gedit 的窗口界面，在编辑区输入以下格式的样例数据：

```
2016-8-1 b
2016-8-2 a
2016-8-3 b
2016-8-4 d
2016-8-5 a
2016-8-6 c
2016-8-7 d
2016-8-3 c
```

④ 完成输入之后，单击右上角的"保存"按钮将输入数据保存到文件 file2.txt 中，然后单击左上角的"x"图标关闭文件，退出 gedit，返回终端。

经过上述步骤，完成了实验数据的准备。

扫一扫

实战：数据
去重

　（2）修改 /usr/local/hadoop/etc/hadoop/ 目录下的 Hadoop 配置文件

① 修改配置文件 core-site.xml。

② 修改配置文件 hdfs-site.xml。

③ 修改配置文件 hadoop-env.sh。

　（3）NameNode 的格式化

完成 NameNode 格式化。

　（4）在集成开发环境 Eclipse 中实现 Hadoop 数据去重

限于篇幅，请扫描二维码继续阅读相应内容。

小　　结

　　获取的数据经过数据清洗，可以提高数据质量，进而为数据分析和数据挖掘建立坚实基础。本章主要围绕消除脏数据，介绍了数据清洗的主要方法。尤其对缺失数据、异常数据和重复数据的清洗方法进行了较详细的介绍。考虑到实际应用的需要，对文本数据的清洗方法也做了描述。

第 ⑥ 章 大数据去噪与标准化

主要内容

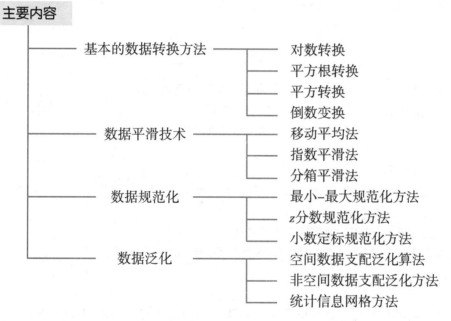

在数据预处理过程中,可以根据需要通过数据转换构造出数据的新属性,使之更有助于理解与处理数据,也就是说,数据转换可将原始数据转换成适合数据分析的形式。数据转换时如果处理不当,将严重扭曲数据本身的内涵,改变数据原本形态。例如,本来是第一组均数大于第二组,但是经过不恰当转换,可能会使二组数据无差别,甚至得到相反的结果。所以,不能用过于复杂的转换方法。但是,许多情况下如果转换得当,则不失为一种好的方法。

扫一扫

数据去噪
举例

6.1 基本的数据转换方法

6.1.1 对数转换

将原始数据的自然对数值作为分析数据,如果原始数据中有零,可以在底数中加上一个小数值。这种转换适用如下情况。

1. 部分正偏态数据

在统计学上,众数和平均数之差可作为分配偏态的指标之一。偏态(或者偏度)就是次数分布的非对称程度，是测定一个次数分布的非对称程度的统计指标。相对于对称分布，偏态分布有两种：一种是左向偏态分布，简称左偏；另一种是右向偏态分布，简称右偏。

当实际分布为右偏时，测定出的偏度值为正值，因而右偏又称正偏，如图6-1（b）所示。当实际分布为左偏时，测定出的偏度值为负值，所以左偏又称负偏，如图6-1（c）所示。

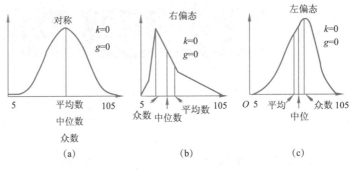

图6-1 正偏与负偏

如平均数大于众数，称为正偏态；相反，则称为负偏态。

代数式的次数单项式中，字母的指数和叫做这个单项式的次数。如 abc 的次数是3。多项式中，次数最高的项的次数叫做这个多项式的次数，如 $3-x^2+y^7$ 次数是7。不含字母的项叫常数项，次数为0。

2. 等比数据

等比数据可以进行加减乘除运算，可以用乘除法处理数据，以便对不同个体的测量结果进行比较，并作比率性描述。

3. 各组数值和均值比值相差不大的数据

对数转换适于各组数值和均值之比差距较小的数据。

6.1.2 平方根转换

平方根转换适用于泊松分布的数据、轻度偏态数据、样本的方差和均数呈正相关的数据、变量的所有个案为百分数并且取值为 0% ~ 20% 或者 80% ~ 100% 的数据。

其中，泊松分布是一种统计与概率学中常用的离散概率分布，在管理科学、运筹学以及自然科学的某些问题中都占有重要的地位。

6.1.3 平方转换

平方转换适用方差和均数的平方呈反比、数据呈左偏的场景。

6.1.4 倒数变换

倒数变换适用情况：与平方转换相反，需要方差和均数的平方呈正比，但是，倒数转换需要数据中没有接近或者小于零的数据。

6.2 数据平滑技术

噪声是指测量数据中的随机错误和偏差，通过数据平滑技术可以除去噪声，如图6-2所示。

数据平滑是数据转换的重要方式之一。通常将完成数据平滑的方法称为数据平滑法，又称数据光滑法或数据递推修正法。

　　数据平滑法的处理过程是将获得的实际数据和原始预测数据加权平均，进而去掉数据中的噪声，使得预测结果更接近于真实情况。数据平滑法是趋势法或时间序列法的一种具体应用，平滑方法主要分为移动平均法和指数平滑法两种。

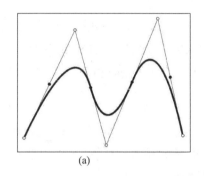
(a)

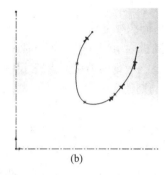
(b)

图6-2　数据平滑

6.2.1　移动平均法

　　移动平均法是预测将来某一时期的平均预测值的一种方法。该方法按对过去若干历史数据求算术平均数，并把该数据作为以后时期的预测值。移动平均法分有一次移动平均法、二次移动平均法和多次移动平均法，在这里仅介绍一次移动平均法和二次移动平均法。

　　1.　一次移动平均法

　　（1）一次移动平均法的计算过程

　　一次移动平均法是针对一组观察数据，计算其平均值，并利用这一平均值作为下一期的预测值。时间序列的数据是按照一定跨越期进行移动，逐个计算其移动平均值，将获得的最后一个移动平均值作为预测值。

　　一次移动平均法是直接以本期（例如 t 期）移动平均值作为下期（$t+1$ 期）预测值的方法。在移动平均值的计算过程中，必须一开始就需要明确规定观察值的实际个数。每出现一个新观察值，就要从移动平均中减去一个最早观察值，再加上一个最新观察值来计算移动平均值，这一新的移动平均值作为下一期的预测值。设时间序列为 $x_1, x_2, \cdots$，一次移动平均法的计算公式为

$$x_{t+1}' = M_t^{(1)} = (x_{t-1} + \cdots + x_{t-n+1})/n$$

其中，x_{t+1}' 为第 $t+1$ 期的预测值；x_t 为第 t 期的观察值；$M_t^{(1)}$ 为第 t 期一次移动平均值；n 为跨越期数，即参加移动平均的历史数据的个数。

　　一次移动平均法一般适用于时间序列数据是水平型变动的预测，不适用于明显的长期变动趋势和循环型变动趋势的时间序列预测。

　　（2）一次移动平均法的特点

　　• 预测值是距离预测期最近的一组历史数据（实际值）平均的结果。

　　• 参加平均的历史数据的个数（即跨越期数）固定不变。

　　• 参加平均的一组历史数据随着预测期的向前推进而不断更新，每当吸收一个新的历史数据参加平均的时，就剔除原来一组历史数据中距离预测期最远的那个历史数据。

扫一扫

一次移动平均
法应用举例

(3) 一次移动平均法的优点

• 计算量少。

• 移动平均线能较好地反映时间序列的趋势及其变化。

(4) 一次移动平均法的两种极端情况

• 在移动平均值的计算中，过去观察值的实际个数为 1，即 $n=1$，这时用最新的观察值作为下一期的预测值。

• 过去观察值的实际个数为 n，这时利用全部 n 个观察值的算术平均值作为预测值。

• 当数据的随机因素较大时，可以选用较大的 n，这样可以较大地平滑由随机性所带来的严重偏差；反之，当数据的随机因素较小时，可以选用较小的 n，这样有利于跟踪数据的变化，并且预测值滞后的期数也少。

(5) 一次移动平均法的限制

• 计算移动平均必须具有 n 个过去观察值，当需要预测大量的数值时，就必须存储大量数据。

• n 个过去观察值中每一个权数都相等，而早于（$t-n+1$）期的观察值的权数等于 0，实际上最新观察值通常包含更多信息，应具有更大权重。

2. 二次移动平均法

一次移动平均法仅适用于没有明显的迅速上升或下降趋势的情况。如果时间数列呈直线上升或下降趋势，则需要使用二次移动平均法。二次移动平均法就是在一次移动平均的基础上再进行一次移动平均。

二次移动平均法是以历史数据为基础，按时间顺序分段反映后期的变化趋势。其优点是重视商品因不同销售周期变化而销售产生变化的趋势；其劣势是忽视了因价格、气候、季节变化等对销售的影响。

扫一扫

二次移动平均
法应用举例

二次移动平均算法的描述如下：

S1：首先根据历史销售记录 X_t 计算一次移动平均值 M_t

$$M_t=(X_t+X_{t-1}+X_{t-2}+\cdots+X_{t-n+1})/n$$

S2：在一次移动平均值基础上计算二次移动平均值 M_t'

$$M_t'=(M_t+M_{t-1}+X_{t-2}+\cdots+M_{t-n+1})/n$$

S3：分别计算方程系数 A_t、B_t

$$A_t=2M_t-M_t'$$
$$B_t=2(M_t-M_t')/(n-1)$$

S4：计算销售预测值 Y_t+T

$$Y_t+T=A_t+B_tT$$

其中，X_t 为第 t 期实际销售，一般为某一时段内平均值；M_t 为第 t 期移动平均值；n 为进行移动平均时所包含的时段数；M_t' 在 M_t 基础上二次移动的平均值；A,B 为线性方程的系数；T 为待预测的月份；Y_t+T 为价格预测值。

6.2.2 指数平滑法

指数平滑法是生产预测中常用的一种方法，也用于中短期经济发展趋势预测，由布朗（Robert G. Brown）提出。布朗认为时间序列的态势具有稳定性或规则性，所以时间序列可被合理地顺势推延；他认为最近的过去态势，在某种程度上会持续到未来，所以将最近的数据赋予较大的权数。

1. 指数趋势分析

指数趋势分析的具体方法是：在分析连续几年的报表时，以其中一年的数据为基期数据（通常是以最早的年份为基期），将基期的数据值定为100，其他各年的数据转换为基期数据的百分数，然后比较分析相对数的大小，得出有关项目的趋势。

例如，假设 2001 年 12 月 31 日存货额为 150 万元，2002 年 12 月 31 日存货为 210 万元，设 2001 年为基期，如果 2003 年 12 月 31 日的存货为 180 万元，则两年的指数应为

$$2002 \text{ 年的指数} = 210/150 \times 100 = 140$$
$$2003 \text{ 年的指数} = 180/150 \times 100 = 120$$

当使用指数时，要注意的由指数得到的百分比的变化趋势都是以基期为参考，是相对数的比较，这样就可以观察多个期间数值的变化，得出一段时间内数值变化的趋势。这个方法不但适用用过去的趋势推测将来的数值，还可以观察数值变化的幅度，找出重要的变化，为下一步的分析指明方向。

指数平滑法是生产预测中经常使用的一种方法，适用于中短期发展趋势预测。简单的全期平均法是对时间数列的过去数据全部加以同等利用，移动平均法则不考虑较远期的数据，并在加权移动平均法中给予近期数据更大的权重，而指数平滑法则兼容了全期平均和移动平均所长，不舍弃过去的数据，但是仅给予逐渐减弱的影响程度，即随着数据的远离，赋予逐渐收敛为零的权数。

指数平滑法是在移动平均法基础上发展起来的一种时间序列分析预测法，通过计算指数平滑值，配合一定的时间序列预测模型对现象的未来进行预测。其原理是任一期的指数平滑值都是本期实际观察值与前一期指数平滑值的加权平均。指数平滑法预测值与实际值的比较如图 6-3 所示。

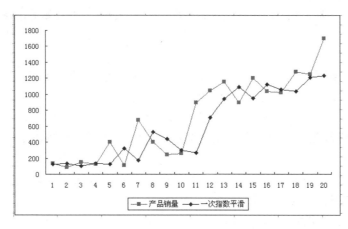

图6-3　指数平滑法预测值与实际值的比较

2. 指数平滑法的计算公式

指数平滑法的任一期的指数平滑值都是本期实际观察值与前一期指数平滑值的加权平均。指数平滑法的基本公式为

$$S_t = \alpha y_t + (1-\alpha)S_{t-1}$$

其中，S_t 为时间 t 的平滑值；y_{t_0} 为时间 t 的实际值；S_{t-1} 为时间 $t-1$ 的平滑值；α 为平滑常数，

其取值范围为 [0,1]。

由上述公式可知：S_t 是 y_t 和 S_{t-1} 的加权算数平均数，随着 α 取值的变化，决定 y_t 和 S_{t-1} 对 S_t 的影响程度，当 α 取 1 时，$S_t = y_t$；当 α 取 0 时，$S_t = S_{t-1}$。

S_t 具有逐期追溯性质，一直探源至 S_{t-n+1} 为止，这个过程包括了全部数据。在其过程中，平滑常数以指数形式递减，所以将其称为指数平滑法。指数平滑常数取值至关重要。平滑常数决定了平滑水平以及对预测值与实际结果之间差异的响应速度。平滑常数 α 越接近于 1，则远期实际值对本期平滑值影响程度的下降越迅速；平滑常数 α 越接近于 0，则远期实际值对本期平滑值影响程度的下降越缓慢。由此，当时间数列相对平稳时，可取较大的 α；当时间数列波动较大时，应取较小的 α，这样可以不忽略远期实际值的影响。在实际预测中，平滑常数的值选择取决于产品本身和管理者对响应率内涵的理解。

尽管 S_t 包含了全期数据的影响，但实际计算时，仅需要两个数值，即 y_t 和 S_{t-1}，再加上一个常数 α，这就使指数滑动平均具逐期递推性质，进而对预测带来了极大的方便。

根据公式 $S_t = ay_1 + (1-a)S_0$，当使用指数平滑法时才开始收集数据，就不存在 y_0。无从产生 S_0，自然无法根据指数平滑公式求出 S_1，指数平滑法定义 S_1 为初始值。初始值的确定也是指数平滑过程的一个重要条件。

如果能够找到 y_1 以前的历史数据，那么，可以确定初始值 S_1。当数据较少时，可用全期平均或移动平均法；当数据较多时，可用最小二乘法。但不能使用指数平滑法本身确定初始值。

如果仅有从 y_1 开始的数据，那么确定初始值的方法有：

• 取 S_1 等于 y_1；

• 当积累若干数据之后，取 $S1$ 等于前面若干数据的简单算术平均数，如 $S_1 = (y_1 + y_2 + y_3)/3$ 等。

3. 三种指数平滑法

根据平滑次数不同，指数平滑法分为：一次指数平滑法、二次指数平滑法和三次指数平滑法等。

（1）一次指数平滑法

当时间数列无明显的趋势变化时，可用一次指数平滑法来预测。其预测公式为

$$y_{t+1}' = \alpha y_t + (1-\alpha)y_t'$$

$$S_t = \alpha y_t + (1-\alpha)S_{t-1}$$

式中，y_{t+1}' 为 $t+1$ 期的预测值，即本期（t 期）的平滑值 S_t；y_t 为 t 期的实际值；y_t' 为 t 期的预测值，即上期的平滑值 S_{t-1}。

该公式又可以写作：$y_{t+1}' = y_t' + \alpha(y_t - y_t')$。可以看出，下期预测值又是本期预测值与以 α 为折扣的本期实际值与预测值误差之和。

（2）二次指数平滑法

二次指数平滑是对一次指数平滑的再平滑。它适用于具线性趋势的时间数列。其预测公式为

$$y_{t+m} = (2 + \alpha m/(1-\alpha))y_t' - (1 + \alpha m/(1-\alpha))y_t = (2y_t' - y_t) + m(y_t' - y_t)\alpha/(1-\alpha)$$

式中，$y_t = \alpha y_{t-1}' + (1-\alpha)y_{t-1}$。

显然，二次指数平滑是一直线方程，其截距为 $(2y_t' - y_t)$，斜率为 $(y_t' - y_t)\alpha/(1-\alpha)$，自变量为预测天数。

（3）三次指数平滑法

三次指数平滑是在二次平滑基础上的再平滑。其预测公式是

$$y_{t+m}=(3y_t'-3y_t''+y_t''')+[(6-5\alpha)y_t'-(10-8\alpha)y_t''+(4-3\alpha)y_t'''] \times \alpha m/2(1-\alpha)^2+(y_t'-2y_t''+y_t''') \times \alpha^2 m^2/2(1-\alpha)^2$$

式中，$y_t'=\alpha y_{t-1}+(1-\alpha)y_{t-1}$。

其基本思想是：预测值是以前观测值的加权和，且对不同的数据给予不同的权，新数据给予较大的权，旧数据给予较小的权。

4．模型选择

指数平滑法的预测模型为：初始值的确定，即第一期的预测值。一般原数列的项数较多时（大于 15 项），可以选用第一期的观察值或选用比第一期前一期的观察值作为初始值。如果原数列的项数较少时（小于 15 项），可以选取最初几期（一般为前三期）的平均数作为初始值。指数平滑方法的选用，一般可根据原数列散点图显现的趋势来确定。如果是直线趋势，则选用二次指数平滑法；如果是抛物线趋势，则选用三次指数平滑法。如果时间序列的数据经二次指数平滑处理后仍有曲率，则应用三次指数平滑法。

5．系数 α 的确定

指数平滑法的计算中，关键是 α 的取值大小，但 α 的取值又容易受主观影响，因此合理确定 α 的取值方法十分重要。一般来说，如果数据波动较大，α 值应取大一些，可以增加近期数据对预测结果的影响。如果数据波动平稳，α 值应取小一些。理论界一般认为可用经验判断法来做出判断。这种方法主要依赖于时间序列的发展趋势和预测者的经验做出判断。

① 当时间序列呈现较稳定的水平趋势时，应选较小的 α 值，一般可在 0.05～0.20 之间取值。

② 当时间序列有波动，但长期趋势变化不大时，可选稍大的 α 值，常在 0.1～0.4 之间取值。

③ 当时间序列波动很大，长期趋势变化幅度较大，呈现明显且迅速的上升或下降趋势时，宜选择较大的 α 值，如可在 0.6～0.8 间选值，以使预测模型灵敏度高些，能迅速跟上数据的变化。

④ 当时间序列数据是上升或下降的趋势时，α 应取较大的值，在 0.6~1 之间。

根据具体时间序列情况，参照经验判断法，来大致确定额定的取值范围，然后取几个 α 值进行试算，比较不同 α 值下的预测标准误差，选取预测标准误差最小的 α。

在实际应用中预测者应结合对预测对象的变化规律做出定性判断且计算预测误差，并要考虑到预测灵敏度和预测精度是相互矛盾的，必须给予二者一定的考虑，采用折中的 α 值。

6．指数平滑法应用举例

例：某软件公司 A，给出了 2000—2005 年的历史销售数据，将数据代入指数平滑模型，预测 2006 年的销售额，作为销售预算编制的基础。

根据经验判断法，A 公司 2000—2005 年销售额时间序列波动很大，长期趋势变化幅度较大，呈现明显且迅速的上升趋势，应选择较大的 α 值，以使预测模型灵敏度高些，结合试算法取 0.5、0.6、0.8 分别测试。经过第一次指数平滑后，数列散点图显现直线趋势，所以选用二次指数平滑法。

根据偏差平方的均值（MSE），即各期实际值与预测值差的平方和除以总期数，以最小值来确定 α 的取值的标准，经测算当 $\alpha=0.6$ 时，$MSE_1=1\ 445.4$；当 $\alpha=0.8$ 时，$MSE_2=10\ 783.7$；当 $\alpha=0.5$ 时，$MSE_3=1\ 906.1$。因此，可以选择 $\alpha=0.6$ 来预测 2006 年 4 个季度的销售额。

可以看出，解决本例的过程如下：

S1：对销售历史数据进行分析，并得到数列散点图。

S2：根据散点图的特征选择二次指数平滑法。

S3：通过对 α 的试算，确定符合预测需要的 α 值。

S4：根据指数平滑模型计算出 2016 年 4 个季度的销售预测值，作为销售预算的基础。

7. 指数平滑法工作流程

指数平滑法工作流程如图 6-4 所示。

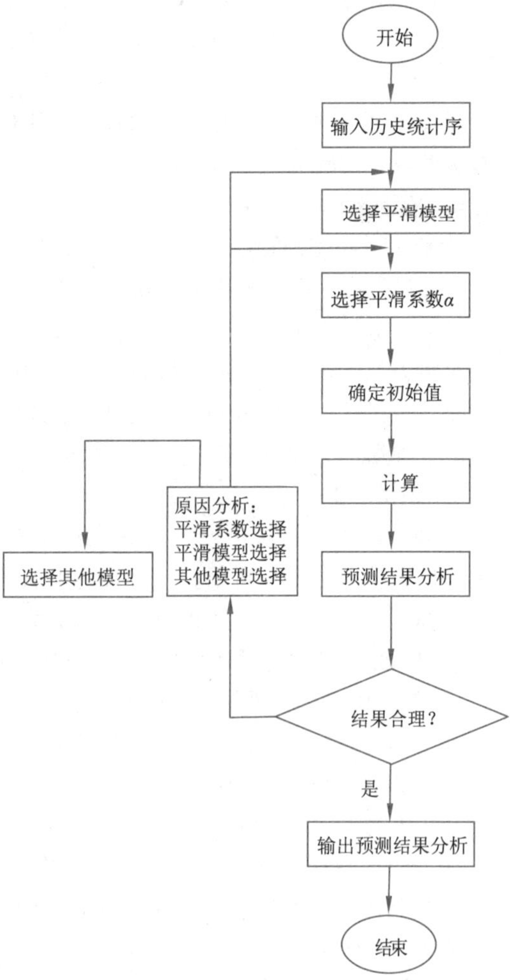

在指数平滑法工作流程中，各步骤解释如下：

① 输入历史统计序列。对时间序列 X_1，X_2，X_3，$\cdots$，X_i，一次平滑指数公式为

$$S_t = \alpha y_t + (1-\alpha)S_{t-1}$$

式中，α 为平滑系数，$0 < \alpha < 1$；X_i 为历史数据序列 X 在 i 时的观测值；S_t 和 S_{t-1} 是 t 时和 $t-1$ 时的平滑值。

② 选择平滑模型。

$$y_{t+1}' = \alpha y_t + (1-\alpha)y_t'$$
$$S_t = \alpha y_t + (1-\alpha)S_{t-1}$$

③ 选择平滑系数。当 α 接近于 1 时，新的预测值对前一个预测值的误差进行了较大的修正；当 $\alpha=1$ 时，第 t 期平滑值就等于第 t 期观测值。当 α 接近于 0 时，新预测值只包含较小的误差修正因素；当 $\alpha=0$ 时，预测值就等于上期预测值。

④ 确定初始值。

当时间序列期数在 20 个以上时，初始值对预测结果的影响很小，因此，可以用第一期的观测值来代替；当时间序列期数在 20 个以下时，初始值对预测值有一定影响，因此，可以取前 3 ~ 5 个观测值的平均值来代替。

图6-4 指数平滑法工作流程

6.2.3 分箱平滑法

分箱平滑法是一种数据局部平滑方法，它是通过考察周围的数据来平滑存储数据。用箱的深度来表示不同箱中相同个数的数据，用箱的宽度来表示箱中每个数值的取值区间为常数。

数据装入箱之后，可以用箱内数值的平均值、或中位数、或边界值来替代该分箱内各观测的数值，由于分箱考虑相邻的数值，因此，按照取值的不同可将其划分为按箱平均值平滑、按箱中值平滑以及按箱边界值平滑。

1. 按箱平均值平滑

基于平均值的分箱平滑法的步骤如下：

S1：将数据划归入几个箱中。

S2：计算箱内数值的平均值。

S3：用平均值代替各分箱内观测值。

分箱平滑法举例说明如下。

例如，假设有 8、24、15、41、7、10、18、67、25 等 9 个数，分为 3 箱。

箱 1：8、24、15；

箱 2：41、7、10；

箱 3：18、67、25。

分别用三种不同的分箱法求出平滑存储数据的值：

按箱平均值求得平滑数据值：

箱 1：16、16、16，平均值是 16，这样该箱中的每一个值被替换为 16。

2. 按箱中值平滑

箱 2：6、7、8 的中值（中位数）是 7，可以按箱中值平滑，此时，箱中的每一个值被箱中的中值 7 替换。

3. 按箱边界值求得平滑数据值

箱 3：18、18、25，箱中的最大和最小值作为箱边界。箱中的观测值 67 被最近的边界值 18 替换。

通过不同分箱方法求解的平滑数据值，就是同一箱中 3 个数的存储数据的值。

例如，某个自变量的观测值为 1，2.1，2.5，3.4，4，5.6，7，7.4，8.2。假设将它们分为三个分箱，(1,2.1,2.5)，(3.4,4,5.6)，(7,7.4,8.2)，那么使用分箱均值替代后所得值为 (1.87,1.87,1.87)，(4.33,4.33,4.33)，(7.53,7,53,7.53)，使用分箱中位数替代后所得值为 (2.1,2.1,2.1)，(4,4,4)，(7.4,7.4,7.4)，使用边界值替代后所得值为 (1,2.5,2.5)，(3.4,3.4,5.6)，(7,7,8.2)（每个观测值由其所属分箱的两个边界值中较近的值替代）。

（1）数据分箱法适用范围

① 某些自变量在测量时存在随机误差，需要对数值进行平滑以消除噪声。

② 对于含有大量不重复取值的自变量，使用 <、>、= 等基本操作符的算法来说，如果能够减少不重复取值的个数，那么就能够提高算法的速度。

③ 只能使用分类自变量的算法，需要把数值变量离散化。

（2）分箱法的类型

① 无监督分箱。假设要将某个自变量的观测值分为 k 个分箱。

• 等宽分箱：将变量的取值范围分为 k 个等宽的区间，每个区间当作一个分箱。

• 等频分箱：把观测值按照从小到大的顺序排列，根据观测的个数等分为 k 部分，每部分当作一个分箱，例如，数值最小的 $1/k$ 比例的观测形成第一个分箱。

• 基于 k 均值聚类的分箱：使用 k 均值聚类法将观测值聚为 k 类，但在聚类过程中需要保证分箱的有序性，第一个分箱中所有观测值都要小于第二个分箱中的观测值，第二个分箱中所有观测值都要小于第三个分箱中的观测值。

② 有监督分箱。在分箱时考虑因变量的取值，使得分箱后达到最小熵或最小描述长度。基于最小熵的有监督分箱方法如下。

- 如果以因变量作为分类变量，可取值 1，…，J。令 $P_l(j)$ 表示第 l 个分箱内因变量取值为 j 的观测的比例，$l=1$，…，k，$j=1$，…，J；那么第 l 个分箱的熵值为 $J_l=$ $1[-pl(j) \times \lg(p_l(j))]$。如果第 l 个分箱内因变量各类别的比例相等，即 $p_l(1)=\cdots=p_l(J)=1/J$，那么第 l 个分箱的熵值达到最大值；如果第 l 个分箱内因变量只有一种取值，即某个 $p_l(j)$ 等于 1 而其他类别的比例等于 0，那么第 l 个分箱的熵值达到最小值。
- 令 r_l 表示第 l 个分箱的观测数占所有观测数的比例；那么总熵值为 $k_l=lr_l \times J_l=$ $l[-pl(j) \times \lg(p_l(j))]$。需要使总熵值达到最小，也就是使分箱能够最大限度地区分因变量的各类别。

6.3 数据规范化

规范化的作用是指对重复性事物和概念，通过规范、规程和制度等达到统一，以获得最佳秩序和效益。在数据分析中，度量单位的选择将影响数据分析的结果。例如，将长度的度量单位从米变成英寸，将质量的度量单位从千克改成磅，可能导致完全不同的结果。使用较小的单位表示属性将导致该属性具有较大值域，因此导致这样的属性具有较大的影响或较高的权重。为了避免对度量单位选择的依赖性与相关性，应该将数据规范化或标准化。通过数据转换，使之落入较小的区间，如 [-1,1] 或 [0.0,1.0] 等。规范化数据能够对于所有属性具有相等的权重。

数据规范化可将原来的度量值转换为无量纲的值。通过将属性数据按比例缩放，将一个函数给定属性的整个值域映射到一个新的值域中，即每个旧的值都被一个新的值替代。更准确地说，将属性数据按比例缩放，使之落入一个较小的特定区域，就可实现属性规范化。例如，将数据 −3，35，200，79，62 转换为 0.03，0.35，2.00，0.79，0.62。对于分类算法，规范化作用巨大，有助于加快学习速度。对于基于举例的方法，规范化可以防止具有较大初始值域的属性与具有较小初始值域的属性相比较的权重过大。下面介绍三种常用的数据规范化方法。

6.3.1 最小−最大规范化方法

最小−最大规范化对原始数据进行线性转换。假定 Max_A 与 Min_A 分别表示属性 A 的最大值与最小值。最小−最大规范化通过计算将属性 A 的值 v 映射到区间 $[a, b]$ 上的 v' 中，计算公式如下：

$$v'=(v-Min_A)/(Max_A-Min_A) \times (new\_Max_A -new\_Min_A)+new\_Min_A$$

例如，假定某属性 x 的最小−最大值分别为 12 000 和 98 000，将属性 x 映射到 [0.0,0.1] 中，根据上述公式，x 值 73 600 将转换为

$$(73\,600-12\,000)/(98\,000-12\,000) \times (1.0-0)+0.0=0.716$$

最小−最大规范化能够保持原有数据之间的联系。在这种规范化方法中，如果输入之值在原始数据值域之外，将作为越界错误处理。

S1：确定 Min 和 Max 是最小值和最大值。

S2：输入原始数据 v。

S3：计算 $v' = (v-Min)/(Max-Min) \times (new\_Max-new\_Min)+new\_Min$。

S4：输出 v' 值。

6.3.2　z分数规范化方法

z 分数（z-score）规范化方法是基于原始数据的均值和标准差进行数据的规范化。使用 z-score 规范化方法可将原始值 x 规范为 x'。z-score 规范化方法适用于 x 的最大值和最小值未知的情况，或有超出取值范围的离群数据的情况。

在 z 分数规范化或零均值规范化中，可将 A 的值基于 x 的平均值和标准差规范化。x 值的规范化 x' 的计算公式如下：

$$x'=(x-\bar{x})/\sigma_A$$

其中，$\bar{x}$ 和 σ_A 分别为属性 x 的平均值和标准差。其中 $\bar{x}=\dfrac{1}{n}(v_1+v_2+\cdots+v_n)$，而 σ_A 用 x 的方差的平方根计算。该方法适用于当 x 的实际最小值和最大值未知，或离群点离开了最小 - 最大规范化的情况。

例如，如果 x 的均值和标准差分别为 54 000 和 16 000。使用 z 分数规范化，值 73 600 被转换为 (73 600–54 000)/16 000=1.225。

标准差可以用均值绝对偏差替换。A 的均值绝对偏差 S_A 定义为

$$S_A=\frac{1}{n}(\left|v_1-\overline{A}\right|+\left|v_2-\overline{A}\right|+\cdots+\left|v_n-\overline{A}\right|)$$

对于离群点，均值绝对偏差 s_A 比标准差更加健壮。在计算均值绝对偏差时，不对均值的偏差（即 x_i-x）取平方，因此降低了离群点的影响。

z 分数规范化方法的步骤如下：

S1：求出各变量的算术平均值（数学期望）x_i 和标准差 S_i。

S2：进行标准化处理：

$$z_{ij}=(x_{ij}-x_i)/S_i$$

其中，z_{ij} 为标准化后的变量值；x_{ij} 为实际变量值。

S3：将逆指标前的正负号对调。

标准化后的变量值围绕 0 上下波动，大于 0 说明高于平均水平，小于 0 说明低于平均水平。

6.3.3　小数定标规范化方法

小数定标规范化是通过移动属性 A 的小数点位置来实现的。小数点的移动位数依赖于 A 的最大绝对值。A 的值 v 被规范化，由下式决定：

$$v'=v/10^j$$

其中，j 是使得 $\max(|v'|)<1$ 的最小整数。

假设 A 的取值为 –986 ~ 917。A 的最大绝对值为 986。因此，为使用小数定标规范化，利用 1 000（即 j=3）除每个值，因此，–986 被规范化为 –0.986，917 被规范化为 0.917。

规范化可能将原来的数据改变很多，特别是使用 z 分数规范化或小数定标规范化时表现明显。如果使用 z 分数规范化，还有必要保留规范化参数，例如均值和标准差，以便将来的数据可以用一致的方式规范化。

6.4 数据泛化处理

数据泛化处理就是用更抽象（更高层次）的概念来取代低层次或数据层的数据对象。例如，街道属性，就可以泛化到更高层次的概念，如城市、国家。同样对于数值型的属性，如年龄属性，就可以映射到更高层次的概念，如年轻、中年和老年。

将具体的、个别的扩大为一般的过程就是泛化的过程。如果从刺激与反应论角度出发，当某一反应与某种刺激形成条件联系后，这一反应也将与其他类似的刺激形成某种程度的条件联系，将这一过程称为泛化。细分强调的是目标人群的聚焦和集中，细分要求的是准确集中。

数据泛化过程即概念分层，将低层次的数据抽象到更高一级的概念层次中。数据泛化是一个从相对低层概念到更高层概念，且对与任务相关的大量数据进行抽象的一个分析过程。

数据特化是简化式进化，或称退化，是指由结构复杂变为结构简单的进化。

数据和对象在原始的概念层包含有详细的信息，经常需要将数据的集合进行概括与抽象并在较高的概念层展示，即对数据进行概括和综合，归纳出高层次的模式或特征。归纳法一般需要背景知识，概念层次可由专家提供，或借助数据分析自动生成。空间数据库中可以定义非空间概念层和空间概念层两种类型的概念层次。空间层次是可以显示地理区域之间关系的概念层次。当空间数据归纳之后，非空间属性必须适当调整，以反映新的空间区域所联系的非空间数据。当非空间数据归纳之后，空间数据必须适当地更改。使用这两种类型的层次，空间数据的归纳可以被分为两种子类，即空间数据支配泛化和非空间数据支配泛化。这两种子类泛化可以看作一种聚类。空间数据支配泛化是基于空间位置的聚类，即所有靠近的实体被分在一组中；非空间数据支配泛化根据非空间属性值的相似性聚类。由于归纳步骤是基于属性值的，所以这些方法被称为面向属性的归纳。

6.4.1 空间数据支配泛化算法

空间数据是指与二维、三维或高维空间的空间坐标及空间范围相关的数据，例如地图上的经纬度、湖泊、城市等都是空间数据。在空间数据支配泛化算法中，首先对空间数据进行归纳，然后对相关的非空间属性做相应的更改，归纳进行至区域的数量达到设定阈值为止。

假设某一个区域数目的阈值已经给出，空间数据支配泛化的处理过程描述如下。

输入：空间数据库 D、空间层次 H、概念层次 C 和查询 Q。

输出：所需一般特征的规则 r。

S1：按照查询中的选择条件找到数据。

S2：在非空间数据上进行面向属性的归纳。在这里需要考虑非空间概念层次。在这一步中，非空间属性值归纳为高一层的值。这些归纳就是对低层的特殊值在高层上所做的概括。例如，如果对平均温度做归纳，不同的平均温度（或者范围）可以结合并标志为"热"。

S3：执行空间泛化。这里，具有相同（或相近）非空间归纳值的邻近区域被合并。这样做能够减少根据查询返回的区域数量。

本方法的缺点是层次必须先由领域专家预先设定，数据挖掘请求的质量依赖于所提供的层次。

6.4.2　非空间数据支配泛化方法

对非空间属性值进行归纳，这种归纳对数据进行分组。将邻近的区域的相同的非空间数据归纳值进行合并。假如只简单地返回表示西北部聚类的值，而并不是平均降雨量的数值，可用多、中等、少量这样的值来描述降雨量。

算法首先对非空间属性作面向属性的归纳，将其泛化至更高的概念层次。然后，将具有相同的泛化属性值的相邻区域合并在一起，可用邻近方法忽略具有不同非空间描述的小区域。查询的结果生成包含少量区域的地图，这些区域共享同一层次的非空间描述。

6.4.3　统计信息网格方法

该方法是一个查询无关方法，每个结点存储数据的统计信息，可处理大量的查询。算法采用增量修改，避免数据更新造成所有单元重新计算，而且易于并行化。

统计信息网格方法使用了一种类似四叉树的分层技术，把空间区域分成矩形单元。对空间数据库扫描一次，可以找到每个单元的统计参数（平均数、变化性、分布类型）。网格结构中的每个结点概括了

（a）第1层　　　　（b)第2层　　　　(c)第3层

图6-5　结构中的结点

该网格中所含内部属性的信息。通过获取这些信息，很多数据挖掘请求（包括聚类）都可以通过检验单元统计得到响应。同时，捕获这些统计信息之后，不需要扫描整体的数据库。这样，当有多个数据挖掘请求访问数据时会提高效率。与归纳和逐步求精技术不同，该方法不用提供预定义的概念层次。

本方法可以看作一种层次聚类技术。它的基础工作是建立一个分层表示（有点像树状图），它把空间分割成区域。层级的顶层的组成就是整体空间。最低层是代表每个最小单元的叶子结点。如果使一个单元在下一层中拥有 4 个子单元（网格），那么单元的分割与四叉树中是一样的。但是就一般而言，这个方法对所有空间的层次分解都适用。图 6-5 说明了构造的树中前三层的结点。

小　　结

在大数据处理过程中，去噪与标准化是不可缺少的工作。本章主要介绍了基本的数据转换方法、数据平滑方法、数据规范化方法和数据泛化方法等，这部分内容是大数据预处理重要的一环。

第 ⑦ 章　大数据约简与集成技术

主要内容

- 大数据约简概述
  - 数据约简定义
  - 数据约简方式
- 特征约简
  - 特征提取
  - 特征选择
- 样本约简
  - 简单随机抽样
  - 系统抽样
  - 分层抽样
- 数据立方体聚集
  - 多维性
  - 数据凝集
- 维约简
  - 维约简的目的
  - 维约简的基本策略
  - 维约简的分类
- 属性子集选择算法
  - 逐步向前选择属性
  - 逐步向后删除属性
  - 混合式选择
  - 判定树归纳
- 数据压缩
  - 离散小波变换方法
  - 主成分分析压缩方法
- 数值约简
  - 有参数值约简
  - 无参数值约简
- 数据集成的概述与相关问题
  - 数据集成的核心问题
  - 数据集成的分类
- 数据迁移
  - 在组织内部移动数据
  - 非结构化数据集成
  - 将处理移动到数据端
- 数据集成模式
  - 联邦数据库集成模式
  - 中间件集成模式
  - 数据仓库集成模式
- 数据集成系统
  - 全局模式
  - 语义映射
  - 查询重写
- 数据聚类集成
  - 数据聚类集成概述
  - 高维数据聚类集成

7.1　数据约简概述

大数据分析不但复杂，而且耗费时间长。如果能抓住主要数据，那么分析将更为快捷。

7.1.1　数据约简定义

数据约简是指在对分析任务和数据本身内容理解的基础之上、寻找依赖于发现目标特征的有用数据，以缩减数据规模，从而在尽可能保持数据原始特性的前提下，最大限度地精简数据量。利用约简技术可以得到数据集的约简表示，如图 7-1 所示，虽然约简后的数据集变小了，但仍接近于保持原始数据的完整性。如果能够达到这种程度，在约简后的数据集上分析，仍然能够获得与约简前相同或几乎相同的分析结果。

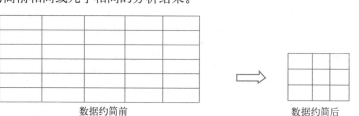

图7-1　数据约简

7.1.2　数据约简方式

常用的约简方式有很多，主要有特征约简、样本约简、数据立方体聚集、属性子集选择、维约简、数值约简和离散化等。

① 特征约简：从原有的特征中删除不重要或不相关的特征。

② 样本约简：通过样本约简可以从数据集中选出一个有代表性的样本子集。

③ 数据立方体聚集：在数据立方体结构中对数据使用聚集操作。

④ 属性子集选择：可以检测并删除不相关、弱相关或冗余的属性或维。

⑤ 维约简：使用编码机制来减小数据集的规模。

⑥ 数值约简：用较小的数据替换数据或估计数据，例如参数模型（只需要模型参数，而不是实际数据）或非参数方法，如聚类、抽样和使用直方图等。

⑦ 离散化：属性的原始数据值用区间值或较高层的概念替换。数据离散化是一种数据约简形式，对于概念分层的自动产生有用。离散化和概念分层产生允许挖掘多个抽象层的数据，是数据挖掘强有力的工具。

在上述的各种约简方式中，都需要考虑在数据约简上的计算时间不应该超过在约简后的数据上挖掘所节省的时间，以保持约简的高效性。

7.2　特　征　约　简

特征约简是指在保留、提高原有判别能力的前提下，从原有的特征中删除不重要或不相关的特征。可以通过对特征进行重组来减少特征的个数，或者减少特征向量的维度。也就是说，特征约简的输入是一组特征，输出也是一组特征，但是输出特征是输入特征的子集。

7.2.1 特征提取

特征提取是模式识别中一个重要的研究领域，常用来缓解维数灾难问题，被广泛应用于人脸识别等分类问题中。特征提取通过寻找一个函数或映射将原始的高维数据转换成低维数据。特征提取是将原始特征转换为一组具有明显物理意义或者统计意义或核的特征。也就是说特征提取是利用已有的特征计算出一个抽象程度更高的特征集，也指计算得到某个特征的算法。在计算机视觉与图像处理中，特征提取是指使用计算机提取图像信息，决定每个图像的点是否属于一个图像特征。特征提取的结果是把图像上的点分为不同的子集，这些子集往往属于孤立的点、连续的曲线或者连续的区域。

1. 特征提取是图像处理中初级运算

特征提取是图像处理中的一个初级运算，也就是说它是对一个图像进行的第一个运算处理。它检查每个像素来确定该像素是否代表一个特征。如果它是一个更大的算法的一部分，那么这个算法一般只检查图像的特征区域。作为特征提取的一个前提运算，输入图像一般通过高斯模糊核在尺度空间中被平滑。此后通过局部导数运算来计算图像的一个或多个特征。

2. 寻找特征

如果特征提取需要较多的计算时间，而可以使用的时间有限制，一个高层次算法可以用来控制特征提取阶层，这样仅图像的部分被用来寻找特征。

由于许多计算机图像算法使用特征提取作为其初级计算步骤，因此出现了大量特征提取算法，其提取的特征各种各样，它们的计算复杂性和可重复性也不同。

7.2.2 特征选择

特征选择从特征集合中挑选一组特征，进而达到降维的目的。特征选择又称特征子集选择或属性选择，是指从已有的 M 个特征中选择 N 个特征使得系统的特定指标最优化，是从原始特征中选择出一些最有效特征以降低数据集维度的过程，是提高学习算法性能的一个重要手段。

1. 特征选择是寻优问题

特征选择可以看作一个寻优问题。对大小为 n 的特征集合，搜索空间由 2^n-1 种可能的状态构成。已经过证明，最小特征子集的搜索是一个 NP 问题，除了使用穷举式搜索之外，不能保证找到最优解。但实际应用中，当特征数目较多的时候，因为穷举式搜索计算量太大而无法应用，因此使用启发式搜索算法可以寻找软计算的准优解。

2. 特征选择的一般过程

（1）产生过程

产生过程是搜索特征子集的过程，为评价函数提供特征子集。

（2）评价函数

评价函数是评价一个特征子集优劣程度的准则。

（3）停止准则

停止准则与评价函数相关，一般是一个阈值，当评价函数值达到这个阈值后就可停止搜索。

（4）验证过程

在验证数据集上验证选出来的特征子集的有效性。

7.3　样 本 约 简

如果样本数量很大并且样本质量参差不齐,应用实际问题的先验知识,通过样本约简就可以从数据集中选出一个有代表性的样本子集。计算成本、存储要求、估计量的精度以及算法和数据特性相关的因素是确定子集大小的主要因素。

初始数据集中最大和最关键的维数就是样本的数目,也就是数据表中的记录数。对数据的分析只基于样本的一个子集,可以用获得数据的子集来提供整个数据集的信息,这个子集通常叫做估计量,其质量依赖于所选子集中的元素。取样过程存在取样误差。当子集的规模变大时,取样误差一般将降低。

随机抽样最主要的优点是:由于每个样本单位都是随机抽取的,根据概率论不仅能够用样本统计量对总体参数进行估计,还能计算出抽样误差,从而得到对总体目标变量进行推断的可靠程度。常用的随机抽样方法主要有简单随机抽样、系统抽样、分层抽样、整群抽样、多阶段抽样等。下面介绍前三种方法。

7.3.1　简单随机抽样

简单随机抽样是最基本的抽样方法。分为重复抽样和不重复抽样。在重复抽样中,每次抽中的单位仍放回总体,样本中的单位可能不止一次被抽中。在不重复抽样中,抽中的单位不再放回总体,样本中的单位只能抽中一次。社会调查采用不重复抽样,目的是使总体中每个数据被抽取的可能性都相同。

7.3.2　系统抽样

系统抽样又称等距抽样。当总体中数据数较多,且其分布没有明显的不均匀情况时,常采用系统抽样。可将总体分成均衡的若干部分,然后按照预先定出的规则,从每一部分抽取相同个数的数据。例如,从 1 万名参加考试的学生成绩中抽取 100 人的数学成绩作为一个样本,可按照学生准考证号的顺序每隔 100 个抽一个。假定在 1 ~ 100 的 100 个号码中任取 1 个得到的是 38 号,那么从 38 号起,每隔 100 个号码抽取一个号,依次为 38,138,238,…,9 938。

7.3.3　分层抽样

分层抽样又称类型抽样,是指先将总体单位按主要标志加以分类,分成互不重叠且有限的类型,成为层,然后再从各层中独立地随机抽取数据,当总体由有明显差异的几个部分组成时,用上面两种方法抽出的样本,其代表性都不强。这时要将总体按差异情况分成几个部分,然后按各部分所占的比进行抽样,即分层抽样。

7.4　数据立方体聚集

数据立方体是一类多维矩阵,可使用户从多个角度分析数据集,通常是使用三个维度。当从一堆数据中提取信息时,需要找到有关联的信息,以及探讨不同的情景。出现在纸上或屏幕上的数据都是二维数据,是行和列构成的表格。

数据立方体是二维表格的多维扩展,如同几何学中立方体是正方形的三维扩展一样。立方体是三维的物体，将三维的数据立方体看作一组类似的互相叠加起来的二维表格。

数据立方体不局限于三个维度。很多分析处理系统可构建多个维度数据立方体，例如，微软的 SQL Server 2000 Analysis Services 工具允许维度数高达 64 个。

7.4.1 多维性

随着数据立方体维度数目的增加，立方体变得更稀疏，即表示某些属性组合的多个单元是空的。相对于其他类型的稀疏数据库，数据立方体往往会增加存储需求，有时达到不能接受的程度。

在结构上，数据立方体由维度和测度构成。维度如上所述，而测度就是实际的数据值。数据立方体中的数据是已经过处理并聚合成立方数据。通常不需要在数据立方体中进行计算，这也表明数据立方体中的数据并不是实时的、动态的数据。

7.4.2 数据聚集

数据聚集就是汇总和浓缩一批细节数据，形成一个更抽象的数据，与之连用的是聚集函数。在 SQL 语言中，SQL 提供了 5 个聚集函数，分别是 count、sum、avg、min、max。其中，count 就是不管细节的各条记录是什么样子，给出记录总数，另外 4 个分别求出其总和、算术平均值、最小值、最大值。有的数据库还扩充了标准方差、协方差等聚集函数，以支持更多的分析需求。可以通过构造数据立方体来完成这种多粒度数据分析。

例如，已知某超市分店的每季度的销售数据，需要求每年的销售总和。于是可以对这些数据聚集，使得结果数据汇总每年的总销售，而不是每季度的总销售。该聚集如图 7-2 所示，图中显示了该超市分店的 2014—2016 年的销售数据，通过数据聚集提供了年销售额，显然，聚集结果使数据量小得多，但并没有丢失分析任务所需的数据。

数据立方体可以存储多维聚集信息。例如，图 7-3 所示为一个数据立方体，用于各分店每类商品年销售的多维数据分析。每个单元存放一个聚集值，对应于多维空间的一个数据点。每个属性都可能存在概念分层，允许在多个抽象层进行数据分析。例如，分层使得分店可以按它们的地址聚集成地区。数据立方体提供对预计算的汇总数据进行快速访问，因此适合联机数据分析和数据挖掘。

图7-2 数据聚集举例　　　　　　　　图7-3 数据立方体

在最低抽象层创建的立方体称为基本方体。基本方体应当对应于个体实体，例如销售额或客户，也就是说，最低层应当是对于分析可用的或有用的。最高层抽象的立方体称为顶点方体。对于图 7-3 中的销售数据，顶点方体将给出一个汇总值，即所有商品类型、所有分店三年的总销售额。对不同层创建的数据立方体称为方体，因此可以将数据立方体看作方体的格。每个较高层抽象将进一步减小结果数据的规模。当回答查询或数据挖掘查询时，应当使用与给定任务相关的最小可用方体。

7.5 维 约 简

在高维数据分析时，存在以下两个主要困难。一个困难是欧氏距离问题，在 $2 \sim 10$ 维的低维空间中，欧氏距离是有意义的，可以用来度量数据之间的相似性，但在 10 维以上的高维空间就无太大意义。这是由于高维数据的稀疏性，随着维数的增加，数据对象之间距离的可比性将不复存在，将低维空间中的距离度量函数应用到高维空间时，其有效性大大降低。另一个困难是维数膨胀问题。在高维数据分析过程中，碰到最大的问题就是维数的膨胀，也就是通常所说的导致了维数灾难发生。当维数越来越多时，数据计算量迅速上升，所需的空间样本数将随维数的增加而呈指数增长，分析和处理多维数据的复杂度和成本也呈指数级增长，因此有必要对高维数据降维处理。科学大数据具有高维数据特性，随着科学技术的迅速发展，高维大数据增长迅速，需要利用降维的维数约简方法减少冗余数据。

在数据处理技术中，处于一个高维空间中的数据，例如当处理一个 256×256 的图像时，需要将其平拉成一个向量，这样就得到了 65 536 维的数据，如果直接对这些数据进行处理，将出现维数灾难问题。

维数灾难通常是指在涉及向量计算的问题中，随着维数的增加，计算量呈指数倍增长的一种现象。

维数灾难问题导引了无法忍受的巨大的计算量，而且这些数据通常没有反映出数据的本质特征，如果直接对它们进行处理，不但计算量巨大，而且不会得到理想的结果。针对这种情况，需要首先对数据进行维数约简，然后对维数约简后的数据进行处理。当然，要保证约简后的数据特征能反映甚至更能揭示原数据的本质特征。

7.5.1 维约简的目的

维约简又称降维，对于 n 维空间的数据库 X，通过特征提取或者特征选择的方法，将原空间的维数降至 m 维，并且 n 远大于 m，满足 m 维空间的特性能反映原空间数据的特征，将上述过程称为维约简。

维约简是相对于维数灾难或者说是高维数据提出的，其本意就是降低原来的维数，并保证原数据库的完整性，更广泛地说就是避免维数灾难的发生。通过维约简之后，可以达到下述主要目的。

① 压缩数据以减少存储量。

② 去除噪声的影响。

③ 从数据中提取特征以便进行分类。

④ 将数据投影到低维可视空间，以便于看清数据的分布情况。

对付高维数据问题基本的方法就是维数约简，即将 n 维数据约简成 m（$m \ll n$）维数据，并能保持原有数据集的完整性。在 m 维上进行数据挖掘不仅效率更高，且挖掘出来的结果与原有数据集所获得结果基本一致。

7.5.2 维约简的基本策略

分析现有的数据挖掘模型，用于数据维约简的基本策略归纳起来有两种。

1. 特征选择

一种策略是特征选择，是从有关变量中消除无关、弱相关和冗余的维，寻找一个变量子集来构建模型。也就是说是在所有特征中选择最有代表性的特征。

2. 特征提取

另一种策略是特征提取，是指通过对原始特征进行某种操作获取有意义的投影。也就是把 n 个原始变量变换为 m 个变量，在 m 维上进行后续操作。

7.5.3 维约简的分类

常用下述三种分类基准来对维约简分类。

（1）约简维数的大小

① 硬维数约简。硬维数约简的维数范围是在从几百到成百上千维的高维问题，模式识别、图像和语音在内的分类问题，例如人脸识别、特征识别、听觉模式等都属于硬维数约简问题。

② 软维数约简。软维数约简通常处理的问题仅为几十维的数据，比硬维数约简的维数要少很多。例如，在社会科学、心理学中的大多数统计分析都属于这一类。由于需约简的维数较少，所以不是很困难。

③ 可视化问题的维约简。可视化的问题是数据本身具备一个很高的维数，但是需要约简它到 1、2 或者 3 维空间，并绘制和将其可视化。

几种代表性的技术都是将数据可视化到 5 维数据集，分别利用颜色、旋转、立体投影法、图像字符或者其他装置，但是缺乏对一个样本点的吸引力描述。

（2）数据时序维约简

基于数据时序的维约简可以分为静态维约简和时间相关维约简，其中时间相关维数约简通常用于处理时间序列，例如视频序列和连续语音等。

（3）有无监督信息

① 监督式维约简。监督式维约简是一种监督学习过程，利用一组已知类别的样本调整分类器的参数，使其达到所要求性能的过程，也称监督训练或有导师学习。用来进行学习的数据就是与被识别对象属于同类的有限数量样本，监督学习中进行学习样本的同时，还需要指出各个样本所属的类别。

② 半监督式维数约简。主要考虑如何利用标注样本和未标注样本进行训练和分类。

③ 非监督式维数约简。指约简过程的学习样本不带有类别信息。

（4）线性维约简和非线性维约简

线性维约简的方法主要有主成分分析（PCA）、独立成分分析（ICA）、线性判别分析（LDA）、局部特征分析（LFA）等。非线性维约简又分为基于核函数的方法和基于特征值的方法，基于核函数的非线性维约简方法有基于核函数的主成分分（KPCA）、基于核函数的独立成分分析（KICA）、基于核函数的决策分析（KDA）等。基于特征值的非线性降维方法有 ISOMAP 和 LLE。

扫一扫

常用维约简
方法的比较

7.6　属性子集选择算法

通过对属性子集的选择可以约简属性集，基于属性子集选择的启发式算法的主要技术如下所述。

7.6.1　逐步向前选择属性

逐步向前选择是增量式选择，该过程由空属性集开始，然后选择原属性集中最好的属性，并将它添加到该集合中。在其后的每一次迭代，将原属性集剩下的属性中最好的属性添加到该集合中。例如，初始属性集为 {A1,A2,A3,A4,A5,A6}，初始约简集为 {}。约简后的属性集形成过程如下：

S1：{}
S2：{A1}
S3：{A1,A4}
S4：{A1,A4,A6}

其中，{A1,A4,A6} 是约简后的属性集。

7.6.2　逐步向后删除属性

逐步向后删除是减量式选择，该过程由整个属性集开始，在每一步，删除掉还在属性集中的最坏属性。例如，初始属性集为 {A1,A2,A3,A4,A5,A6}，初始约简集为 {A1,A2,A3,A4,A5,A6}。约简后的属性集形成过程如下：

S1：{A1,A2,A3,A4,A5,A6}
S2：{A1,A2,A4,A5,A6}
S3：{A1, A4,A5,A6}
S4：{A1, A4, A6}

其中 {A1,A4,A6} 是约简后的属性集。

7.6.3　混合式选择

混合式选择是将逐步向前选择和逐步向后删除的方法结合，每一步选择一个最好的属性，并在剩余属性中删除一个最坏的属性。

上述三种算法中，算法结束的条件可为多种，但常用的是可以使用一个阈值来确定是否停止属性选择过程。

7.6.4　判定树归纳

判定树算法（例如 ID3 和 C4.5 算法）主要用于分类。利用判定树可以构造一个类似于流程图的结构，每个内部结点表示一个属性测试，每个分枝对应于属性测试的一个输出，每个外部结点表示一个判定类。在每个结点，算法选择最好的属性，将数据划分成类。内部结点不包括叶结点，而外部结点指叶结点。

当判定树用于属性子集选择时，树由给定的数据构造，假定不出现在树中的所有属性不相关，出现在树中的属性形成约简后属性子集。

如果挖掘任务是分类，而挖掘算法本身是用于确定属性子集，就称为包装方法，否则称为过滤方法。因为包装方法在删除属性时优化了算法的度量计算，所以可以达到更高的精确性。例如，初始属性集为{A1,A2,A3,A4,A5,A6}，约简后的属性集形成过程如图 7-4 所示。

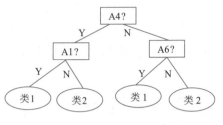

图7-4　判定树归纳过程

约简后的属性集是 {A1,A4,A6}。

7.7　数据压缩

在数据压缩时，应用数据编码或数据变换之后，可以得到原数据的约简或压缩表示。如果原数据可以通过压缩数据的解压而重新构造原数据且不丢失任何信息，则是无损压缩否则是有损压缩。通常将有限的数据操作完成无损压缩算法称为有效的压缩算法。下面介绍两种有效的压缩算法。

7.7.1　离散小波变换方法

1. 小波变换的基本思想

小波是指小的波形，小是指它具有衰减性，而称为波则是指它的波动性，其振幅正负相间的振荡。与傅里叶变换相比，小波变换是时间（空间）频率的局部化分析，它通过伸缩平移运算对信号（函数）逐步进行多尺度细化，最终达到高频处时间细分，低频处频率细分，能自动适应时频信号分析的要求，从而可聚焦到信号的任意细节，解决了傅里叶变换的困难问题，是继傅里叶变换以来在科学方法上的又一突破。

2. 离散小波变换

小波分析应用于信号与影像压缩是小波分析应用的一个重要方面，其特点是压缩比高，压缩速度快，压缩后能保持信号与影像的特征不变，且在传递中可以抗干扰。基于小波分析的压缩方法很多，主要有小波包最好基方法、小波网域纹理模型方法、小波变换零树压缩、小波变换向量压缩等。

离散小波变换（DWT）是一种线性信号处理技术，它将数据向量 D 转换成在数值上不同的小波系数向量 D'，其中向量 D 和向量 D' 长度相同。由于小波变换后的数据可以裁减，仅留下一小部分最强的小波系数，这样就能够保留近似的压缩数据。例如，保留大于用户设定的某个阈值的小波系数，而将其他系数置零，这种处理就达到了稀疏数据的结果，进而使得在小波空间的计算加快。当然应用这种技术也可以消除噪声，而不会平滑掉数据的主要特性，进而达到对数据有效清洗。

离散小波变换与傅里叶变换(DFT)密切相关。DFT 是一种涉及正弦和余弦的信号处理技术。DWT 是一种较好的有损压缩技术，对于给定数据向量，如果 DFT 和 DWT 保留相同的系数，DWT 将给出更精确近似的原数据，所以对于等价的近似，DFT 比 DWT 需要的空间大，DWT 的小波空间局部性好，有助于保留局部细节。

应用离散小波变换的一般过程使用一种分层的金字塔算法，它每次迭代都将数据减半，导致快速计算。

离散小波变换算法如下。

① 输入长度是 2 的整数幂的数据向量。

② 每个变换涉及应用两个函数：第一个是数据平滑函数；第二个是加权差分函数，产生数据的细节特征。

③ 两个函数作用于输入数据对，产生两个长度为 $L/2$ 的数据集，分别表示输入数据平滑后的数据或低频的版本和其高频内容。

④ 两个函数递归地作用于前面循环得到的数据集，直到结果数据集的长度为 2 为止。

⑤ 由以上迭代得到的数据集中选择值，指定其为数据变换的小波系数。

3. 小波变换的特点

DFT 是离散余弦变换，DWT 是离散小波变换。其共同点是两者都将空域的图像数据信息转换到频域中，即分离出图像的低频到高频成分。其区别是：

① DFT 转换后的域仅包含频域成分，就叫频域；DWT 转换后的域不仅有频域成分，还具有空域成分，因此叫小波域。

② DWT 的小波域含有不同分辨率的子带，越往左上角分辨率越小，每个子带都包含图像的空域成分。

小波变换可以应用于多维数据，例如，应用于数据立方体的做法如下：首先将变换作用于第一维，然后第二维，如此下去。应说明计算复杂性对于数据立方体单元的个数是线性的，对于稀疏和倾斜数据及具有有序属性的数据，小波变换能够得到很好的结果。研究表明，小波变换比 JPEG 压缩效果好，已在指纹图像压缩、计算机视觉、实践序列数据分析和数据清洗中广泛应用。

7.7.2 主成分分析压缩方法

主成分分析法也可以作为数据压缩方法。假设待压缩数据有 N 个元组或数据向量组成，取自 K 个维。主要成分分析法搜索 C 个最能够代表数据的 K- 维正交向量，$C \ll K$，致使原来的数据投影到较小的空间，实现数据压缩。主要成分分析法可以作为一种维约简形式使用，但是，不像属性子集选择通过保留原来属性集的一个子集来减少属性集的大小，而是通过创建一个替换的、较小的变量集来组合属性的精华，原数据可以投影到该较小的集合中。

应用主要成分分析法进行数据约简的过程如下。

① 对输入数据规范化，使得每个属性都落入相同的空间。

② 计算 C 个规范正交向量，作为规范化输入数据的基。规范正交向量是单位向量，每一个都垂直于另一个，这些向量是主要成分，输入数据是主成分的线性组合。

③ 对主要成分按意义或强度降序排列，主要成分基本上充当数据的一组新坐标，提供方差信息。也就是说，对轴进行排序，使得第一个轴显示立方体的方差最大，第二个显示的次之，以下如此处理。图 7-5 所示的是对于原来映射到 X_1 和 X_2 轴给定数据集的前两个主要成分 Y_1 和 Y_2，这一信息可以帮助识别数据中的分组和模式。

④ 主成分按意义降序排列，可以去掉较弱成分（方差较小）来压缩数据，利用最强的主要成分，可以重构原数据的近似值。

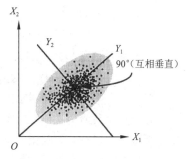

图7-5 主成分分析

主成分分析法与小波变换相比较，主成分分析法能够较好地处理稀疏数据，小波变换适合处理高维数据。

7.8 数值约简

数值约简是利用替代的方式，使用较小的数据表示替换或估计数据，进而可以减少数据量。数值约简技术分为有参数值约简技术和无参数值约简技术。有参数值约简技术是使用模型来评估数据，只使用参数，而不是实际值。例如，对数线性模型估计离散的多维概率分布。无参数值约简技术主要用于存放约简数据的表示，主要有直方图、聚类和选样等。

7.8.1 有参数值约简

1. 回归

在线性回归中，通过数据建模使之适合一条直线，例如，用 $Y=a+bX$ 将随机变量 Y 表示为另一个随机变量 X 的线性函数。其中，响应变量 Y 的方差是常量，X 是预测变量，系数 a 和 b 称为回归系数，分别表示直线的 Y 轴截距和斜率。系数可以用最小平方法获得，使得分离数据的实际直线与该直线间的误差最小。多元回归是线性回归的扩充，响应变量是多维特征向量的线性函数。

2. 对数线性模型

对数线性模型是近似离散概率模型，基于较小的方体形成数据立方体的格，该方法用于估计具有离散属性集的基本方体中每个格的概率。允许使用较地接的立方体构造较高阶的数据立方体。由于对数线性的较小的阶的方体总计占用空间小于基本方体占用空间，所以说对于压缩是有用的。又由于对基本方体进行估计相比，使用较小阶的方体对单元进行估计选样变化小，所以对于数据平滑对数线性模型也是有用的。

回归和对数线性模型都可用于稀疏数据，回归适于倾斜数据。对数线性模型伸缩性好，可以扩展到10维左右。

7.8.2 无参数值约简

1. 直方图

扫一扫

直方图

直方图是一种统计报告图，由一系列高度不等的纵向条纹或线段表示数据分布的情况。一般用横轴表示数据类型，用纵轴表示分布情况。

直方图使用分箱近似数据分布，是一种流行的数据约简方式。属性 A 的直方图将 A 的数据分布划分为不相交的子集或桶。桶安放在水平轴上，而桶的高度表示该桶所代表的值的频率，如果每个桶代表单个属性值时，则该桶称为单桶，通常桶表示给定属性的连续区间。

桶和属性值的划分原则如下：

① 等宽：在等宽的直方图中，每个桶的宽度区间是一个常数，每个桶的宽度为20。

② 等深：在等深的直方图中，每个桶的频率为常数，即每个桶包含相同数的临近数据样本。

③ V- 最优直方图：给定桶个数，V- 最优直方图是具有最小方差的直方图。直方图的方差是指每个桶代表的原数据的加权和，其中权等于桶中值的个数。

④ 最大差直方图：在最大差直方图中，考虑每对相邻值之间的差。

V-最优直方图和最大差直方图是最精确和最实用的直方图。对于近似稀疏和稠密的数据，以及高倾斜和一致的数据，直方图高度有效。

2. 聚类

在数值约简中，可以用数值的聚类来代替实际数据，其有效性与数据的性质密切相关。如果能够组织成不同的聚类，那么该技术有效。

3. 选择

选择是数值约简的一种方法，可以用数据的较小随机样本表示大数据集。如果大数据集 D 包含了 N 个元组，则有下述选择。

① 简单选择 n 个样本，不回放：在 D 的 N 个元组中，抽取 n 个样本，$n<N$，D 中任何元组被抽取的概率为 $1/N$，即所有元组抽取机会相等。

② 简单选择 n 个样本，回放：当一个元组被抽取之后，记录它，然后放回去。这样，这个被放回的元组还有机会再次被抽取。

③ 聚类选择：如果 D 中的元组被分组放入 M 个互不相交的聚类，则可以得到聚类的 m 个简单选择，这里 $m<M$。例如，数据库元组通常一次取一页，每一页就可以看作一个聚类。

④ 分层选择：如果 D 被划分成互不相交的部分（称之为层），则对每一层的简单随机选择就可以得到 D 的分层选择。特别当数据倾斜时，可以确保样本的代表性。例如，可以得到关于顾客数据的分层选择，其中分层对顾客的每个年龄组创建，这样具有最少顾客数目的年龄组肯定能够表示。

应用选择进行数据约简的优点是得到样本的开销正比于样本的大小 n，而不是数据的大小 N。其他约简技术需要完全扫描 D。对于固定的样本大小，选择的复杂性仅随数据的维数 d 线性增加，直方图复杂性随 d 指数增长。

在数据约简中，选择常用于回答聚集查询。在指定的误差范围内，可以确定（使用中心极限定理）估计一个给定的函数在指定误差范围内所需要的样本大小。样本大小 n 相对于 N 可能很小。对于约简数据集逐步求精，选择是一种自然选择。遮掩集合可以通过简单地增大样本大小而进一步提炼。

7.9　数据集成的概念与相关问题

对于大数据分析，数据集成必不可少。由于大数据的分布式存储，导致多个异构的、在不同的软硬件平台上运行的独立数据系统的出现，这些数据系统的数据源彼此独立、相互封闭，使得数据难以在系统之间交流、共享和融合，从而构成众多的数据孤岛。数据孤岛带来的问题是使得不同软件之间，尤其是不同部门之间的数据不能共享，造成系统中存在大量冗余数据、垃圾数据，无法保证数据的一致性。

1. 数据集成的概念

数据集成是应用、存储以及各组织之间传送的数据的管理实践活动。数据集成主要是考虑合并规整数据问题。

数据集成是指将不同来源、不同格式、不同特点与不同性质的数据在逻辑上或物理上有机地集中，存放在一个一致的数据存储（例如数据仓库）中。这些数据可能来自多个数据库、数据立方体或一般文件，从而为后续的数据分析与挖掘提供全面的数据共享，使用户能够以透明的方式访问这些数据源。集成是指维护数据源整体上的数据一致性、提高信息共享利用的效率；透明的方式是指用户无须关心如何实现对异构数据源数据的访问，只关心以何种方式访问何种数据。图7-6所示为数据集成的示意图。

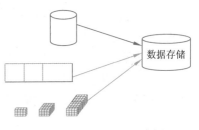

图7-6　数据集成的示意图

数据集成的最复杂和困难的问题是数据格式转换，也就是将多种数据格式转换为统一的格式，这是在数据集成中经常遇到的问题。为了完成数据格式转换，需要理解被整合的数据及其数据结构，需要在技术和业务上很好地把握。在图7-7中，表示将来自多个不同数据源的不同格式的数据转换为统一格式的目标数据转换描述。很多数据转换可以简单地通过技术上改变数据的格式而实现，但更常用的情况是，需要提供一些格外的信息，例如通过转换查找表，可以将源数据转换为目标数据。

2. 数据集成系统

将实现数据集成的系统称为数据集成系统。数据集成系统可以将来自各种不同的数据源的数据集成，形成统一的数据集，为用户提供统一的数据访问接口，执行用户对数据的访问请求，其模型如图7-8所示。

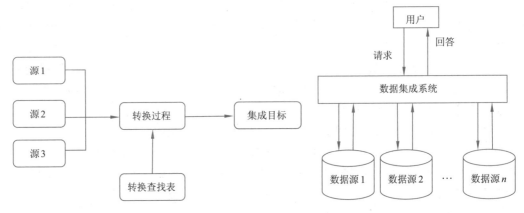

图7-7　将数据转换为通用格式　　　图7-8　数据集成系统模型

数据集成的数据源主要指各类数据库、XML 文档、HTML 文档、电子邮件、普通文件等结构化、半结构化和无结构化数据。数据集成是信息系统集成的基础和关键。好的数据集成系统能够保证用户以低代价、高效率使用异构的数据。

3. 数据集成需要考虑的问题

主要有下述三个需要考虑的问题。

（1）实体识别问题

来自各个数据源的实体发生冲突问题是指来自某个数据库的用户和另一个数据库的用户为同一个实体，也就是说，需要知道来自多个信息源的现实世界的实体是否能够匹配。为了知道这个问题，首先要能够识别实体。由若干相关的元数据元素构成元数据实体，它描述原始数据某一方面的若干特征。利用元数据实体识别出是否是同一实体之后，可以将同一实体同名化处理，并删除多余的部分。

（2）冗余问题

对于数据库中的重复数据，可以进一步分为元组和属性重复。元组重复是指同一数据，存在两个或多个相同的元组。对于属性冗余，如果一个属性是冗余的，那么可以由另一表导出这个属性，例如，年收入工资、属性或维命名的不一致，也可以导致数据集中的冗余。

应用相关分析可以检测到冗余。例如，给定两个属性，根据可用的数据，可以度量一个属性性能在多大程度上蕴涵另一个属性。属性之间的相关性度量计算公式如下：

$$R_{a,b} = \Sigma (A-A')(B-B')/(n-1)\sigma_A\sigma_B$$

式中，n 是元组个数，A' 和 B' 分别表示 A 和 B 的平均值，σ_A 和 σ_B 分别是 A 和 B 的标准差。其中：

$$A \text{ 的平均值 } A' = \Sigma A/n, \; A \text{ 的标准差 } s = (\Sigma (A-A')^2/n-1)^{1/2}$$

如果 $R_{a,b}$ 的值大于 0，则 A 和 B 是正相关，其含义是 A 的值随 B 的值增大而正大，该值越大，则一个属性蕴涵另一个的可能性就越大。也就是说，很大的 $R_{a,b}$ 值表明 A 或 B 可以作为冗余而被除掉。如果结果值为 0，则 A 和 B 是独立的，即它们不相关。如果结果值小于 0，则 A 和 B 负相关，一个值随另一个减少而增加，这表明每一个属性都阻止另一个属性出现。利用属性之间的相关性度量公式可以检测实体之间的相关性。

除检测属性之间的冗余之外，也在元组级进行重复检测。元组重复是指对于同一数据，存在两个或多个相同的元组。

（3）数据冲突的检测与处理问题

数据集成还涉及数据冲突的检测与处理。对于现实世界的同一实体，由于表示、大小或编码不同，即来自不同数据源的属性值可能不同。例如，质量属性可以在一个系统中以公制单位存放，而在另一个系统中以英制单位存放。对于连锁旅馆，可能涉及不同的服务（如是否有免费早餐）。又如，不同学校交换信息时，每个学校可能都有自己的课程计划和评分标准。一所大学可能开设三门大数据系统课程，用 0 ~ 5 评分；而另一所大学可能采用学期制，开设两门大数据课程，用 0 ~ 100 评分。需要在这两所大学之间制定精确的课程成绩变换规则，进行信息交换。对于现实世界的同一实体，来自不同数据源的属性值可能不同，表示、比例和编码不同，进而形成数据语义的差异性。

将多个数据源中的数据集成起来统一的格式，能够减少或避免结果数据集中数据的冗余和不一致性，提高数据挖掘和分析的速度和精度。

7.9.1　数据集成的核心问题

1. 异构性

由于被集成的数据源是独立开发的异构数据模型，所以将给集成带来很大困难。这些异构性主要表现在数据语义、相同语义数据的表达形式和数据源的使用环境等方面。

当数据集成需要考虑数据的内容和含义时，就进入语义异构的层次上。语义异构要比语法异构更为复杂，需要破坏字段的原子性，即需要直接处理数据内容。常见的语义异构包括字段拆分、字段合并、字段数据格式变换、记录间字段转移等方式。语法异构和语义异构的区别可以追溯到数据源建模时的差异。当数据源的实体关系模型相同，只是命名规则不同时，造成的只是数据源之间的语法异构；当数据源构建实体模型时，如果采用不同的粒度划分、不同的实体间关系以及不同的字段数据语义表示，必然会造成数据源间的语义异构，致使数据集成带来很大麻烦。

数据集成系统的语法异构现象存在普遍性。一些语法异构较为规则，可以用特定的映射方法解决，但还有一些不易被发现的语法异构，例如，数据源在构建时隐含了一些约束信息，在数据集成时，这些约束不易被发现，进而造成错误的产生。如某个数据项用来定义月份，隐含着其值只能在 1 ~ 12 之间，而集成时如果忽略了这一约束，就有可能产生错误的结果。

2. 分布性

数据源异地分布，并且利用网络传输数据，这就存在网络传输的性能和安全性等问题。

3. 自治性

各个数据源有很强的自治性，可以在不通知集成系统的前提下改变自身的结构和数据，对数据集成系统的健壮性提出了挑战。

在上述三个问题中，异构性表现突出。数据源的异构性一直是困扰数据集成系统的核心问题，异构性的难点主要表现在语法异构和语义异构。语法异构一般指源数据和目的数据之间命名规则及数据类型存在不同。对数据库而言，命名规则指表名和字段名。语法异构相对简单，只要实现字段到字段、记录到记录的映射，解决其中的名字冲突和数据类型冲突，这种映射容易实现。因此，语法异构无须关心数据的内容和含义，只要知道数据结构信息，完成源数据结构到目的数据结构之间的映射即可。

数据集成技术的任务是将相互关联的分布式异构数据源集成到一起，使用户能够以透明的方式访问这些数据源。

7.9.2 数据集成的分类

1. 基本数据集成

（1）基本数据集成面临的问题很多，通用标识符问题是数据集成时遇到的最难的问题之一。在前面已提到了实体识别问题，同一业务实体存在于多个系统源中，并且没有明确的办法确认这些实体是同一实体时，就会产生这类问题。解决实体识别问题的办法如下。

① 隔离：保证实体的每次出现都指派一个唯一标识符。

② 调和：确认实体，并且将相同的实体合并。

③ 当目标元素有多个来源时，指定某一个来源系统在冲突时占主导地位。

（2）数据丢失问题是最常见的问题之一，解决的办法是为丢失数据填补一个非常接近实际的估计值。

2. 多级视图集成

应用多级视图机制有助于对数据源之间的关系进行集成，底层数据表示方式为局部模型的局部格式，例如关系和文件；中间数据表示为公共模式格式，例如扩展关系模型或对象模型；高级数据表示为综合模型格式。

视图的集成化过程为两级映射：

① 数据从局部数据库中，经过数据翻译、转换并集成为符合公共模型格式的中间视图。

② 进行语义冲突消除、数据集成和数据导出处理，将中间视图集成为综合视图。

3. 模式集成

模型合并属于数据库设计问题，其设计由设计者的经验而定，在实际应用中缺少成熟的理论指导。实际应用中，数据源的模式集成和数据库设计仍有相当的差距，如模式集成时出现的命名、单位、结构和抽象层次等冲突问题，就无法照搬模式设计的经验。

在操作系统中，模式集成的基本框架如属性等价、关联等价和类等价可归于属性等价。

4. 多粒度数据集成

多粒度数据集成是异构数据集成中最难处理的问题，理想的多粒度数据集成模式是自动逐步抽象，与数据综合密切相关。数据精度的转换涉及数据综合和数据细化过程。

数据综合（或数据抽象）是指由高精度数据经过抽象形成精度较低，但是粒度较大的数据。其作用过程为从多个较高精度的局部数据中，获得较低精度的全局数据。在这个过程中，要对各局域中的数据进行综合，提取其主要特征。数据综合集成的过程是特征提取和归并的过程。

数据细化指通过由一定精度的数据获取精度较高的数据，实现该过程的主要途径有：时空转换、相关分析或者由综合中数据变动的记录进行恢复。数据集成是最终实现数据共享和辅助决策的基础。

5. 批处理数据集成

当需要将数据以成组的方式从数据源周期性地（如每天、每周、每月）传输到目标应用时，就需要使用批处理数据集成技术。在过去，大部分系统之间的接口通常是周期性地将一个大文件从一个系统传送到另一个系统。文件的内容通常是结构一致的数据记录，发送系统与接收系统都能识别和理解这种数据格式。发送系统将数据传送到接收系统，这种数据传输方式就是所谓的点对点。接收系统将会在特定的时间点上对数据进行及时处理，而不是立即处理，因此，这样的接口是异步的，因为发送系统不需要等待来自接收系统的一个实时反馈以确认事务处理的结束。批处理的数据集成方式对于需要处理非常巨大的数据量的场合依然是比较合适并且高效的，如数据转换以及将数据快照装载到数据仓库等。可以通过适当调优，让这种数据接口获得非常快的处理速度，以便尽可能快地完成大数据量的加载。通常将其视为紧耦合，因为需要在源系统和目标系统之间就文件的格式达成一致，并且只有在两个系统同时改变时才能成功地修改文件格式。

为了在变化发生时不至于接口被破坏或者无法正常工作，需要非常小心地管理紧耦合系统，以便在多个系统之间进行协调以确保同时实施变化。为了管理比较巨大的应用组合系统，最好选择松耦合的系统接口，以便在不破坏当前系统的前提下允许应用发生改变，并且不需要同步变化的协调过程。因此，数据集成方案最好是松耦合的。

6. 实时数据集成

为了完成一个业务事务处理而需要即时地贯穿多个系统的接口，这就是实时接口。一般情况下，这类接口需要以消息的形式传送比较小的数据量。大多数实时接口依然是点对点的，发送系统和接收系统是紧耦合的，因为发送系统和接收系统需要对数据的格式达成特殊的约定，所以任何改变都必须在两个系统之间同步实施。实时接口通常也称同步接口，因为事务处理需要等待发送方和接口都完成各自的处理过程。

实时数据集成的最佳实践突破了点对点方案和紧耦合接口设计所带来的复杂性问题。多种不同的逻辑设计方案可以用不同的技术实现，但是如果没有很好地理解底层的设计问题，这些技术在实施时同样会导致比较低效的数据集成。

7. 大数据集成

大数据是非常大量的数据，也是不同技术和类型的数据。考虑到特别大的数据量和不同的数据类型，大数据集成一般需要将处理过程分布到源数据上进行并行处理，并仅对结果进行集成。因为，如果预先对数据进行合并将消耗大量的处理时间和存储空间。

集成结构化和非结构化的数据时需要在两者之间建立共同的信息联系，这些信息可以表示为数据库中的数据或者键值，以及非结构化数据中的元数据标签或者其他内嵌内容。

8. 数据虚拟化

多种数据源的数据不仅包含结构化数据，还包括非结构化数据，而数据虚拟化需要使用数据集成技术对多种数据源的数据进行实时整合，数据仓库以统一的格式将多个不同操作型数据复制到一个持久化存储器中。相对而言，数据仓库不仅分析当前活跃的操作型数据，而且分析历史数据。报表和分析架构通常需要一些持久化数据，这是因为，根据以往经验，集成和综合来自其他多个数据源的数据，对于即时数据利用来说实在是过于缓慢了。数据虚拟化技术可使分析的实时数据集成变得可行，特别是在与数据仓库技术结合的情况下。新兴的内存数据存储技术以及其他虚拟化方法则使快速数据集成方案成为可能，并且不再依赖于数据仓库和数据集市等中间形式的数据存储。

7.10 数据迁移

当一个应用被新的定制应用或者新的软件包所替换时，就需要将旧系统中的数据迁移到新应用中。如果新应用已经在生产环境下使用，此时只需要增加这些额外的数据；如果新应用还没有正式使用，就需要给予空数据结构以增加这些新增的数据。如图7-9所示，数据转换过程同时与源和目标应用系统交互，将按源系统的技术格式定义的数据移动并转换为目标系统所需要的格式和结构。这仅允许拥有数据的代码进行数据更新操作，而不是直接更新目标数据结构。然而，在许多情况下，数据迁移进程直接与源或者目标数据结构交互，而不是通过应用接口进行交互。

对于静态数据和运动中的数据，数据访问和安全管理都是主要的关注点。静态数据的安全通过不同层次的管理来实现，即物理层、网络层、服务器层、应用层以及数据存储层。而在不同的应用和组织之间传送的数据则需要额外的安全措施来对传输中的数据进行保护，防止非法访问等，例如在发送端进行加密而在接收端解密等。

对于静态数据和临时数据的恢复技术既有差别又有关联。事实上，每个技术和工具都能够提供一些不同的恢复方法，以便提供不同的业务和技术解决方案。在选择适当的恢复方案的时需要考虑两个重要的方面，即某次失效发生时可以允许多少数据丢失，以及恢复之前系统可以停机多长时间。允许丢失的数据量越小，系统停机时间越短，恢复方案就越昂贵。

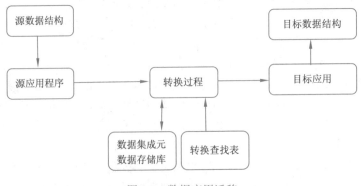

图7-9 数据应用迁移

对于静态数据，更多地关注所要存储的数据的模型和结构，而对于运动中的数据管理，则在于如何在不同的系统之间关联、映射以及转换数据。在数据集成实施过程中也有一个非常重要的部分，即需要对临时数据进行建模并对应用之间传送的数据使用中央模型，这就是规范化建模。

7.10.1　在组织内部移动数据

在大中型组织内部拥有数以百计甚至上千的应用系统，这些应用都拥有不同的数据库或者其他形式的数据存储。不管数据存储是基于传统技术还是数据库管理系统、新兴技术或者其他结构，例如文档、消息或者音频文件，重要的是这些应用之间能够共享信息。那些不与组织内部的其他系统之间共享数据的单个孤立的应用系统将逐渐变得越来越没有用处。在很多组织中，信息技术计划的重点通常围绕着高效管理数据库或者其他数据存储中的数据。其中的原因是对于正在运行的各种应用之间的空间的所有权不是很清晰，因此从某种程度上被忽略了。而数据集成方案的实施往往伴随着数据持久化方案的实施，如数据仓库、数据管理、商务智能以及元数据存储库。

虽然传统的数据接口通常在两个系统之间用点对点的方式构建，即一个发送数据另外一个接收数据。大多数数据集成需求确实包含这种情况，即多个应用系统需要在多个来自其他应用系统的数据发生更新时被实时通知。如果以点对点的方式来实现这种需求，那么很快会发现这个方案异常复杂，而且管理困难。如图 7-10 所示，通过设计特殊的数据管理方案，把特定用途的数据进行集中，这样简化和标准化了组织的数据集成，如数据仓库和主数据管理。

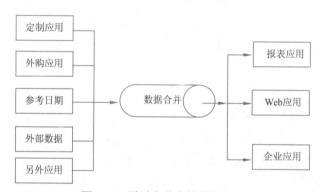

图7-10　通过合并点的数据移动

实时数据集成策略和方案则需要不同于点对点的方式去设计数据的移动，如图 7-11 所示。

7.10.2　非结构化数据集成

传统的数据集成只包含数据库中存储的数据。对于大数据，需要将数据库中的结构化的数据与存储在文档、电子邮件、网站、社会化媒体、音频，以及视频文件中的数据进行集成。通常存储于结构化数据库之外的数据称为非结构化数据。将各种不同类型和格式的数据进行集成需要使用与非结构化的数据相关联的

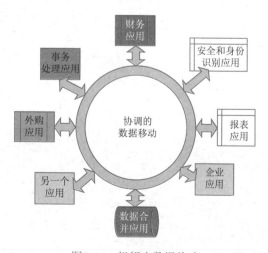

图7-11　组织内数据移动

键或者标签（或者元数据），而这些非结构化数据通常包含了与客户、产品、员工或者其他主数据相关的信息。通过分析包含了文本信息的非结构化数据，就可以将非结构化数据与客户或者产品相关联。因此，一封电子邮件可能包含对客户和产品的引用，这可以通过对其包含的文本进行分析识别出来，并据此对该邮件加上标签。一段视频可能包含某个客户信息，可以通过将其与客户图像进行匹配，加上标签，进而与客户信息建立关联。对于集成结构化和非结构化数据来说，元数据和主数据是非常重要的概念。如图 7-12 所示，非结构化数据，如文档、电子邮件、音频、视频文件，可以通过客户、产品、员工或者其他主数据引用进行搜索。主数据引用作为元数据标签附加到非结构化数据上，在此基础上就可以实现与其他数据源和其他类型的数据进行集成。

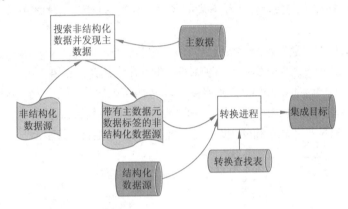

图7-12 非结构化数据集成

7.10.3 将处理移动到数据端

大数据导致将处理分布到数据所处的多个不同位置上比将数据集中到一起处理更为高效。因此，大数据与传统数据完全不同的方式去实现数据集成。如图 7-13 所示，在处理大数据的场合下，将处理过程移动到数据端进行处理，然后，将相对较小的结果合并，更为高效。

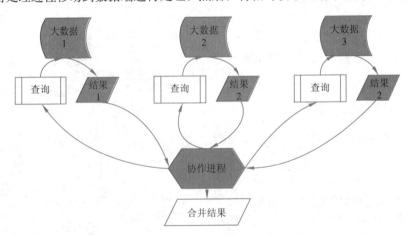

图7-13 处理移动到数据端

7.11　数据集成模式

在数据集成方面，通常采用联邦式数据库模式、中间件模型和数据仓库等模式方来构建集成系统，这些技术注重数据共享和决策支持等问题。

7.11.1　联邦数据库集成模式

1. 基本机制与描述

联邦数据库模式是一种常用的数据集成模式。其基本思想是在构建集成系统时将各个数据源的数据视图集成为全局模式，使用户能够按照全局模式透明地访问各数据源的数据。全局模式描述了数据源共享数据的结构、语义及操作等。用户直接在全局模式的基础上提交请求，由数据集成系统处理这些请求，并将其转换成各个数据源的本地数据视图上能够执行的请求。联邦数据库模式集成方法的特点是直接为用户提供透明的数据访问方法。由于用户使用的全局模式是虚拟的数据源视图，所以也可以将模式集成方法称为虚拟视图集成方法。这种模式集成要解决两个基本问题，一个是构建全局模式与数据源数据视图之间的映射关系，另一个是处理用户在全局模式上的查询请求。

2. 全局模式与数据源数据视图之间映射的方法

联邦数据库模式集成过程需要将原来异构的数据模式进行适当的转换，消除数据源间的异构性，映射成全局模式。全局模式与数据源数据视图之间映射的构建方法有两种：全局视图法和局部视图法。

（1）全局视图法

全局视图法中的全局模式是在数据源数据视图基础上建立的，它由一系列元素组成，每个元素对应一个数据源，表示相应数据源的数据结构和操作。

（2）局部视图法

局部视图法先构建全局模式，数据源的数据视图则是在全局模式基础上定义，由全局模式按一定的规则推理得到。用户在全局模式基础上查询请求需要被映射成各个数据源能够执行的查询请求。

3. 联邦数据库系统

联邦数据库系统是一个彼此协作却又相互独立的单元数据库的集合，它将单元数据库系统按不同程度进行集成，对该系统整体提供控制和协同操作的软件叫做联邦数据库管理系统，一个单元数据库可以加入若干联邦系统，每个单元数据库系统的 DBMS 可以是集中式的，也可以是分布式的，还可以是另外一个联邦数据库管理系统。

在联邦数据库中，各数据源共享一部分数据模式，形成一个联邦模式。联邦数据库系统能够统一地访问任何信息存储中以任何格式（结构化的和非结构化的）表示的任何数据。联邦数据库系统按集成度可分为两类：紧密耦合联邦数据库系统和松散耦合联邦数据库系统。联邦数据库系统具有透明性、异构性、高级功能、底层联邦数据源的自治、可扩展性、开放性和优化的性能等特征。其缺点是查询反应慢、不适合频繁查询，而且容易出现锁争用和资源冲突等问题。图 7-14 所示为联邦数据库系统的体系结构。

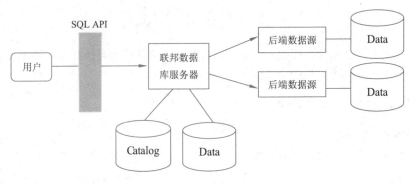

图7-14 联邦数据库系统的体系结构

（1）紧密耦合联邦数据库系统

紧密耦合联邦数据库系统使用统一的全局模式，将各数据源的数据模式映射到全局数据模式上，解决了数据源间的异构性。这种方法集成度较高，用户参与少；缺点是构建一个全局数据模式的算法复杂，扩展性差。

（2）松散耦合联邦数据库系统

松散耦合联邦数据库系统没有全局模式，采用联邦模式。该方法提供统一的查询语言，将很多异构性问题交给用户自己去解决。松散耦合方法对数据的集成度不高，但其数据源的自治性强、动态性能好，集成系统不需要维护一个全局模式。

7.11.2 中间件集成模式

中间件集成模式是比较流行的数据集成模式，中间件模式通过统一的全局数据模型来访问异构的数据库、遗留系统和Web资源等。中间件位于异构数据源系统（数据层）和应用程序（应用层）之间，向下协调各数据源系统，向上为访问集成数据的应用提供统一数据模式和数据访问的通用接口。中间件系统主要为异构数据源提供一个高层次检索服务。它同样使用全局数据模式，通过在中间层提供一个统一的数据逻辑视图来隐藏底层的数据细节，使得用户可以把集成数据源看为一个统一的整体。这种模型下的关键问题是如何构造这个逻辑视图并使得不同数据源之间能映射到这个中间层。

与联邦数据库不同，中间件系统不仅能够集成结构化的数据源信息，而且可以集成半结构化或非结构化数据源中的信息，如Web信息。1994年出现的TSIMMIS系统就是一个典型的中间件集成系统。

典型的基于中间件的数据集成系统模式如图7-15所示，主要包括中间件和封装器，其中每个数据源对应一个封装器，中间件通过封装器和各个数据源交互。用户在全局数据模式的基础上向中间件发出查询请求。中间件处理用户请求，将其转换成各个数据源能够处理的子查询请求，并对此过程进行优化，以提高查询

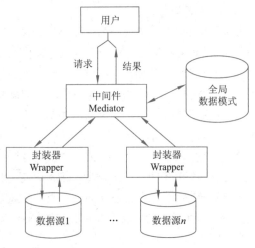

图7-15 基于中间件的数据集成模式

处理的并发性，减少响应时间。封装器对特定数据源进行了封装，将其数据模型转换为系统所采用的通用模型，并提供一致的访问机制。中间件将各个子查询请求发送给封装器，由封装器来和其封装的数据源交互，执行子查询请求，并将结果返回给中间件。

中间件模式注重全局查询的处理和优化，相对于联邦数据库系统的优势在于：它能够集成非数据库形式的数据源，查询性能强，自治性强。中间件集成模式的缺点是通常是支持只读的方式，而联邦数据库对读写方式都支持。

7.11.3　数据仓库集成模式

数据仓库方法是一种典型的数据复制方法。该方法将各个数据源的数据复制到数据仓库中。用户则像访问普通数据库一样直接访问数据仓库。基于数据仓库的数据集成模式如图7-16所示。

数据仓库是在数据库已经大量存在的情况下，为了进一步挖掘数据资源和决策需要而产生的。大部分数据仓库还是用关系数据库管理系统来管理，但它绝不是大型数据库。数据仓库方案建设的目的，是将前端查询和分析作为基础，由于有较大的冗余，所以需要的存储容量也较大。数据仓库是一个环境，而不是一件产品，提供用户用于决策支持的当前和历史数据，这些数据在传统的操作型数据库中难以获得。

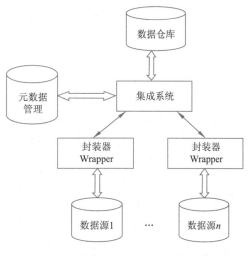

图7-16　基于数据仓库的数据集成模式

数据仓库技术是为了有效地把操作型数据集成到统一的环境中以提供决策型数据访问的各种技术和模块的总称。所做的一切都是为了让用户更快、更方便地查询所需要的信息，提供决策支持。

简而言之，从内容和设计的原则来讲，传统的操作型数据库是面向事务设计的，数据库中通常存储在线交易数据，设计时尽量避免冗余，一般采用符合范式的规则来设计。而数据仓库是面向主题设计的，数据仓库中存储的一般是历史数据，在设计时有意引入冗余，采用反范式的方式来设计。

另一方面，从设计的目的来讲，数据库是为捕获数据而设计，而数据仓库是为分析数据而设计，它的两个基本的元素是维表和事实表。维是看问题的角度，例如时间、部门，维表中存放的就是这些角度的定义；事实表中放着需要查询的数据和维的 ID。

Hive 是基于 Hadoop 的一个数据仓库工具，可以将结构化的数据文件映射为一张数据库表，并提供简单的 SQL 查询功能，可以将 SQL 语句转换为 MapReduce 任务进行运行。其优点是学习成本低，可以通过类 SQL 语句快速实现简单的 MapReduce 统计，不必开发专门的MapReduce 应用，十分适合数据仓库的统计分析。

7.12　数据集成系统

实现数据集成的系统称为数据集成系统，它能够为用户提供统一的数据源访问接口，执行用户对数据源访问的请求。参阅图7-17。

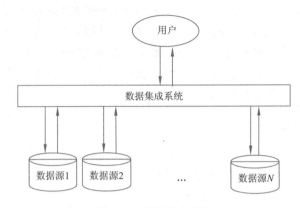

图7-17 数据集成系统

数据集成主要解决数据的分布性和异构性的问题，数据集成能够为各种异构数据提供统一的表示、存储和管理，屏蔽了各种异构数据间的差异，通过异构数据集成系统完成统一操作，因此异构数据对用户来说无区别。数据集成将存于自治和异构数据源中的数据进行组合，自下而上设计方法，可以为用户提供一个统一的模式，用于用户提交查询。其中典型的是全局模式，又称中介模式。用户提交的查询都是基于这个全局模式，因此数据集成系统必须预先建立全局模式与数据源之间的语义映射。利用语义映射，用户提交的基于全局模式的查询重写转化成对于各数据源的可执行的一系列查询。基于这种原理构建的数据集成系统的架构如图7-18所示。

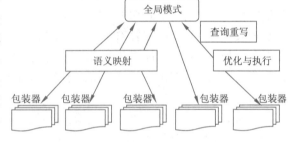

图7-18 数据集成系统的架构

7.12.1 全局模式

全局模式通过提供一个统一的数据逻辑视图来隐藏底部的数据细节，进而可以使用户将集成的数据源看成一个统一的整体。数据集成系统通过全局模式将各个数据源的数据集成，但被集成的数据仍存储在各局部数据源中，通过各数据源的包装器对数据进行转换，将数据转换成全局模式。用户的查询是基于全局的查询，不用知道每个数据源的模式，即每个数据源的模式对用户透明。中介器将基于全局模式的一个查询转换为基于各局部数据源模式的一系列查询，交给查询引擎优化与执行。对每个数据源的查询都会返回结果数据，中介器对这些数据连接与集成，最后将符合用户查询要求的数据返回给用户。

全局模式还解决了各数据源中的数据更新问题。当底层数据源发生变化时，只需修改全局模式的虚拟逻辑图，较显著地减少了系统的维护开销。与数据仓库相比较，优势更为明显。

在数据更新时，数据仓库的处理方法更为复杂。其过程是必须将各数据源的所有数据都预先取到一个中心仓库中，当数据发生变化时，还需要到底层数据源中再取一次，还要更新与这些变化了的数据相关的那些数据，显然维护开销增大。

7.12.2　语义映射

这里所介绍的映射是全局模式与数据源模式之间的映射，它将多个数据源模式映射到全局模式上。常用的数据集成技术中的映射关系主要有下述两种。

（1）全局视图映射法

全局视图映射法是将本地数据源的局部视图映射到全局视图，也就是说，全局视图可以被描述成一组源模式视图。用户可以直接查询数据源模式上的全局视图。本方法的优点是查询效率高，缺点是构造出的映射关系可扩展性差，不适于数据源存在变化的情况。这是因为当局部数据源发生变化时，全局视图必须进行修改，维护困难，开销大。

（2）局部视图映射法

局部视图映射法是将全局视图映射到各数据源上的本地局部视图，即将各数据源模式描述为全局模式上的视图。当用户提交某个查询时，中介系统通过整合不同的数据源视图决定如何应答查询。本方法的优点是映射关系的可扩展性好，适于信息源变化较大的情况；缺点是查询效率低，信息容易丢失。

7.12.3　查询重写

数据集成系统为多数据源提供了统一的接口，利用视图描述了一个自治的、异构的数据源的集合。用户基于全局模式提交一个查询，数据集成系统通过源模式与全局模式之间的映射关系将该查询重写为可接受的语法形式传给数据源，此后，基于数据源的查询被优化并执行。

利用视图应答查询是指给定一个数据库模式上的查询 Q，与同一数据库模式上的视图定义集 $V=\{V_1,V_2,\cdots,V_n\}$，能否使用视图 $V_1,V_1,\cdots,V_n$ 获得对查询 Q 的应答。

7.13　数据聚类集成

机器学习是人工智能的核心问题之一，聚类集成已经成为机器学习的研究热点，通过集成原始数据集的多个聚类结果，进而得到一个反映数据集内在结构的数据划分，并且能够有效地提高聚类结果的准确性、健壮性和稳定性。

7.13.1　数据聚类集成概述

在大数据中，出现了维数灾难，高维数据集成是必须面对的问题。

1. 数据集成问题

聚类集成的目的在于结合不同聚类算法的结果得到比单个聚类算法更优的聚类。对聚类集中的成员聚类的问题称为一致性函数问题，或称集成问题。通过聚类集成可以有效地提高像 k 均值聚类这些单一聚类算法的准确性、健壮性和稳定性。

2. 聚类集成的概念

聚类分析是按照某种相似性测度将多维数据分割成自然分组或簇的过程。聚类集成就是利用经过选择的多个聚类结果找到一个新的数据（或对象）划分，这个划分在最大程度上共享了所有输入的聚类结果对数据或对象集的聚类信息。

如图 7-19 所示，数据集 X 有 n 个实例，$X=\{x_1,x_2,\cdots,x_n\}$，首先对数据集 X 使用 M 次聚类算法，得到 M 个聚类，然后对这些划分用一致性函数合并为一个聚类结果 P。由上面的聚类集成过程可知，对一个数据集进行聚类集成，主要有两个阶段：第一个阶段是基聚类器对原始数据进行聚类，得到基聚类结果；第二个阶段是基聚类结果集成，根据聚类集成算法对前一个阶段采集的基聚类结果进行处理，使之能够最大限度地分享这些结果，从而得到一个对原始数据最好的聚类集成结果。

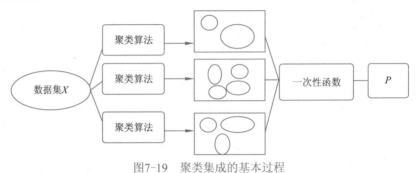

图7-19　聚类集成的基本过程

7.13.2　高维数据聚类集成

针对高维数据的特点，对传统的聚类集成进行了一些改进，首先对特征聚类，然后基于分层抽样抽取特征子集，抽取到最具代表性的特征子集后用基于链接的方法进行聚类集成，如图 7-20 所示。

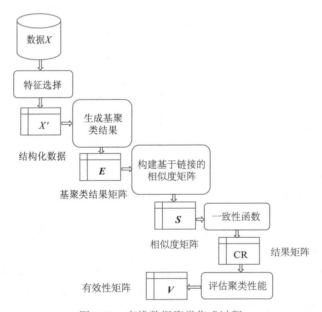

图7-20　高维数据聚类集成过程

集成时产生聚类方法一般从下述两方面来考虑：一是集成者的目的，二是数据集的结构。面对高维数据，数据集的特征数量往往较多，可能存在不相关的特征，特征之间可能存在相互依赖，容易导致分析特征、训练模型的时间变长，甚至引发维度灾难，模型复杂推广能力下降。所以，采用基于局部特征的数据子集生成方法，如图 7-21 所示。

图7-21　基于局部特征的数据子集生成方法

首先使用传统的 k 均值算法对数据集的特征进行聚类，然后对于不同的特征簇使用信息增益来衡量它的重要性。利用分层抽样决定特征簇数，分层抽样的思想是计算每个实例之间的相关性（用标准差、方差来衡量），它认为类中的实例相关性比较大的可以选择较多的样本来代替当前类，类中相关性较小的就少选择一些实例来代替当前类的样本。根据分层抽样中计算出的特征簇的数目，再利用信息增益这种衡量重要性的标准进行筛选后，就得到了局部的特征子集。基于局部特征的数据子集生成方法中的关键技术如下所述。

1. k 均值算法

k 均值聚类学习算法通过相似度距离的迭代来更新向量集的聚类中心，当聚类中心不再变化或者满足某些停止条件，则停止迭代过程，得到最终的聚类结果。k 均值算法的具体步骤如下。

① 随机选择 k 个数据项作为聚类中心。

② 根据相似度距离公式，将数据集中的每一项数据分配到离其最近的聚类中去。

③ 计算新的聚类中心。

④ 如果聚类中心没有发生改变，算法结束；否则跳转到第②步。

使用 k 均值算法对数据集的特征进行聚类，通过选取不同的 k 值进行特征聚类，然后用后面的分层抽样进行选择，得到差异度比较明显的局部特征的数据子集作为后面的聚类集成的输入。

k-Means 聚类算法在 MapReduce 模型下处理的基本过程如下：

对 k-Means 的串行计算过程执行 MapReduce 计算，Map 阶段完成每个记录到簇中心点距离的计算，并标记到每个记录所属的类别；在 Reduce 阶段，根据 map 函数得到的结果进行分类排序即可计算出新的聚类中心，供下一轮 Map 使用，如果本轮 Reduce 得到的聚类中心与上轮相比变化小于给定的阈值则算法结束，反之进行新一轮的 MapReduce 过程。

Map 阶段的主要任务是通过计算每个记录到簇中心点距离，并将该记录标记所属的簇。在进行 Map 计算之前，MapReduce 会根据输入文件计算输入数据片分片，每个数据片针对一个 Map 任务，输入数据片存储的并非数据本身，而是 key 为行号、value 为该记录行的内容。map 函数对输入的每个记录行计算其到所有簇中心的距离，并根据最小距离将该记录标示到最近的簇中心，并作出新类别标记。输出中间结果以对的形式展现。

在 Reduce 阶段，根据 map 函数得到的中间结果将相同类别的数据组成一个簇，并计算出新的聚类中心，供下一轮 Map 使用。输入数据以 (key, value) 对的形式展示，key 为聚类所属类别，value 为该簇中记录向量，所有 key 相同的数据送给一个 Reduce 任务，累计计算 key 相同数据的均值，得到新的聚类中心。输出结果，其中 key 为聚类类别，value 是均值。

2. 信息增益

对特征进行聚类后得到多个特征团，如何对它们进行特征选择，如何度量特征团中的特征的重要程度是所面临的问题。信息增益是信息论中的一个重要概念，计算一个特征项所对应的信息增益是：通过统计某一个特征项 t 在类别 C 中出现的实例数来计算。特征项 t 对类别 C 的

信息增益定义为

$$IG(t) = -\sum_{i=1}^{m} p(c_i) \lg(c_i) + p(t) \sum_{i=1}^{m} p(c_i \mid t) \lg(c_i \mid t) +$$

$$p(\bar{t}) \sum_{i=1}^{m} p(c_i \mid \bar{t}) \lg(c_i \mid \bar{t}) \tag{1}$$

其中，$P(c_i)$ 表示 c_i 类实例在数据集中出现的概率，$p(t)$ 表示数据集中包含特征项 t 的实例数，$p(c_{i|t})$ 表示实例包含特征项 t 时属于 c_i 类的条件概率，$p(t)$ 表示数据集中不包含特征项 t 的实例数，$p(c\_i|t)$ 表示实例不包含特征项 t 时属于 c_i 类的概率，m 为类别数。信息增益考虑特征与类别信息的相关程度，信息增益值越大，其贡献也越大。

3. 分层抽样

在对特征进行聚类后选择特征，采用信息增益度量每个特征簇中的特征的重要程度。但是，每个特征簇选择多少个特征比较合适，这是分层抽样需要解决的问题。抽样的目的是在不影响聚类效果的情况下在已经分好或者完成聚类的实例中，从每个类中抽取部分的样本来代替整个类。分层抽样方法遵循的原则是：计算每个实例之间的相关性（用标准差、方差来衡量），类中的实例相关性比较大的可以选择较小的样本来代替当前类，类中相关性较小的就多选择一些实例来代替当前类的样本。这个方法就是确定每个类中筛选的实例的数目。此方法中每个类的样本数目为

$$n_h = \frac{n(N_h \sigma_h)}{\sum N_i \sigma_i} \tag{2}$$

其中，n_h 是第 h 类应该抽取的实例数；n 是预计抽取的总样本数；N_h 是在总体样本中第 h 类的实例数。

高维数据聚类集成算法描述如下。

① 用 k 均值算法对特征进行聚类。

② 用信息增益来衡量不同簇中的特征的重要程度。

③ 用分层抽样方法得到所抽取特征的数目。

④ 用信息增益选择 $\text{top}(n_h)$ 的特征、降维，得到最具代表的数据子集。

⑤ 数据集的聚类集成。

即先用 k 均值算法对特征进行聚类，然后用信息增益来衡量不同簇中的特征的重要程度，而每个特征簇中的所抽取特征的数目 n_h 由分层抽样的方法得到，最后利用信息增益选择 $\text{top}(n_h)$ 的特征。应用上述方法对特征进行降维，得到最具代表的数据子集，再利用前面介绍的集成技术对数据子集进行集成。

小　结

本章前半部分介绍了大数据约简技术，主要包括数据立方体聚集、属性子集选择、维约简等内容。本章后半部分介绍了大数据集成技术，主要包括数据迁移、数据集成模式、数据集成系统、数据集成模式系统的构建、数据聚类集成等内容。

第 8 章　大数据分析与挖掘技术

主要内容

- 大数据分析概述
  - 大数据分析的类型
  - 数字特征
  - 统计方法论
  - 模型与构建
  - R语言
- 统计分析方法
  - 基本方法
  - 常用分析方法
- 数据挖掘理论基础
  - 数据挖掘是面向应用的技术
  - 数据挖掘的理论基础
  - 基于数据存储方式的数据挖掘
- 关联规则挖掘
  - 频繁项目集生成算法
  - 关联规则挖掘质量
- 分类方法
  - 基于距离的分类算法
  - k-NN算法的MapReduce实现
  - 决策树分类方法
- 聚类方法
  - 聚类定义与分类
  - 距离与相似性的度量
  - 划分聚类方法
  - 层次聚类方法
- 序列模式挖掘与文本数据挖掘
  - 时间序列预测的常用方法
  - 序列模式挖掘
- 非结构化文本数据挖掘
  - 用户反馈文本
  - 用户反馈文本挖掘的一般过程
  - 文本的自然语言处理
- 基于MapReduce的分析与挖掘实例
  - 大数据平均值计算
  - 大数据排序
  - 倒排索引

大数据分析与挖掘是大数据技术中的最重要一环,只有通过分析与挖掘,才能获得具有价值的信息。大数据的分析与挖掘方法尤为重要,是大数据技术的核心技术之一。

8.1 大数据分析概述

扫一扫

数据金矿的价值

大数据分析是指用准确适宜的分析方法和工具来分析经过预处理后的大数据,提取具有价值的信息,进而形成有效的结论并通过可视化技术展现出来的过程。更具体地说,大数据分析是通过应用技术与工具来分析与理解数据,把自拥有的数据与用户产生的各种数据结合起来,统览全局。可以进行共享整合分析来预测结果。

大数据的特点决定了大数据分析必须应用计算机技术实现。大数据分析不仅是简单的统计分析,其过程中主要出现了大数据分析的两个方向:一是侧重大数据处理的方法;二是侧重研究数据的统计规律,侧重于对微观数据本质特征的提取和模式发现。将两者结合起来协同发展是一个重要趋势与方向。机器学习、人工智能、图像及信号处理技术以及认知技术逐渐成熟,并成为数据分析工具包的标准组件。数据挖掘是大数据分析的核心,占有重要的地位。

分析方法是在已定的假设、先验约束上处理原有的计算方法,将统计数据转化为信息,而这些信息需要进一步的获得认知,转化为有效的预测和决策,这就需要数据挖掘。数据分析结果需要进一步进行数据挖掘才能指导决策,数据挖掘进行价值评估的过程也需要调整先验约束而再次进行数据分析。数据分析与数据挖掘的主要区别如下。

① 数据分析通常是分析以往的数据、评价某时间段内取得的效果;而数据挖掘的数据量极大,要依靠挖掘算法来找出隐藏在大量数据中的规律和模式,也就是从数据中提取出隐含的有价值的信息。

② 数据分析的分析目标比较明确,分析条件也比较清楚,采用统计方法对数据进行多维度的描述,是从一个假设出发,需要自行选择方程或模型来与假设匹配;而数据挖掘不需要假设,数据挖掘的目标却不是很清晰,可以自动建立方程与模型。

③ 数据分析是针对数字化的数据;而数据挖掘能够采用不同类型的数据,例如声音、文本等。

④ 数据分析对结果进行解释,呈现出有效信息;数据挖掘的结果不容易解释,对信息进行价值评估,着眼于预测未来,并提出决策性建议。

数据分析是把数据变成信息的工具,数据挖掘是把信息变成认知的工具,如果需要从数据中提取一定的规律,那么需要将数据分析和数据挖掘结合使用。

8.1.1 大数据分析的类型

从分析的结果来看,大数据分析主要分为探索性数据分析、证实性数据分析、定性数据分析;从分析的方式上来看,大数据分析主要分为离线数据分析、在线数据分析和交互式分析。

1. 探索性数据分析

从统计学原理可知,当搜集到数据之后,由于对数据的数据结构、数据中隐含的内在统计规律等还不清楚,所以首先需要对数据进行研究与探索。

探索性数据分析是基于数据本身的角度来说明数据分析方法,采用非常灵活的方法来探究数据分布的大致情况,主要内容包括基本数字特征、通过绘制直方图、茎叶图和箱线图等来实现，为进一步结合模型的研究提供线索。

传统的统计方法是先以假设数据服从某种分布，例如多大数情况下都假定数据服从正态分布，然后用适应这种分布的模型进行分析与预测，但客观实际的多数数据并不满足假定的理论分布（如正态分布），这样实际场合就会偏离严格假设所描述的理论模型，其效果不佳，从而使其应用具有极大的局限性。探索性数据分析不是从某种假设出发，而是完全从客观数据出发、完全以实际数据为依据，从实际数据中探索其内在的数据规律性。

在探索性数据分析中，首先分离出数据的模式和特点，并提供给分析者。分析者对数据做探索性数据分析，而后才能有把握地选择结构分量或随机分量的模型。除此之外，探索性数据分析还可以用来揭示数据对于常见模型的意想不到的偏离。探索性方法既要灵活适应数据的结构，又要对后续分析步骤揭露的模式灵活反应，为进一步结合模型的研究提供线索，为传统的统计推断提供良好的基础并减少盲目性。

（1）探索分析的内容

① 检查数据是否有错误。因为奇异值或错误数据往往对分析的影响较大，不能真实反映数据的总体特征，过大过小的数据都有可能是奇异值或错误数据，需要找出这样的数据，并分析原因，然后决定是否从分析中删除这些数据。

② 获得数据分布特征。很多分析方法对数据分布有一定的要求，例如，很多检验就需要数据分布服从正态分布。因此检验数据是否正态分布，就决定了它们是否能用只对正态分布数据适用的分析方法。

③ 对数据规律的初步观察。通过初步观察获得数据的一些内部规律，例如两个变量间是否线性相关等。

（2）探索分析的考察方法

探索分析一般通过数据文件在分组与不分组的情况下，获得常用统计量和图形。一般以图形方式输出，直观帮助用户确定奇异值、影响点、进行假设检验，以及确定用户要使用的统计方式是否适合。

2. 证实性数据分析

证实性数据分析评估观察到的模式或效应的再现性。传统的统计推断提供显著性或置信性陈述，证实性分析的证实阶段通常还包括：将其他密切有关数据的信息结合进来；通过收集和分析新数据确认结果。

探索性数据分析强调灵活探求线索和证据，而证实性数据分析则着重评估现有证据。探索性数据分析与证实性数据分析在具体运用上可以交叉进行，探索性数据分析不仅可用在正式建立统计分析模型之前，而且可用在正式建立统计分析模型之后，对所拟合的统计模型进一步的检查、验证，提高统计分析的质量。

3. 定性数据分析

定性数据分析是指定性研究和观察结果等非数值型数据的分析。定性分析是对对象性质特点的一种概括。

4. 离线数据分析

离线数据分析是指将待分析的数据先存储于磁盘中，然后再进行数据分析。离线数据分析用于较复杂和耗时的数据分析和批处理。

5. 在线数据分析

在线数据分析用来处理用户的在线请求，对响应时间的要求比较高，通常处于秒级。与离线数据分析相比，在线数据分析能够实时处理用户的请求，并且能够允许用户随时更改分析的约束和限制条件。尽管与离线数据分析相比，在线数据分析能够处理的数据量要小得多，但随着技术的发展，当前的在线分析系统已经能够实时地处理数千万甚至数亿条记录。

6. 交互式分析

交互式分析强调快速的数据分析，典型的应用就是数据钻取。可以通过对于数据进行切片和多粒度的聚合，从而通过多维分析技术实现数据的钻取构建执行引擎，或者说去建构一些数据切片，并能够快速地串起来。好的算法能够提升执行引擎的效率，进而满足交互式分析快速的要求。

8.1.2 数字特征

1. 一维数据的数字特征

假设有一组样本数据 x_1, x_2, $\cdots$, x_n，如果来自总体 X，则这 n 个数据构成一个样本容量为 n 的样本数据观测值。数据分析的目的就是对 n 个样本观测值进行分析，提取数据中有价值的信息。研究数据的数字特征的主要方法之一是分析方法，通过分析数据的数据特征，如数据的集中位置、分散程度、分布形状等，就可以进一步推断出样本中包含的信息。

（1）数据的位置特征

① 均值。均值就是平均数，对于 n 个数 x_1, x_2, x_3, $\cdots$, x_n，可将 $(x_1+x_2+x_3+\cdots+x_n)/n$ 称为这 n 个数的算术平均数，简称平均数。平均数是数据的重心。可以看出，均值反映了数据集中趋势的一项指标，描述了数据的集中位置，是总体均值的矩估计，更适合正态分布的数据分析。

② 众数。众数是在统计分布上具有明显集中趋势点的数值。一组数据中出现次数最多的数值即为众数，有时众数在一组数中有好几个。简单地说，众数就是一组数据中占比例最多的那个数。

例如，数据 {2,3,-1,2,1,3} 中，2、3 都出现了两次，它们都是这组数据中的众数。

如果所有数据出现的次数都一样，那么这组数据没有众数。例如，{1,2,3,4,5} 就没有众数。在高斯分布中，众数位于峰值点。

③ 中位数。中位数是指从小到大排列或从大到小排列的一组数据中，处在中间位置上一个数据（或中间两个数据的平均数）。中位数将观测数据分成相同数目的两部分，其中一部分都比这个数小，而另一部分都比这个数据大。对于非对称的数据集，中位数更能实际地描述数据的中心。某些数据的变动对它的中位数影响不大。

中位数就是位置处于最中间的一个数（或最中间的两个数的平均数），排序时，从小到大或从大到小都可以。在数据个数为奇数的情况下，中位数是这组数据中的一个数据；在数据个数为偶数的情况下，中位数是最中间两个数据的平均数，它不一定与这组数据中的某个数据相等。

④ 均值、众数和中位数的特点比较。

- 均值对变量的每一个观察值都加以利用，比众数与中位数可以获得更多的信息。均值对个别的极端值敏感，当数据有极端值时，最好不要用均值刻画数据。
- 由于可能无法良好定义算术平均数和中位数，众数特别适用没有明显次序的数据。
- 众数、中位数和均值在一般情况下各不相等，但在特殊情况下也可能相等。例如，在数据 6、6、6、6、6 中，其众数、中位数、均值都是 6。

- 中位数与均值唯一存在，而众数不唯一。
- 众数和中位数可以代表数据分布的大体趋势，并没有对数据中的其他值加以利用，采用何种统计量来刻画数据，需要结合数据的特点及需要说明的问题进行选择。
- 用众数代表一组数据，虽然可靠性较差，但是，众数不受极端数据的影响，并且求法简便。在一组数据中，如果个别数据有很大的变动，选择中位数表示这组数据的集中趋势就比较适合。

⑤ p 分位数。p 分位数又称百分位数，是中位数的推广。如果将一组数据从小到大排序，并计算相应的累计百分位，则某一百分位所对应数据的值就称为这一百分位的百分位数。可表示为：一组 n 个观测值按数值大小排列，处于 $p\%$ 位置的值称第 p 百分位数。

把所有数值由小到大排列并分成四等份，处于三个分割点位置的数值就是四分位数。

- 第一四分位数（Q_1），又称较小四分位数，等于该样本中所有数值由小到大排列后第 25% 的数字。
- 第二四分位数（Q_2），又称中位数 M，等于该样本中所有数值由小到大排列后第 50% 的数字。
- 第三四分位数（Q_3），又称较大四分位数，等于该样本中所有数值由小到大排列后第 75% 的数字。

第三四分位数与第一四分位数的差距又称四分位距。

⑥ 三均值。均值包含了样本 $x_1, x_2, x_3, \cdots, x_n$ 的全部信息，但是当存在异常值时缺乏健壮性。中位数 M 具有较强的健壮性，但仅用了数据分布中的部分信息。考虑到既要充分利用样本信息，又要具有较强的健壮性，可以利用三均值作为数据集中位置的数字特征。三均值 S 的计算公式为

$$S = Q_1/4 + M/2 + Q_3/4$$

可以看出，S 是 Q_1、M 和 Q_3 的加权平均。其权重分别为 1/4、1/2 和 1/4。

（2）数据分散性的数字特性

上述内容是关于数据的集中位置，除此之外，还需要关注数据在其中心位置附近分布程度的数字特性，其中最主要的是样本方差、变异系数和极差。

① 样本方差。样本方差是样本相对于均值的偏差平方和的平均值。方差是描述数据分布性的一个重要特征，n 个测量值 $x_1, x_2, x_3, \cdots, x_n$ 的样本方差 s^2 的计算公式为

$$s^2 = [(x_1 - \overline{x})^2 + (x_2 - \overline{x})^2 + \cdots + (x_n - \overline{x})^2]/(n-1)$$

其中，$\overline{x}$ 是样本均值。

例如，$n=5$ 个样本观测值值为 3,4,4,5,4，则样本均值为 (3+4+4+5+4)/5=4，样本方差

$$S^2 = [(3-4)^2 + (4-4)^2 + (4-4)^2 + (5-4)^2 + (4-4)^2]/4 = 0.5$$

样本方差是描述一组数据变异程度或分散程度大小的指标，样本方差可以理解成是对所给总体方差的一个无偏估计。

② 变异系数。变异系数（coefficient of variance，CV）又称标准差系数，是标准差与均值的比值。标准差是绝对指标，其值大小不仅取决于样本数据的分散程度，而且取决于样本数据平均水平的高低。当进行两个或多个数据变异程度的比较时，如果度量单位和均值相同，可以

直接利用标准差来比较；如果单位或平均值不同，比较其变异程度就不能采用标准差。变异系数可以消除单位和平均值不同对两个或多个数据变异程度比较的影响。

变异系数的计算公式为

$$CV=(100 \times S/ \bar{x})\%$$

③ 极差。极差是用来描述数据分散性的指标，是指一组数据内最大值与最小值之差，又称范围误差或全距，用 R 表示。它是标志值变动的最大范围，是测定标志变动的最简单的指标。由于极差取决于两个极值，容易受到异常值影响，所以在实际中应用较少。极差没有充分利用数据的信息，但计算简单，仅适用样本容量较小（$n<10$）情况。

极差的计算公式为

$$R=x_{max}-x_{min}$$

其中，x_{max} 为最大值，x_{min} 为最小值。

例如，12 12 13 14 16 21 这组数的极差就是 21－12=9。

极差越大，表示分得越开，最大数和最小数之间的差就越大；该数越小，数字间就越紧密。

④ 上、下截断点和异常值。上、下四分位数之差称为四分位数极差或半极差 R_1，它也是度量样本数据分散性的重要数字特征。因为其具有隐蔽性，特别是对于异常值的数据，在隐蔽性数据分析中具有重要作用。利用下述方法可以判断数据中是否具有异常值。

定义 $Q_3+1.5R_1$、$Q_1-1.5R_1$ 为数据的上、下截断点，大于上截断点的数据称为特大值，小于下截断点的数据称为特小值，并将特大值与特小值统称为异常值。如果需要，可以删除异常值后再对数据进行分析。除此之外，样本校正平方和 CSS、样本未校正平方和 USS 也与数据的分散程度有关。

$$CSS= \sum (x_i- \bar{x})^2$$

$$USS= \sum x_i^2$$

极差不能用作比较，单位不同；方差能用作比较，因为都是比率。

（3）数据形状的数据特征

偏度系数和峰度系数是刻画数据不对称程度或尾重程度的指标。

① 偏度系数。偏度系数是描述分布偏离对称性程度的一个特征数。当分布左右对称时，偏度系数为 0。当偏度系数大于 0 时，即重尾在右侧时，该分布为右偏。当偏度系数小于 0 时，即重尾在左侧时，该分布左偏。偏度系数为较大的正值表明该分布具有右侧较长尾部。较大的负值表明有左侧较长尾部。

② 峰度系数。峰度系数是用来反映频数分布曲线顶端尖峭或扁平程度的指标。有时两组数据的算术平均数、标准差和偏态系数都相同，但它们分布曲线顶端的高耸程度却不同。

2. 多元数据的数字特征

一维数据的数字特征问题的方法简单，仅考虑单变量而没有考虑到多变量之间的相互关系，其分析结果可能不是有效的。如果采用多元统计分析方法，即多个变量合在一起研究它们的相互关系，揭示其内在的相互数量变化规律，其分析结果通常更为有效。研究多元数据的数字特征是多元分析的方法之一。例如，样本均值向量与样本协方差矩阵。

8.1.3 统计方法论

在自然科学中，统计学方法论是很重要的一个基础。统计学与大数据融合将颠覆传统的思维。统计学是收集、分析、表述和解释数据的科学。统计学是指对某一现象的数据的搜集、整理、计算、分析、解释和表述等活动。在实际应用中，统计包括统计工作、统计数据和统计科学等内容。统计学的目标是揭示现象发展过程的特征和规律性，即从各种类型的数据中提取有价值的信息。

1. 统计工作

统计工作是指利用科学的方法搜集、整理和分析，提供关于某方面的数据的工作总称，是统计的基础。统计工作是随着人类社会的发展和管理的需要而产生和发展起来的。统计工作是一种认识现象总体的实践过程，主要包括统计设计、统计调查、统计整理和统计分析 4 个环节。

2. 统计数据

统计数据也称统计信息，是反映一定的特征或规律的数据、图表数据及其他相关数据的总称。包括调查取得的原始数据和经过一定程度整理、加工的次级数据，其存在形式主要有统计表、统计图、统计年鉴、统计公报、统计报告和其他有关统计信息的载体。

3. 统计科学

统计科学也称统计学，是统计工作经验的总结和理论概括，是系统化的知识体系。统计科学是指研究搜集、整理和分析统计数据的理论与方法。统计学是应用数学的一个分支，主要通过利用概率论建立数学模型，收集所观察系统的数据，进行量化的分析与总结，并进行推断和预测，为相关决策提供依据和参考。现已被广泛应用在各门学科之中。

统计学又细分为描述统计学和推断统计学。描述统计学是指给定一组数据，可以摘要并且描述这份数据的统计学。推论统计学是指观察者以数据的形态建立出一个用以解释其随机性和不确定性的数学模型，以之来推论研究中的步骤及母体。这两种用法都被称为应用统计学。

上述各个方面内容联系紧密，统计数据是统计工作的成果，统计工作与统计科学之间是实践与理论的关系。

4. 常用的抽样方式

样本是从总体中随机抽取数据的集合。样本数据是总体数据的代表，是用小数据代替大数据、是推断总体特征的基本依据。抽样推断就是依据抽样所获得的样本信息对总体做出推断，并对结论的正确性给予一定的可靠性保证。抽样推断是建立在随机抽样的基础之上，即遵循随机原则，是一种由部分推断总体的方法，即根据样本的已知数据来估计未知的总体特征，使用了概率估计的方法。抽样推断的误差可以事先计算并加以控制。抽样推断的主要内容是参数估计和假设检验。常用的抽样方式如下所示。

① 简单随机抽样。简单随机抽样是按随机原则直接从总体 N 个单位中抽取 n 个单位作为样本，不论重复抽样或不重复抽样，都要保证每个单位在抽取中都有相等的中选机会。简单随机抽样适用于均匀总体。均匀总体是指具有某种特征的单位均匀地分布于总体的各个部分。

② 分层抽样。

③ 等距抽样。等距抽样也称系统抽样，是指先按某一标志对总体个单位进行排队，然后按一定顺序和间隔来抽取样本单位。由于这种抽取式在各单位大小排队的基础上，在按某种规则依一定间隔取样，所以可以保证所取得的样本单位比较均匀地分布在总体的各个部分，具有较高的代表性。

④ 整群抽样。整群抽样又称集团抽样，是按某一标志将总体的所有单位划分为若干群，然

后从中随机选取若干群，对中选群的所有单位进行全面调查。整群抽样的抽样单位是群。

8.1.4 模型与构建

扫一扫
模型的定义

扫一扫
模型的种类

科学就是提出模型并且不断地修正的过程。模型在计算机科学与技术领域中异常重要。

1. 模型的定义

模型是所研究的系统、过程、事物或概念的一种表达形式。进一步说，模型是指对于某个实际问题或客观事物、规律进行抽象后的一种形式化表达方式。模型可以是物理实体（物理模型），也可以是某种图形或者是一种数学表达式（逻辑模型或数学模型）。

2. 模型的种类

模型不仅与客观世界中某个特殊个体或现象相关，而且与许多甚至无限个个体相关，根据模型与客观世界的关系，可以将模型分为 9 类，扫描左侧二维码详细了解。

3. 模型的构建

模型是间接地研究和处理事物的一种工具。模型的种类繁多，如何准确地分析事物，建立能适当反映事物变化的模型，就成了解决问题的关键。建立适当的模型一般分为如下几个步骤：

① 客观、正确地调查和分析所要解决的问题。

② 在弄清了问题的实质和关键所在之后，根据拥有的知识进行归纳和总结。

③ 抽象地建立起求解问题的模型。

④ 测试和证实模型能否准确地反映实际问题运行的规律。

在数据挖掘中，通过机器学习建立模型。

8.1.5 R语言

R 语言是世界上最广泛使用的统计编程语言。它是数据科学家的第一选择，并由一个充满活力和有才华的贡献者社区支持。R 语言在大学教授并部署在关键业务应用程序中。R 语言适用于统计分析、图形表示和报告的编程语言和软件环境。R 语言由 Ross Ihaka 和 Robert Gentleman 在新西兰奥克兰大学创建，目前由 R 语言开发核心团队开发。R 语言的核心是解释计算机语言，其允许分支和循环以及使用函数的模块化编程。R 语言允许与以 C、C++、.NET、Python 或 FORTRAN 语言编写的过程集成以提高效率。

R 语言在 GNU 通用公共许可证下免费提供，并为各种操作系统（如 Linux、Windows 和 Mac）提供预编译的二进制版本。

R 是一个在 GNU 风格的自由软件。

1. R 语言简介

R 语言是 S 语言的一个分支。S 语言诞生于 1980 年，在统计领域广泛应用，而 R 语言是 S 语言的一种实现。S 语言是由 AT&T 贝尔实验室开发的一种用来进行数据探索、统计分析和作图的解释型语言。最初 S 语言的实现版本主要是 S-PLUS。S-PLUS 是一个商业软件，它基于 S 语言，并由 MathSoft 公司的统计科学部进一步完善。1993 年，新西兰奥克兰大学的 Robert Gentleman 和 Ross Ihaka 及其他志愿人员开发了 R 语言系统。

2. R 语言的特点

R 语言是一种开发良好、简单有效的编程语言，包括条件、循环、用户定义的递归函数以及输入和输出设施。R 语言的重要特点如下。

① R 语言具有有效的数据处理和存储设施。

② R 语言提供了一套用于数组、列表、向量和矩阵计算的运算符。

③ R 语言为数据分析提供了大型、一致和集成的工具集合。

④ R 语言提供直接在计算机上或在纸张上打印的图形设施用于数据分析和显示。

⑤ R 语言是自由软件。R 语言是完全免费的，开放源代码。可以在它的网站及其镜像中下载任何有关的安装程序、源代码、程序包及其源代码、文档数据。标准的安装文件身自身就带有许多模块和内嵌统计函数，安装好后可以直接实现许多常用的统计功能。

⑥ R 语言是一种可编程的语言。作为一个开放的统计编程环境，R 语言语法通俗易懂，用户很容易学会和掌握语言的语法。用户可以编制自己的函数来扩展现有的语言。这也使得它的更新速度比一般统计软件快，大多数最新的统计方法和技术都可以在 R 语言中直接得到。

⑦ 所有 R 语言的函数和数据集都是保存在程序包里面的。只有当一个包被载入时，它的内容才可以被访问。一些常用、基本的程序包已经被收入了标准安装文件中。随着新的统计分析方法的出现，标准安装文件中所包含的程序包也随着版本的更新而不断变化。

⑧ R 语言交互性强。除了图形输出是在另外的窗口处，R 语言的输入 / 输出窗口都是在同一个窗口进行的，输入语法中如果出现错误将立刻在窗口中得到提示；对以前输入过的命令有记忆功能，可以随时再现、编辑以满足用户的需要。输出的图形可以直接保存为 JPG、BMP、PNG 等图片格式，还可以直接保存为 PDF 文件。另外，R 语言和其他编程语言和数据库之间有很好的接口。

⑨ R 语言交流环境优越。如果加入 R 的帮助邮件列表，每天都可能会收到几十份关于 R 语言的邮件资讯。可以和全球一流的统计计算方面的专家讨论各种问题，可以说是全世界最大、最前沿的统计学家思维的聚集地。

3. R 语言的主要功能

R 语言是一套完整的数据处理、计算和制图软件系统。其功能包括：数据存储和处理系统；数组运算工具（其向量、矩阵运算方面功能尤其强大）；完整连贯的统计分析工具；优秀的统计制图功能；简便而强大的编程语言：可操纵数据的输入和输出，可实现分支、循环，用户可自定义功能。

（1）数据分析环境

与其说 R 是一种统计软件，还不如说 R 是一种数学计算的环境，因为 R 并不是仅仅提供若干统计程序、使用者只需指定数据库和若干参数便可进行一个统计分析。R 的思想是：它可以提供一些集成的统计工具，提供各种数学计算、统计计算的函数，从而使用户能灵活机动地进行数据分析，甚至创造出符合需要的新的统计计算方法。

（2）统计模拟和绘图

该语言的语法表面上类似 C，但在语义上是函数设计语言的变种，并且与 Lisp 以及 APL 兼容性强。允许在语言上计算，这使得它可以把表达式作为函数的输入参数，而这种做法对统计模拟和绘图非常有用。R 具有绘图功能，制图具有印刷的素质，也可加入数学符号。

（3）免费下载和使用

R 是一个免费的自由软件，它有 UNIX、LINUX、MacOS 和 Windows 版本。可以下载到 R 的安装程序、各种外挂程序和文档。在 R 的安装程序中只包含了 8 个基础模块，其他外在模块可以通过 CRAN 获得。

（4）跨平台下运行

可自由下载使用 R 的源代码，可以下载已编译的执行文档版本，可在多种平台下运行，包括 UNIX（也包括 FreeBSD 和 Linux）、Windows 和 MacOS。R 主要是以命令行操作，并具有图形用户界面。

（5）可完成多种统计及数字分析

R 比其他统计学或数学专用的编程语言具有更强的面向对象程序设计功能。

（6）矩阵计算速度快

虽然 R 主要用于统计分析或者开发统计相关的软件，但基于矩阵计算的分析速度可与 MATLAB 媲美。

（7）接受用户撰写的套件

R 可以通过由用户撰写的套件增强功能，增加的功能主要有特殊的统计技术、绘图功能，以及编程界面和数据输出 / 输入功能。这些软件包可以用 R 语言、LaTeX、Java 及 C 语言和 Fortran 撰写。下载的执行文档版本会包括一批核心功能的软件包。根据 CRAN 的记录，有过上千种不同的软件包，其中较为常用的有用于经济计量、财经分析、人文科学研究以及人工智能的软件包。

8.2 统计分析方法

统计分析的方法是较经典的方法，主要解决一般的大数据分析问题。本节介绍常用的 10 种统计分析方法。

8.2.1 基本方法

1. 指标对比分析

指标对比分析法又称比较分析法，是统计分析中最常用的方法。指标对比分析法通过有关的指标数据对比来反映事物数量上的差异和变化。仅考虑部分指标数据，只是使用了总体的某些数量特征，得不出结论性的认识。经过比较的研究，就可以对规模大小、水平高低、速度快慢作出判断和评价。通过指标的对比，可以检查计划的完成情况，分析产生差异的原因，进而挖掘内部潜力。这种方法具有简单易行、便于掌握的特点，但在应用时需要各指标具有可比性。

指标对比分析法分为横向比较和纵向比较两种。横向比较是指同一时间下的不同总体指标比较，例如不同部门、不同地区等的比较；纵向比较是指同一总体不同时期指标数据的比较。这两种方法既可单独使用，也可结合使用。进行对比分析时，可以单独使用总量指标或相对指标或平均指标，也可将它们结合起来进行对比。比较的结果可用相对数，如百分数、倍数、系数等表示，也可用相差的绝对数和相关的百分点来表示。主要考虑下述几种指标的比较。

（1）实际指标与计划指标比较

通过实际指标与计划指标的比较来检查计划的完成情况，分析完成计划的积极因素和影响计划完成的原因，以便及时采取措施，保证成本目标的实现。在进行实际与计划对比时，如果计划本身出现了质量问题，则应该调整计划，重新评价实际工作的成绩。

（2）本期实际指标与上期实际指标比较

通过本期实际指标与上期实际指标比较可以获得各项指标的动态情况，反映施工项目管理水平的提高程度。一般情况下，一个技术经济指标只能代表施工项目管理的一个侧面，只有成本指标才是施工项目管理水平的综合反映，因此成本指标的对比分析尤为重要。

（3）与本行业平均水平和先进水平比较

通过与本行业平均水平和先进水平比较可以反映本项目的技术管理和经济管理与其他项目的平均水平和先进水平的差距，进而采取措施提高水平。

2．分组分析

指标对比分析法是总体上的对比，但统计分析不仅要对总体数量特征和数量关系进行分析，还要深入总体的内部进行分组分析。分组就是根据研究的目的和客观现象的内在特点，按某个标志或几个标志将研究的总体划分为多个不同性质的组，使组内的差异尽可能小，组间的差异尽可能大。在分组的基础上，对现象的内部结构或现象之间的依存关系从定性或定量的角度做进一步分析研究，进行观察、分析，以揭示其内在的联系和规律性。以便寻找事物发展的规律，正确地分析问题和解决问题。分组分析法是指通过统计分组的计算和分析，来认识所要分析对象的不同特征、不同性质及相互关系的方法。

（1）分组原则

分组时必须遵循穷尽原则和互斥原则。穷尽原则就是使总体中的每一个单位都应有组可归，或者说各分组的空间足以容纳总体所有的单位。互斥原则就是在特定的分组标志下，总体中的任何一个单位只能归属于某一个组，而不能同时或可能归属于几个组。

（2）分组分析法的类型

根据分组分析法作用的不同，分为结构分组分析法和相关关系分组分析法。

① 结构分组分析法。结构分组分析法可分为按品质标志分组和按数量标志分组。

分组是确定社会经济现象同质总体，研究现象各种类型的基础。分组可以将复杂的社会经济现象按照量化研究的要求区分为一个个性质不同的类型，以进一步研究各组的数量特征和组与组之间的相互关系。品质标志分组分析法就是用来分析现象的各种类型特征，从而找出客观事物规律的一种分析方法。

按数量标志分组分析法是用来研究总体内部结构及其变化的一种分析方法。总体现象在分组的基础上，计算各组单位数或分组指标量在总体总量中所占比重。各组所占比重数大小不同，说明它们在总体中所处的地位不同，对总体分布特征的影响也不同，其中比重数相对大的部分，决定着总体的性质或结构类型。借助于总体各部分的比重在量上的差异和联系，可以研究总体内部各部分之间存在的差异和相互联系。

② 相关关系分组分析法。相关关系分组分析法是用来分析经济现象之间依存关系的一种分组分析法。社会经济现象之间存在着广泛的联系和制约关系，其中关系紧密的一种联系就是现象之间的依存关系。分析研究现象之间依存关系的统计方法很多，如相关回归分析法、指数因素分析法、分组分析法等。

3．综合评价分析

进行综合评价主要步骤如下。

① 确定评价指标体系，这是综合评价的基础和依据，尤其需要注意指标体系的全面性和

系统性。

② 搜集数据，对不同计量单位的指标数值进行同度量处理。可采用相对化处理、函数化处理、标准化处理等方法。

③ 确定各指标的权数，以保证评价的科学性。根据各个指标所处的地位和对总体影响程度不同，需要对不同指标赋予不同的权数。

④ 对指标进行汇总，计算综合分值，并据此做出综合评价。

4. 指数分析

指数是指反映现象变动情况的相对数。根据指数所研究的范围不同可以有个体指数、类指数与总指数之分。指数的作用是可以综合反映复杂的现象的总体数量变动的方向和程度，可以分析某种现象的各因素变化对总变化的影响程度，其方法是通过指数体系中的数量关系，假定其他因素不变，来观察某一因素的变动对总变动的影响。

指数分析法是利用指数体系，对现象的综合变动从数量上分析其受各因素影响的方向、程度及绝对数量。

① 选定主要的各项指标。

② 根据重要性程度，对各种比率标注重要性系数，并使各系数之和等于1。

③ 确定各项指标的标准值。如果企业各项比率的实际数达到了标准值，便表明状况最优。

④ 计算确定企业分析期各项比率的实际数值。

⑤ 计算求出实际比率和标准比率的百分比，即相对比率。

⑥ 用相对比率乘以重要性系数，求出各比率的评分，即综合指数，并求出各比率综合指数的合计数，即总评分，以此作为对企业状况的评价依据。如果综合指数合计为1或在1左右变动，则表明企业状况达到标准要求；如果大于或小于1，则表明实际状况偏离了标准要求，详细原因应进一步分析查找。

5. 平衡分析

平衡分析是研究数量变化对等关系的一种方法，将对立的双方按其构成要素排列构成整体，表示平衡关系的表称为平衡表。平衡分析能够从数量对等关系上分析各种比例关系相适应状况，揭示不平衡的因素和发展潜力。利用平衡关系可以从各项已知指标中推算未知的个别指标，促进事物的发展。

（1）统计平衡分析方法

统计平衡分析方法需要编制平衡表和建立平衡关系式。平衡表与统计表的区别是平衡表指标体系必须包括输入与输出、来源与使用两个对应平衡的指标。平衡表的主要形式有三种，即输入输出式平衡表、并列式平衡表和棋盘式平衡表。其中，输入输出式平衡表有两种表现方式：输入项目分左右排列的。即表的左方列收入项目，表的右方列输出项目，输入输出两方的合计数是相等的；输入输项目分上下排列的。即表的同一纵栏内，表的上方列输入项目，表的下方列输出项目。

平衡关系式是用等式表示各相关指标间平衡关系的式子。例如，期初库存＋本期入库＝本期出库＋期末库存，资产＝负债＋所有者权益，增加值＝总产出－中间投入。统计中的平衡分析方法特点如下：

① 平衡分析要通过有联系指标数值的对等关系来表现现象之间的联系。

② 要通过有联系指标数值的比例关系来表现现象之间的联系。

③ 要通过任务的完成与时间进度之间的正比关系来表现现象的发展速度。

④ 要通过各有关指标的联系表现出全局平衡与局部平衡之间的联系。

（2）平衡分析的作用

① 平衡分析能够反映事物运动的总过程，以便及时发现薄弱环节，挖掘潜力。为了反映事物运动的总过程，需要编制各种各样的平衡表，从而及时发现薄弱环节，挖掘潜力。

② 平衡分析可以用于研究主要比例关系和宏观效果，并对发展前景进行预测。

③ 平衡分析有利于加强管理，可以及时发现业务活动中存在的问题。

④ 平衡分析可以利用指标间的数量对等关系，用来推算数字的矛盾对立统一的规律。

（3）平衡分析应注意的问题

① 比例关系是进行比较的标准。比例关系的选择需要有一个基本标准。综合平衡既要正确安排各主要方面的比例，又要安排方面内部的比例关系。

② 抓住主要比例关系研究。平衡表中反映出来的比例关系错综复杂。在这些比例关系中，需要抓住主要的比例关系来进行研究。

③ 从多方面的联系对比中选择比例关系。可以从多方面的对比中进行分析判断比例关系的合适程度。

6. 趋势分析

趋势分析法又称比较分析法、水平分析法，它是通过对报表中各类相关数据，将两期或多期连续的相同指标或比率进行定基对比和环比对比，得出其增减变动方向、数额和幅度，进而揭示业务领域的状况及变化趋势的一种分析方法。采用趋势分析法通常要编制比较报表。

扫一扫

趋势图

（1）趋势分析中的指标比较

趋势分析中的指标比较是将不同时期报告中的相同指标或比率进行比较，直接观察其增减变动情况及变动幅度，考察其发展趋势，进而预测其发展前景。这种方式在统计学上称为动态分析，常用下述两种方法完成。

① 定基动态比率。定基动态比率是用某一时期的数值作为固定的基期指标数值，将其他期数值与其对比来分析。其计算公式为：定基动态比率 = 分析期数值 / 固定基期数值。例如，以 2010 年为固定基期，分析 2011 年、2012 年利润增长比率。假设某企业 2010 年的净利润为 100 万元，2011 年的净利润为 120 万元，2012 年的净利润为 150 万元，则有

$$2001 年的定基动态比率 =120/100=120\%$$
$$2002 年的定基动态比率 =150/100=150\%$$

② 环比动态比率。环比动态比率是以每一分析期的前期数值为基期数值而计算出来的动态比率，其计算公式为：环比动态比率 = 分析期数值 / 前期数值。仍以上例数据举例，则

$$2001 年的环比动态比率 =120/100=120\%$$
$$2002 年的环比动态比率 =150/120=125\%$$

（2）报表比较

报表比较是将连续数期的报表数据并列起来，以趋势图展现出来，比较其相同指标的趋势分析示。

7. 交叉分析

交叉分析法又称立体分析法，是在纵向分析法和横向分析法的基础上，从交叉、立体的角度出发，由浅入深、由低级到高级的一种分析方法。这种方法虽然复杂，但它弥补了各自独立分析所带来的偏差。

交叉分析是一个基本的分析方法。通常用于分析两个变量之间的关系，例如各个报纸阅读和年龄之间的关系。实际使用中通常把这个概念推广到行变量和列变量之间的关系，行变量和列变量都可能由多个变量组成，甚至可以只有行变量没有列变量，或者只有列变量没有行变量。

例如，A 公司的各项主要财务指标与 B 公司的各项主要财务指标横向对比较为逊色。但如果进行纵向对比分析，发现 A 公司的各项财务指标是逐年上升的，而 B 公司的各项财务指标是停滞不前或缓慢上升的，甚至有下降的兆头。因此，股票购买者购买 A 公司股票的可能性增大。

8. 显著性检验

显著性检验事先对总体（随机变量）的参数或总体分布形式提出一个假设，然后利用样本信息来判断这个假设（备择假设）是否成立，即判断总体的真实情况与原假设是否有显著性差异。也就是说，显著性检验要判断样本与对总体所做的假设之间的差异是纯属机会变异，还是由所做的假设与总体真实情况之间不一致所引起的。显著性检验是针对总体所做的假设做检验，其原理就是小概率事件实际不可能性原理来接受或否定假设。

抽样实验会产生抽样误差，对实验数据进行比较分析时，不能仅凭两个结果（平均数或率）的不同就得出结论，而是要进行统计学分析，鉴别出两者差异是抽样误差引起，还是由特定的实验处理引起。

（1）两类错误

显著性检验即用于实验处理与对照或两种不同处理的效应之间是否存在差异以及差异是否显著的方法。常将一个需要检验的假设记作 H_0，称为原假设（或零假设），与 H_0 对立的假设记作 H_1，称为备择假设。

① 在原假设为真时称为第一类错误，其出现的概率通常记作 α，并决定放弃原假设。

② 在原假设不真时称为第二类错误，其出现的概率通常记作 β，决定不放弃原假设。

显著性检验是只限定犯第一类错误的最大概率 α，不考虑犯第二类错误的概率 β，并将概率 α 称为显著性水平。最常用的 α 值为 0.01、0.05、0.10 等。一般情况下，根据研究的问题，如果放弃真假设损失大，为减少这类错误，α 取值小些；反之，α 应取值大些。

显著性检验的目的是消除第一类错误和第二类错误。

（2）原理

① 无效假设。显著性检验的基本原理是提出无效假设和检验无效假设成立的概率水平的选择。无效假设就是当比较实验处理组与对照组结果时，假设两组结果间差异不显著，即实验处理对结果没有影响或无效。经统计学分析后，如发现两组间差异是抽样引起的，则无效假设成立，可认为这种差异为不显著，即实验处理无效。若两组间差异不是由抽样引起的，则无效假设不成立，可认为这种差异是显著的，即实验处理有效。

② 无效假设成立的概率。检验无效假设成立的概率一般定为 5%，其含义是将同一实验重复 100 次，两者结果间的差异有 5 次以上是由抽样误差造成的，则无效假设成立，可认为两

组间的差异为不显著，常记为 $p>0.05$。若两者结果间的差异 5 次以下是由抽样误差造成的，则无效假设不成立，可认为两组间的差异为显著，常记为 $p \leqslant 0.05$。如果 $p \leqslant 0.01$，则认为两组间的差异为非常显著。

（3）基本思想

显著性检验的基本思想可以用小概率原理来解释。

① 小概率原理。小概率事件在一次试验中是几乎不可能发生的。如果在一次试验中小概率事件事实上发生了，那只能认为该事件不是来自假设的总体，也就是认为对总体所做的假设不正确。

② 由样本数据计算出来的检验统计量观察值所截取的尾部面积。值越小，越反对原假设，认为观察到的差异表明真实的差异存在的证据便越强，观察到的差异便越加理由充分地表明真实差异存在。

③ 针对具体问题的具体特点，事先规定检验标准。

④ 在检验的操作中，把观察到的显著性水平与作为检验标准的显著水平标准比较，小于这个标准时，得到拒绝原假设的证据，认为样本数据表明了真实差异存在。大于这个标准时，拒绝原假设的证据不足，认为样本数据不足以表明真实差异存在。

⑤ 根据所提出的显著水平查表得到相应的值，称作临界值，直接用检验统计量的观察值与临界值作比较，观察值落在临界值所划定的尾部内，便拒绝原假设；观察值落在临界值所划定的尾部之外，则认为拒绝原假设的证据不足。

（4）步骤

显著性检验的一般步骤如下：

① 提出假设 H_0 和 H_1。同时，与备择假设相应，指出所作检验为双尾检验还是左单尾检验或右单尾检验。

② 构造检验统计量，收集样本数据，计算检验统计量的样本观察值。

③ 根据所提出的显著水平，确定临界值和拒绝域。

④ 作出检验决策。

将检验统计量的样本观察值与临界值比较，或者把观察到的显著水平与显著水平标准比较；最后按检验规则作出检验决策。当样本值落入拒绝域时，则表述成拒绝原假设，显著表明真实的差异存在。当样本值落入接受域时，则表述成没有充足的理由拒绝原假设，没有充足的理由表明真实的差异存在。另外，在表述结论之后应当注明所用的显著水平。

（5）常用的检验

① t 检验。适用于计量数据、正态分布、方差具有齐性的两组间小样本比较。包括配对数据间、样本与均数间、两样本均数间比较三种。三者的计算公式不能混淆，处理时不用判断分布类型就可以使用 t 检验。

② t' 检验。t 检验应用条件与 t 检验大致相同，但 t' 检验用于两组间方差不齐时。t' 检验的计算公式实际上是方差不齐时 t 检验的校正公式。

③ U 检验。U 检验应用条件与 t 检验基本一致，只是当大样本时用 U 检验，而小样本时则用 t 检验，t 检验可以代替 U 检验。

④ 方差分析。用于正态分布、方差齐性的多组间计量比较。常用的有单因素分组的多样

本均数比较及双因素分组的多个样本均数的比较。方差分析首先是比较各组间总的差异，如总差异有显著性，再进行组间的两两比较，组间常用 q 检验或 LST 检验等。

⑤ χ^2 检验。χ^2 检验是计数数据主要的显著性检验方法。用于两个或多个百分比（率）的比较。常见以下几种情况：四格表数据、配对数据、多于 2 行 ×2 列数据及组内分组 χ^2 检验。

⑥ 零反应检验。用于计数数据。是当实验组或对照组中出现概率为 0 或 100% 时，χ^2 检验的一种特殊形式，属于直接概率计算法。

⑦ 非参数统计方法。非参数统计方法主要有符号检验、秩和检验和 Ridit 检验，三者均属非参数统计方法。共同特点是简便、快捷、实用，可用于各种非正态分布的数据、未知分布数据及半定量数据的分析。其主要缺点是容易丢失数据中包含的信息，所以凡是正态分布或可通过数据转换成正态分布者尽量不用这些方法。

⑧ Hotelling 检验。Hotelling 检验用于计量数据、正态分布和两组间多项指标的综合差异显著性检验。

9. 结构分析

结构分析法是指对系统中各组成部分及其对比关系变动规律的分析。结构分析主要是一种静态分析，即对一定时间内系统中各组成部分变动规律的分析。如果对不同时期内结构变动进行分析，则属动态分析。

结构分析法是在统计分组的基础上，计算各组成部分所占比重，进而分析某一总体现象的内部结构特征、总体的性质、总体内部结构依时间推移而表现出的变化规律性的统计方法。结构分析法的基本表现形式就是计算结构指标，计算公式如下：

$$结构指标（\%）=（总体中某一部分 / 总体总量）\times 100\%$$

其中，结构指标就是总体各个部分占总体的比重，因此总体中各个部分的结构相对数之和即等于 100%。

10. 因素分析

因素分析是一种多变量解析手段。

① 某一现象比干预该现象的变数的因素更少受潜在的因素所支配，如果在没有外在标准的条件下，可以只根据观测的数据探寻其因素。广义地说，也可以包括主要成分分析和群分析。从分解相关行列引出线性函数可以看出，因素分析很像主要成分分析。如果假设是一种误差项的特殊因素，则相关行列的对角要素要小于 1.0。

② 如果使用多个测验，但需要知道事实上总计测量到多少共同因素，这时可以使用因素分析来了解这个问题。

因素分析法实际就是相关性概念。当两件事物同时发生变化时，就被认为是相关的。例如，高度和质量是相关的，因为当其中一个增加时，另一个也会增加。两个变量同时变化的趋势越强，那它们之间的相关性就越大。两个变量之间关系的强度在数学上可用相关系数来表示。

8.2.2 常用分析方法

下面所介绍的常用数据分析方法更为强大，能够解决更为复杂的数据分析问题。

1. 动态分析法

将同一指标的一系列数据按时间先后顺序排列就形成时间数列，又称动态数列。通过时间数列的排列与分析，可以找出动态变化规律，为预测未来的发展趋势提供依据。时间数列可分为绝对数时间数列、相对数时间数列和平均数时间数列。在统计分析中，编排了时间数列之后就可以进行动态分析，能够反映其发展水平和速度的变化规律及趋势。

① 需要考虑数列中各个指标之间的可比性。动态分析法的总体范围、指标计算方法、计算价格和计量单位都应该前后一致，时间间隔应尽量一致，但也可以根据研究目的采取不同的间隔期，例如按历史时期划分，其时间间隔不能保证一致。为了消除时间间隔期不同而产生的指标数据不可比，可采用年平均数和年平均发展速度来编排动态数列。

② 动态分析以数量特征为标准。动态分析是以客观现象所显现出来的数量特征为标准，来判断被研究现象是否符合正常发展趋势的要求，探求其偏离正常发展趋势的原因并对未来的发展趋势进行预测的一种统计分析方法。

③ 动态分析对变化的实际过程进行的分析。动态分析是对变化的实际过程所进行的分析，其中包括分析有关变量在一定时间过程中的变动，这一些变量在变动过程中相互影响和彼此制约。动态分析法的一个重要特点为考虑时间因素的影响，并将现象的变化当作一个连续的过程来看待。

④ 动态分析考虑各种变量随时间变化对整个体系的影响。动态分析考虑各种变量随时间变化对整个体系的影响，在微观领域中占有重要地位的仍是静态分析和比较静态分析方法。在宏观领域中动态分析方法占有重要的地位。

⑤ 数列形成因素。时间数列的形成是各种不同的影响事物发展变化的因素共同作用的结果。为了便于分析事物发展变化规律，通常将时间数列形成因素归纳为以下 4 类：

- 长期趋势是某一指标在相当长的时间内持续发展变化的总趋势，是由长期作用的基本因素影响而呈现的有规律的变动。
- 季节变动是指现象由于季节更替或因素的影响形成周期性变动。它周期短（一般为一年），规律性强，如某些季节性商品的销售会因季节的不同而波动。但也有以月、周、日为变动周期的，凡在一年内有反复循环周期变动，如节假日市场购货人数出现的高峰等，在广义上，都属于季节变动分析的内容。
- 循环波动是指变动周期在一年以上近乎有规律的周而复始的一种循环变动。研究宏观的循环波动问题，需要计算扩散指数和合成指数。
- 不规则变动是指由于意外的偶然因素引起的无周期的波动。

2．相关分析

相关分析是研究概率变量之间的相关性的一种统计方法。相关分析研究现象之间是否存在某种依存关系，并对有依存关系的现象，探讨其相关方向以及相关程度。

（1）相关系数

相关系数又称线性相关系数，是衡量两个随机变量之间线性相关程度的指标，现已广泛应用。依据相关现象之间的不同特征，其统计指标的名称不同。例如，将反映两变量间线性相关关系的统计指标称为相关系数，相关系数的平方称为判定系数；将反映两变量间曲线相关关系的统计指标称为非线性相关系数、非线性判定系数；将反映多元线性相关关系的统计指标称为复相关系数。相关系数的类型主要有：

① 简单相关系数。简单相关系数又称相关系数或线性相关系数，一般用字母 r 表示，用

来度量两个变量间的线性关系。

② 复相关系数。复相关系数又称多重相关系数。复相关是指因变量与多个自变量之间的相关关系。例如，某种商品的季节性需求量与其价格水平、职工收入水平等现象之间呈现复相关关系。

③ 典型相关系数。相关系数可以描述两个变量之间的相关程度。根据计算方法不同，相应出现了皮尔逊相关系数、斯皮尔曼相关系数和肯德尔相关系数等，通常所说的相关系数是指皮尔逊相关系数。

(2) 相关分析的内容

相关分析是一种研究变量相关性的统计方法，包括变量之间依存关系是否存在，存在什么样的依存关系，以及相关程度和相关方向等。相关关系是一种非确定性的关系，例如，以 X 与 Y 分别记一个人的身高和体重，则 X 与 Y 显然有关系，而又不能准确地说明可由其中的一个决定另一个的程度，那么这就是相关关系。相关关系在因果分析中有广泛应用，例如应用相关分析判断指标之间的替代关系和关联度。相关分析可以用来研究两个变量的关系，测定它们之间联系的紧密程度。

相关分析法是测定现象之间相关关系的规律性，并据以进行预测和控制的分析方法。

现象之间存在着大量的相互联系、相互依赖、相互制约的数量关系。这种关系可分为下述两种类型：

① 函数关系。函数关系反映着现象之间严格的依存关系，也称确定性的依存关系。在这种关系中，对于变量的每一个数值，都有一个或几个确定的值与之对应。

② 相关关系。在相关关系中，变量之间存在着不确定、不严格的依存关系，对于变量的某个数值，可以有另一变量的若干数值与之相对应，这若干数值围绕着它们的平均数呈现出有规律的波动。例如，某些商品价格的升降与消费者需求的变化存在着这样的相关关系。

(3) 相关分析过程

相关分析过程如下：

① 确定现象之间有无相关关系以及相关关系的类型。对不熟悉的现象，则需收集变量之间大量的对应数据，用绘制相关图的方法做初步判断。从变量之间相互关系的方向看，变量之间有时存在着同增同减的同方向变动，是正相关关系；有时变量之间存在着一增一减的反方向变动，是负相关关系。从变量之间相关的表现形式看有直线关系和曲线相关；从相关关系涉及的变量的个数看，有一元相关或简单相关关系和多元相关或复相关关系。

② 判定现象之间相关关系的密切程度，通常是计算相关系数 R 及绝对值在 0.8 以上表明高度相关，必要时应对 R 进行显著性检验。

③ 拟合回归方程，如果现象间相关关系密切，就根据其关系的类型，建立数学模型用相应的数学表达式——回归方程来反映这种数量关系，这就是回归分析。

④ 判断回归分析的可靠性，要用数理统计的方法对回归方程进行检验。只有通过检验的回归方程才能用于预测和控制。

⑤ 根据回归方程进行内插外推预测和控制。

(4) 应用相关分析与回归分析需要注意的问题

① 相关分析要求相关两个变量都必须是随机的，而回归分析则要求因变量必须是随机的，

自变量则不能是随机的，而是规定的值，这与在回归方程中用给定的自变量值来估计平均的因变量值是一致的。

② 防止虚假相关和虚假回归。在对两个时间数列进行相关分析和回归分析时，常因各期指标值受时间因素的强烈影响而损伤所需要的随机性；也有时两个时间数列表面上似有同升同降的变动，实际上并无本质联系。对这类数据求出的高度相关系数或回归联系往往是一种假象。为此，在用相关分析法研究复杂的现象时，需要有科学的理论指导和正确的判断。

（5）相关分析的分类

① 线性相关分析。如果两个变量变化的方向一致，则称为正相关；如果两个变量变化的方向不一致，则称为负相关；否则为无线性相关。皮尔逊相关系数用于度量两个变量之间的线性相关程度，其取值范围为 [-1,1]。如果相关系数大于零，则表示一个变量增大时，另一个变量也随之呈现线性增大；如果线性系数小于零，则表示一个变量增大时，另一个变量随之变小。如果皮尔逊相关系数为 0，则表示两个变量之间无相关关系。

可以利用皮尔逊相关系数判断线性关系，可以快速找出类似于 $Y=aX+b$ 的线性关系。皮尔逊相关系数对于如下：

$$\sigma(X,Y)=\text{cov}(X,Y)/\sigma_X\sigma_Y$$

其中，$\text{cov}(X,Y)$ 是 X、Y 的协方差，σ_X、σ_Y 是 X、Y 的标准差。

在统计学中，可用协方差描述两个变量的协同变化关系，一个变量变大且另一个变量同时变大，或一个变量变小且另一个变量同时变小时，也就是说，两个变量大小变化的方向一致时，协方差为正值；两个变量大小变化的方向不一致时，协方差为负值。如果两个变量值变化时无关联，则协方差为 0。通过计算两个变量的协方差，就可以得出两个变量的关系。协方差定义为

$$\sigma(X,Y)=E[(X-E(X))(Y-E(Y))]$$

在 R 语言中使用 cov() 函数计算协方差，实例如下：

```
>cov(1:5, 2:6)  # 由于两个值同时增大，所以协方差为正值。
[1] 2.5
> cov(1:5, c(3,3,3,3,3))   # 一个值的变化不受另一个值的影响，所以协方差为 0。
[1] 0
> cov(1:5, 5:1) # 由于两个值变化的方向不同，所以协方差为负值。
[1] -2.5
```

皮尔逊相关系数可用于判断数据间的线性相关程度。$Y=X$ 与 $Y=3X$ 均表示线性关系，所以皮尔逊相关系数为 1。在皮尔逊相关系数中，如果线性关系成立，则为 1；否则为 0。通过下列代码可以验证。

```
>cov(1:10, 1:10)
[1]1
>cov(1:10, 1:10*3)
[1]1
```

对于类似 $Y=X^3$ 的相互关系中，由于不是线性相互关系，所以相关系数的值小于 1。

```
>x=1:10
>y=x^3
>cor(x,y)
[1] 0.9283919
```

② 偏相关分析。在控制对两变量之间的相关性可能有关的其他变量之后，再对两变量的线性相关性分析。

③ 距离分析。可以通过距离的大小对两变量之间相似或不相似程度的测度，在这里所提及的距离可以是观测量之间的距离和变量之间欧式距离和海明距离等。

3. 回归分析

回归分析是应用广泛的数据分析方法之一。回归分析是在掌握大量观察数据的基础之上，建立被观测数据变量之间的依赖关系，以分析数据内在规律，并可应用于预报与控制等问题。

回归分析是研究一个随机变量 Y 对另一个变量 X 或一组变量 $(X_1, X_2, \cdots, X_k)$ 的相依关系的统计分析方法。回归分析主要用于得到变量之间的关系，即变量是否相关、相关的方向和相关的强度等，之后建立响应的数学模型，即利用数理统计方法建立变量与自变量之间的回归方程式。对感兴趣的变量预测，找出能够代表所有观测数据的函数曲线，然后用此函数表示变量与自变量之间的关系。相关分析是回归分析的基础，回归分析是认识变量之间相互程度的具体形式。

（1）回归分析的步骤

① 确定自变量与因变量。

② 根据自变量与因变量的历史统计数据进行计算，建立回归分析预测模型。

③ 获得自变量与因变量之间的某种因果关系。

④ 模型检验，预测误差，小误差表明模型可以得到比较好的预测结果。

⑤ 运用确定的回归预测模型进行预测计算，在根据具体的实际情况，运用相关知识进行全面分析，进而得到最终的预测值。

（2）回归分析类型

① 回归分析按照涉及的自变量是一个或多个，可分为一元回归分析和多元回归分析。

② 按照自变量和因变量之间的关系类型，可分为线性回归分析和非线性回归分析。如果在回归分析中，只包括一个自变量和一个因变量，且二者的关系可用一条直线近似表示，称为一元线性回归分析。如果回归分析中包括两个或两个以上的自变量，且因变量和自变量之间是线性关系，则称多元线性回归分析。

③ 多重回归分析是指一个或多个随机变量 Y_1, Y_2, $\cdots$, Y_i 与另一些变量 X_1, X_2, $\cdots$, X_k 之间的统计关系的分析，通常称 Y_1, Y_2, $\cdots$, Y_i 为因变量，X_1, X_2, $\cdots$, X_k 为自变量。

（3）相关分析与回归分析的基本区别

相关分析研究的是现象之间是否相关、相关的方向和密切程度，不区别是自变量或因变量。而回归分析则要分析现象之间相关的具体形式，并用数学模型来表现其具体因果关系。例如，从相关分析中可以得知产品质量和用户满意度密切相关，但是这两个变量哪个是自变量和哪个是因变量、影响程度，则通过回归分析来确定。

（4）回归模型

回归分析是一种数学回归模型，当因变量和自变量为线性关系时，它是一种简单的线性模型。最简单的情形是一个自变量和一个因变量，且它们具有线性关系，这叫一元线性回归，即模型为 $Y=a+bX+\varepsilon$，这里 X 是自变量，Y 是因变量，ε 是残差，通常假定残差的均值为 0，方差为 σ^2（σ^2 大于 0），σ^2 与 X 的值无关。如果假设残差遵从正态分布，就叫做正态线性模型。一般的情形，它有 k 个自变量和一个因变量，因变量的值可以分解为两部分：一部分是由于自变量的影响，即表示为自变量的函数，其中函数形式已知，但含一些未知参数；另一部分是由于其他未被考虑的因素和随机性的影响，即残差。当函数形式为未知参数的线性函数时，称为线性回归分析模型；当函数形式为未知参数的非线性函数时，称为非线性回归分析模型。当自变量的个数大于 1 时称为多元回归，当因变量个数大于 1 时称为多重回归。

（5）回归分析的过程

① 从一组数据出发，确定某些变量之间的定量关系式，即建立数学模型并估计其中的未知参数。估计参数的常用方法是最小二乘法。

② 对这些关系式的可信程度进行检验。

③ 如果多个自变量影响了一个因变量，判断影响显著的自变量集、影响不显著的自变量集，将影响显著的自变量集加入模型中，而消除影响不显著的变量集，通常用逐步回归、向前回归和向后回归等方法。

④ 利用所求的关系式对某一过程进行预测或控制。

（6）简单线性回归举例

简单线性回归是指用一个自变量（独立变量）X_i 解释因变量 Y_i。简单线性回归模型为

$$Y_i = a + bX_i + \varepsilon$$

其中，X_i 是自变量，Y_i 是因变量，a、b 为回归系数，ε 是随机误差。

下面介绍根据 cars 数据集创建简单线性回归模型，并对模型进行评估。

① 创建模型。cars 数据集保存着汽车行驶速度与刹车后制动距离的数据集。

```
>data(cars)
>head(cars)
speed      dist
1      4        2
2      4       10
3      7        4
4      7       22
5      8       16
6      9       10
```

假设汽车行驶速度与制动距离之间存在下述公式所描述的线性关系。

$$dist = a + b \times speed + \varepsilon$$

调用 lm() 函数，指定 dist- speed 公式，为 cars 数据集创建线性回归模型。

```
>(m<-lm(dist ~ speed;care))
call:
lm(formls ~ dist,speed=care)
Coefficients;
(Intercept)      speed
-17.575          3.932
```

从运行结果可以得到下述的 dist 和 speed 的关系。

$$dist = -17.575 + 3.932 \times speed + \varepsilon$$

② 提取线性回归结果。使用 lm() 函数创建模型后，可以使用一些函数进一步查看模型的详细内容。

• 回归系数 (coef)。使用 coef() 函数可以查看线性回归模型的截距和速度的斜率。

```
>coef(m)
```

```
(Intercept)        speed
-17.579095       3.912409
```

• 拟合值（fitted）。格局创建的模型，调用 fitted 函数可以为 cars 数据集中的每个 speed 值求对应的 dist 值。求得的 dist 值是模型对数据的拟合结果称为拟合值。下面显示的是 cars 数据集中第 1～4 个数据的拟合值。

```
>fitted(m)[1:4]
1              2              3              4
-1.849460    -1.849460      9.947766       9.947766
```

也就是说，这些值是由 dist =a+b×speed 公式计算得出。

• 残差。在公式 dist =a+b×speed+ε 中，ε 称为残差。当创建线性回归模型后，根据模型计算的预测值与实际值之间存在差别，将这种差别称为残差。如果预测值为 Y'，根据数据求得的 a、b 的推断值分别为 a'、b'，则 Y'=a'+b'X，ε=Y−Y'。

在下述示例中，调用 residuals() 函数计算第 1～4 个数据的残差。

```
> residuals(m)[1:4]
         1              2              3              4
3.849460      11.849460      -5.947766      12.052234
```

拟合值与残差之合为实际数值。从下列示例中可以看出，cars 的拟合值与残差之和等于 a+b×speed 值。

```
>fitted(m)[1:4]+residuals(m)[1:4]
1    2    3    4
2   10    4   22

>cars$dist[1:4]
[1] 2    10    4   22
```

• 回归系数的置信区间。

简单的线性回归中，截距与 speed 的斜率服从正态分布。可以使用 confint(model) 函数求出使用 t 分布的置信空间。

```
>confint[m]
                   2.5%          97.5%
(intercept)    -31.167850    -3.990340
speed            3.096964     4.767853
```

③ 预测与置信空间。当通过 lm() 函数创建模型后，使用 predict() 函数计算新数据的预测值。predict() 函数是一个泛型函数，采用了多种方式创建模型后，调用 predict() 函数可以利用创建的模型为新数据计算预测值。根据参数给定模型不同，predict() 函数在内部有调用 predict.glm()、predict.lm()、predict.nls() 等函数。进行线性回归时，调用的是 predict.lm() 函数。使用汽车速度与制动距离的线性回归模型，预测行驶速度位 3 时的制动距离。

```
>(m<-lm(dist-speed datascars))
call;
lm(formaula=dist-speed,data=cars

coefficients:
(Intercept)        speed
    -17.575         3.932
```

```
>predict(m,newdata=data.tream(speed=3))
     1
-5.781869

>coef(m)
(Intercept)          speed
-17.57905         3.932409
>-17.579095+3.932409*3    # 使用线性模型的回归系数直接计算。
[1] -5.781868
```

当汽车行驶速度为 3 时，调用 predict() 函数进行预测，得到的制动距离为 -5.781 869，可以看出，该值与使用线性回归模型的回归系数直接进行计算所得到的结果一致。为了考虑回归系数（截距和斜率）置信区间，只要在调用 predict() 函数的同时指定参数为 type="confidence"，即可以计算制动距离的平均置信区间。在下列的执行结果中，fit 表示预测值的点估计值，lwr 与 upr 分别表示置信区间的下限与上限值。

```
>predict(m,newdata.tram(speed=c(3)),interval=" confidence " ,interval="
confidence "
      fit          lwr          upr
1 -5.781869    -17.02659    5.4462853
```

该值是以下列公式为基础计算置信区间的

$$dist=a+b \times speed$$

通过该公式计算得到的是以特定速度行驶的车辆的平均制动距离。由于它是对车辆的平均推断，并没有考虑误差项，这是由于误差的均值假设为 0。但是，如果给定一辆具有特定行驶速度的车辆，那么考虑该车辆的制动距离时不能忽略误差。此时，可以使用 type="prediction" 参数计算预测区间。

```
>predict(m, newdata=data.fram(speed=c(3)), interval=" prediction "
fit        lwr          upr
1 -5.781869    -38.68565    27.12192
```

无论置信区间还是预测区间，制动距离的点估计值 fit 都是 -5.781 869。但由于考虑了误差，那么从区间的下限 lwr 与上限 upr 可以看出，预测区间比置信区间（type="confidence"）的宽度更大。

4. 判别分析

当要确定一个新的样本是否属于已知类别的问题时就需要使用判别分析。判别分析的分类方式应事先确定，根据若干变量值判断对象归属的一种或多种变量的统计分析方法。其基本思想是根据一定的判别准则来建立一个或多个判别函数，利用研究对象的大量数据来确定判别函数中的待定系数，并计算判别指标，即可确定某一样本属于何类。

判别分析是一种统计判别的分组技术，根据就一定数量样本的一个分组变量和相应的其他多元变量的已知信息进行判别分组。判别分析的任务是根据已掌握的一批分类明确的样本，建立较好的判别函数，使产生错判的事例最少，进而对给定的一个新样本，判断它来自哪个总体。根据数据的性质，分为定性数据的判别分析和定量数据的判别分析。采用不同的判别准则，又有费歇、贝叶斯、距离等判别方法。

费歇判别是通过投影，使多维问题简化为一维问题来处理。选择一个适当的投影轴，使所有的样本点都投影到这个轴上得到一个投影值。对这个投影轴的方向的要求是：使每一类内的投影值所形成的类内离差尽可能小，而不同类间的投影值所形成的类间离差尽可能大。贝叶斯判别思想是根据先验概率求出后验概率，并依据后验概率分布作出统计推断。所谓先验概率，就是用概率来描述人们事先对所研究的对象的认识的程度；所谓后验概率，就是根据具体数据、先验概率、特定的判别规则所计算出来的概率。它是对先验概率修正后的结果。

距离判别是根据各样本与各母体之间的距离远近作出判断，即根据数据建立各母体的距离判别函数式，将各样本数据逐一代入判别函数式计算，得出各样本与各母体之间的距离值，判断样本属于距离值最小的那个母体。

（1）判别分析方法的基本思想

① 根据判别中的组数，可以分为两组判别分析和多组判别分析。

② 根据判别函数的形式，可以分为线性判别和非线性判别。

③ 根据判别式处理变量的方法不同，可以分为逐步判别、序贯判别等。

④ 根据判别标准不同，可以分为距离判别、Fisher 判别、贝叶斯判别法等。

（2）判别函数的类型

判别函数主要划分为两种类型，即线性判别函数和典则判别函数。

① 线性判别函数。对于某一个总体，如果各组样本互相独立，且服从多元正态分布，就可建立线性判别函数，可以是如下所述 4 种基本形式。

• 判别组数。

• 判别指标（又称判别分数或判别值），根据所用的方法不同，可能是概率，也可能是坐标值或分值。

• 自变量或预测变量，即反映研究对象特征的变量。

• 各变量系数，也称判别系数。

建立函数必须使用一个训练样本。训练样本就是已知实际分类且各指标的观察值也已测得的样本，它对判别函数的建立非常重要。

② 典则判别函数。典则判别函数是原始自变量的线性组合，通过建立少量的典则变量可以比较方便地描述各类之间的关系。例如，可以用散点图和平面区域图直观地表示各类之间的相对关系等。

（3）建立判别函数的方法

建立判别函数的方法一般有 4 种：全模型法、向前选择法、向后选择法和逐步选择法。

① 全模型法是指将用户指定的全部变量作为判别函数的自变量，而不管该变量是否对研究对象显著或对判别函数的贡献大小。此方法适用于对研究对象的各变量有全面认识的情况。如果未加选择的使用全变量进行分析，则可能产生较大的偏差。

② 向前选择法是从判别模型中没有变量开始，每一步把一个对判别模型的判断能力贡献最大的变量引入模型，直到没有被引入模型的变量都不符合进入模型的条件时，变量引入过程结束。当希望较多变量留在判别函数中时，使用向前选择法。

③ 向后选择法与向前选择法完全相反。它是把用户所有指定的变量建立一个全模型。每一步把一个对模型的判断能力贡献最小的变量剔除模型，知道模型中的所用变量都不符合留在模型中的条件时，剔除工作结束。在希望较少的变量留在判别函数中时，使用向后选择法。

④ 逐步选择法是一种选择最能反映类间差异的变量子集，建立判别函数的方法。它是从模

型中没有任何变量开始，每一步都对模型进行检验，将模型外对模型的判别贡献最大的变量加入模型中，同时也检查在模型中是否存在由于新变量的引入而对判别贡献变得不太显著的变量，如果有，则将其从模型中出，依此类推，直到模型中的所有变量都符合引入模型的条件，而模型外所有变量都不符合引入模型的条件为止，则整个过程结束。

（4）判别方法

判别方法是确定待判样本归属于哪一组的方法，可分为参数法和非参数法，也可以根据数据的性质分为定性数据的判别分析和定量数据的判别分析。此处给出的分类主要是基于判别准则而划分的常用方法。除最大似然法外，其他均适用于连续性变量。

① 最大似然法。用于自变量均为分类变量的情况，该方法建立在独立事件概率乘法定理的基础上，根据训练样本信息求得自变量各种组合情况下样本被封为任何一类的概率。当新样本进入，则计算它被分到每一类中去的条件概率（似然值），概率最大的那一类就是最终评定的归类。

② 距离判别。其基本思想是有训练样本得出每个分类的重心坐标，然后对测试样本求出离各个类别重心的距离远近，从而归入离得最近的类。最常用的距离是马氏距离，偶尔也采用欧式距离。距离判别的特点直观、简单，适合于对自变量均为连续变量的分类，且变量的分布类型无严格要求，特别是并不严格要求总体协方差阵相等。

③ 费歇判别。费歇判别是根据线性费歇函数值进行判别，适用于各组变量的均值有显著性差异的情况。费歇判别的基本方法是将原来在 R 维空间的自变量组合投影到维度较低的 D 维空间，然后在 D 维空间中进行分类。投影的原则是使得同一类的差异尽可能小，而不同类间的离差尽可能大。图 8-1 所示为费歇判别的示意说明，其优势在于对分布、方差等都没有任何限制、非常方便，应用广泛。

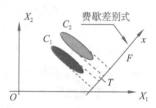

图8-1　费歇判别

④ 贝叶斯判别。许多时候用户对各类别的比例分布情况有一定的先验信息，比如客户对投递广告的反应绝大多数都是无回音，如果进行判别，自然也应当是无回音的居多。此时，贝叶斯判别恰好适用。贝叶斯判别就是根据总体的先验概率，使误判的平均损失达到最小的判别。其最大优势是可以用于多组判别问题。但是适用此方法必须满足三个假设条件，即各种变量必须服从多元正态分布、各组协方差矩阵必须相等、各组变量均值均有显著性差异。

对于判别分析，用户往往很关心建立的判别函数用于判别分析时的准确度如何。通常的效果验证方法如自身验证、外部数据验证、样本二分法、交互验证、Bootstrap 法。

（5）应用

判别分析在气候分类、农业区划、土地类型划分中有着广泛的应用。在市场调研中，一般根据事先确定的因变量（例如产品的主要用户、普通用户和非用户、自有房屋或租赁、电视观众和非电视观众）找出相应处理的区别特性。在判别分析中，因变量为类别数据，有多少类别就有多少类别处理组；自变量通常为可度量数据。通过判别分析，可以建立能够最大限度的区分因变量类别的函数，考查自变量的组间差异是否显著，判断哪些自变量对组间差异贡献最大，评估分类的程度，根据自变量的值将样本归类。主要应用范围为信息丢失、直接的信息得不到、预报、破坏性实验。

5. 对应分析

对应分析又称关联分析，是一种多元统计分析方法，利用对应分析可以对有定性变量的构成的交互汇总表进行分析，进而发现变量之间的联系。这种分析主要适于多类别的类变量，可以发现同一变量的各类别之间的差异，以及不同变量各类别之间的对应关系。对应分析的原理是将一个列联表的行和列中各元素的比例结构以点的形式在较低维的空间中表示出来。其最大特点是把大量样本和变量同时展现在一张图上，将样本的大类及其属性在图上直观表现出来，这种图示化技术是市场分析技术的强有力工具。

对应分析也称关联分析、R-Q 型因子分析，是一种多元相依变量统计分析技术，通过分析由定性变量构成的交互汇总表来揭示变量间的联系。可以揭示同一变量的各个类别之间的差异，以及不同变量各个类别之间的对应关系。对应分析是一种视觉化的数据分析方法，它能够将几组看不出任何联系的数据，通过视觉上可以接受的定位图展现出来。

对应分析的基本思想是将一个列联表的行和列中各元素的比例结构以点的形式在较低维的空间中表示出来。它的最大特点是能把众多的样本和众多的变量同时作到同一张图上，将样本的大类及其属性在图上直观而又明了地表示出来，具有直观性。另外，它还省去了因子选择和因子轴旋转等复杂的数学运算及中间过程，可以从因子载荷图上对样本进行直观的分类，而且能够指示分类的主要参数（主因子）以及分类的依据，是一种直观、简单、方便的多元统计方法。

对应分析法整个处理过程由两部分组成：表格和关联图。对应分析法中的表格是一个二维的表格，由行和列组成。每一行代表事物的一个属性，依次排开。列则代表不同的事物本身，它由样本集合构成，排列顺序并没有特别的要求。在关联图上，各个样本都浓缩为一个点集合，而样本的属性变量在图上同样也是以点集合的形式显示出来。

6. 主成分分析

主成分分析是一种探索性的分析技术。

（1）主成分分析的基本思想

主成分分析是指将众多具有一定相关性的指标，重新组合成一组新的互相无关的综合指标来代替原来的指标的分析方法。主成分分析首先引入非随机变量，之后将此方法推广到随机向量的情形。信息的大小通常用离差平方和或方差来衡量。用几个较少的综合变量尽可能多地反映原来变量的信息的统计方法，在数学上是用于降维的一种方法，就是将原来 P 个指标作线性组合，作为新的综合指标。变量个数太多将增加问题的复杂性。希望变量个数较少而且得到的信息较多。在进行多元数据分析之前分析数据，将重复的变量删除，建立尽可能少的新变量，即设法将原来变量重新组合成一组新的互相无关的几个综合变量，使得这些新变量两两不相关。这些新变量在反映问题的信息方面尽可能保持原有的信息以便对数据有一个概括性的了解。主成分分析一般与其他分析方法结合使用，例如当变量很多，个案数不多，直接使用判别分析可能无解，这时候可以使用主成分对变量简化。在多元回归中，主成分分析可以帮助判断是否存在共线性（条件指数）和处理共线性。

（2）主成分分析与因子分析的区别

① 因子分析中是把变量表示成各因子的线性组合，而主成分分析中则是把主成分表示成各变量的线性组合。

② 主成分分析的重点在于解释各变量的总方差，而因子分析则把重点放在解释各变量之间的协方差。

③ 主成分分析中不需要有假设，因子分析则需要一些假设。因子分析的假设包括：各个共同因子之间不相关，特殊因子之间也不相关，共同因子和特殊因子之间也不相关。

④ 主成分分析中，当给定的协方差矩阵或者相关矩阵的特征值是唯一的时候，主成分一般是独特的；而因子分析中因子不是独特的，可以旋转得到不同的因子。

⑤ 在因子分析中，因子个数需要分析者指定，而指定的因子数量不同而结果不同。在主成分分析中，成分的数量是一定的，一般有几个变量就有几个主成分。和主成分分析相比，由于因子分析可以使用旋转技术帮助解释因子，在解释方面更加有优势。大致说来，当需要寻找潜在的因子，并对这些因子进行解释的时候，更加倾向于使用因子分析，并且借助旋转技术帮助更好解释。而如果想把现有的变量变成少数几个新的变量（新的变量几乎带有原来所有变量的信息）来进入后续的分析，则可以使用主成分分析。当然，这种情况也可以使用因子得分做到。所以这种区分不是绝对的。

⑥ 在因子分析中，算法所采用的是协方差矩阵的对角元素不再是变量的方差，而是和变量对应的共同度（变量方差中被各因子所解释的部分）。

（3）主成分分析法的步骤

主成分分析法就是用 F_1（选取的第一个线性组合，即第一个综合指标）的方差来表达，即 $\mathrm{var}(F_1)$ 越大，表示 F_1 包含的信息越多。因此，在所有的线性组合中选取的 F_1 应该是方差最大的，所以称 F_1 为第一主成分。如果第一主成分不足以代表原来 P 个指标的信息，可再考虑选取 F_2，即选第二个线性组合，为了有效地反映原来信息，F_1 已有的信息就不需要再出现在 F_2 中，即要求 $\mathrm{cov}(F_1,F_2)=0$，则称 F_2 为第二主成分，依此类推可以构造出 F_3，F_4，…，F_p 主成分。

$$F_p=a_{1i}ZX_1+a_{2i}ZX_2+\cdots+a_{pi}ZX_p$$

其中，a_{1i}，a_{2i}，…，$a_{pi}(i=1,\cdots,m)$ 为 X 的协方差阵 Σ 的特征值所对应的特征向量，ZX_1，ZX_2，…，ZX_p 是原始变量经过标准化处理的值，因为在实际应用中，存在指标的量纲不同，所以在计算之前须先消除量纲的影响，而将原始数据标准化。

$$A=(a_{ij})p \times m=(a_1,a_2,\cdots,a_m),$$

$$Ra_i=\lambda_i a_i,$$

式中，R 为相关系数矩阵，λ_i、a_i 是相应的特征值和单位特征向量，$\lambda_1 \geqslant \lambda_2 \geqslant \cdots \geqslant \lambda_p \geqslant 0$。

进行主成分分析主要步骤如下：

① 指标数据标准化。

② 指标之间的相关性判定。

③ 确定主成分个数 m。

④ 主成分 F_i 表达式。

⑤ 主成分 F_i 命名。

主成分分析是一种常用的多变量分析方法，其应用广泛。

7. 多维尺度分析

多维尺度分析方法是研究被访问者对研究对象的分组反映，利用这种分析法分析消费者具有直观性和合理性。多维尺度分析是市场研究的一种有力手段，可以通过低维空间（通常是二维空间）来展示多个研究对象之间的联系，例如利用平面距离来反映研究对象之间的相似程度。由于多维尺度分析法是研究对象之间的相似性距离，因此，只要获得了两个研究对象之间的距离矩阵，就可以通过统计获得其相似性知觉图。

知觉是客观事物在人脑中的整体反映，当人们看见在一起的事物时，必然不自觉地将它们组合在一起进行认识。人脑对知觉组合的一般原则主要有接近性原则、相似性原则、封闭性原则、连续性原则。知觉组合的原则是回顾性研究得出的结论，说明人对事物认识的一种规律。距离矩阵的获得主要有两种方法：一种是采用直接的相似性评价，先将所有评价对象进行两两组合，然后要求被访者所有的这些组合间进行直接相似性评价，这种方法称为直接评价法；另一种为间接评价法，由研究人员根据事先经验，找出影响人们评价研究对象相似性的主要属性，然后对每个研究对象，被访者对这些属性进行逐一评价，最后将所有属性作为多维空间的坐标来计算对象之间的距离。

多维尺度分析方法主要是基于研究对象对被访者分组，进而完成被访者的相似性的判断，这种方法直观、合理、实施方便，在调查过程中，被访者负担较小，很容易得到理解接受。然而，该方法的每个被访者个体的距离矩阵只包含 1 与 0 两种取值，相对较为粗糙。

（1）多维尺度分析的概念

消费者对品牌偏好的形成是一个十分复杂的心理过程，对此把握的难度较大。多维尺度分析法是分析消费者感觉和偏好的最有效的方法之一，以直观图的方式提供一个简化的分析方法。

多维尺度分析法是一种将多维空间的研究对象（样本或变量）简化到低维空间进行定位、分析和归类，同时又保留对象间原始关系的数据分析方法。例如，可将消费者对品牌的感觉偏好，以点的形式反映在多维空间上，通过点与点间的距离来表现不同品牌的感觉或偏好的差异程度，通常将品牌或项目的空间定位点图为空间图。空间轴代表着消费者得以形成对品牌的感觉或偏好的各种因素或变量。

（2）多维尺度分析过程

由于在分析中使用了各种类型的数据，所以必须确定数据获得的方式及数据分析的具体过程。除此之外，还要确定空间的维数。通常维数多，包含的信息量就大，但维数少，则更方便数据分析。因此，需要确定既能包含大部分重要信息又能方便数据分析的适当的维数。在确定了空间的维数以后，需要准确命名构筑空间的坐标轴，并对整个空间结构做出解释。最后一步工作是评估所用方法的可靠性和有效性。多维尺度分析过程如图 8-2 所示。

图8-2 多维尺度分析过程

① 问题界定。多维尺度分析的第一步是界定所研究的问题。问题的界定与希望利用多维尺度分析法达到的目的密切相关。为此，必须首先明确需要解决的问题，才能分析与之相关的因素指标（或变量）。如果研究消费者是对某产品的感觉或偏好，就要选择能够描述这一特征的一系列变量指标。另外，在构建多维空间中，需要同时研究多个品牌，才能得到一个较好的空间图。但是，太多的品牌将导致调查对象的疲倦，从而影响调研结果。品牌及相关指标或变量的选择，与研究问题、相关理论，以及研究人员的判断力密切相关。

② 获取数据。获得的数据与感觉或偏好有关，感觉数据有直接数据和推断数据之分，直接数据来源于相似性判断，而推断数据则来源于对相关属性的评估。

在收集直接的感觉数据时，需要判别调查对象与各品牌相似。可以通过度量进行配对品牌评估，将这些数据称为相似性判别数据。也可以采用其他方法，例如要求调查对象将与所有的品牌配对，按相似性强弱由大到小排序。又如，需要调查对象对所有品牌与固定对照品牌进行相似性排序，每个品牌也可轮流作为基础品牌。

收集推断数据来源于对调查对象的相关属性评估，应用语义差异标尺或李嘉图起点标尺度量属性后对品牌进行评估。由于消费者对心目中理想品牌的感觉往往涉及一系列品牌属性或变量。因此，调查对象需要对这些属性做出评估。如果能够获得属性评估值，就可依据亲疏性度量值（如欧氏距离）对每对品牌的近似程度做出推断。

③ 尺度选择。

在选择尺度时，需要主要考虑感觉或偏好信息的性质。多维尺度过程分为非度量型多维尺度过程和度量型多维尺度过程两种类型。非度量多维尺度过程输入的数据为顺序型，但是，其输出的结果却是区间以上型的。与之相对照，度量型多维尺度过程输入的数据是定距以上型的，且输出的数据也是定距以上型的，因此，它的输入和输出数据间相关性较强，这两种方法的结果基本相似。

影响尺度过程选择的另一因素是涉及分析过程是在单一个体水平进行还是在集合水平进行。在单一个体水平进行分析时，需要对每个调查对象分别进行数据分析，结果造成每个调研对象都拥有各自的空间图。从长远的角度看，这种方法适用。但是，营销策略的制定需要对细分市场或集合水平进行分析。在对集合水平进行分析时，需要假设每个个体用相同的空间轴（指标）评价品牌，权重可以不同。

④ 确定维数。多维尺度分析方法的目的是以空间图的方式用最少的维数去最佳地拟合输出数据。拟合度可以定义为相关系数的平方。由于空间图的拟合度随着维数的增加而提高，所以必须找出一种折中的办法。一个多维尺度的拟合度通常用紧缩值衡量。紧缩值是一种拟合劣质度量。紧缩值高，说明拟合性差。以下是常用维数确定方法。

• 前期知识、调研理论或以往的调研经验和结论将有助于确定维数。

• 一般来说，解释三维以上的空间图较为困难。

• 转折标准，考察紧缩值对维数的折线图，如图 8-3 所示。在多线段拟合时，往往出现一个转折或很急的转弯，而超过这点时，可以不用增加维数来提高拟合度。

在选择维数时还应考虑易操作性。一般来说，二维平面图较之多维空间图简单。

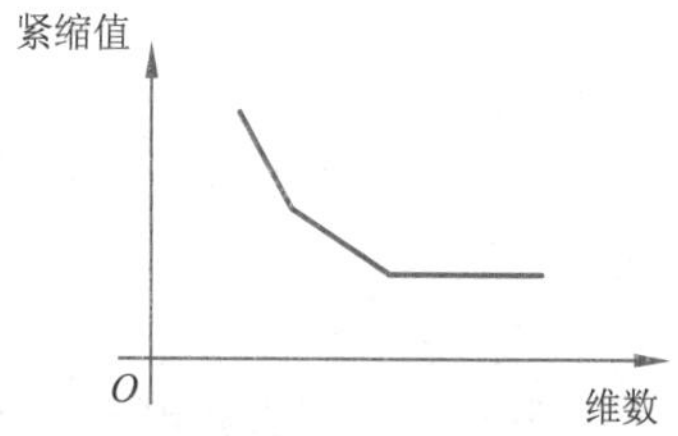

⑤ 命名与解释。

在得到直接的相似性判断值基础之上，还应对提供的品牌属性进行评估。应用统计中的回归方法，这些属性向量

图8-3　紧缩值对维数的折线图

可被嵌入空间图中，然后，可以综合考察那些最接近坐标轴的属性，以实现对坐标轴的命名或标注。

在获得直接相似性或偏好数据后，可以进一步询问调查对象在进行相似性评估时依赖的主观评估标准，这些标准也应在命名坐标轴时予以参考。

可以向调查对象展示空间图，然后调查对象来命名空间围上的坐标轴。最后，如果了解品牌的自然属性，如充电电池充电后的最长使用时间等，这也可作为解释空间图坐标轴的参考数据。通常，一个坐标轴不只代表一种属性。

⑥ 评估结果。同其他多元分析方法一样，对采用多维尺度法获得的结果也要进行可靠性和有效性评估。一般采用以下方法进行评估。

拟合优度（相关系数）的平方值越大，说明多维尺度过程对数据的拟合程度越好。一般地，当值大于或等于 0.6 被认为是可接受的。紧缩值也能反映多维尺度法的拟合优度。拟合优度的平方是拟合良好程度的度量，而紧缩值是拟合劣质程度的度量，两个度量的角度完全相反，但目的相同。紧缩值随多维拟合优度的平方过程以及被分析数据的不同而变化。参阅表 8-1。

表8-1　不同紧缩值的拟合优度

紧缩值	20	1	5	2.5	0
拟合优度	差	一般	良	优	完美

如果原始数据较多，可以其应分成两组或两组以上。对每一组分别应用多维尺度的平方法，然后对各组结果进行比较。

例如，在某次市场研究中，调查了 10 位消费者，要求对 A、B、C、D、E 等五种品牌的相似性进行评分。消费者利用李克量表分别对 AB、AC、AD、AE、BC、BD、BE、CD、CE、DE 中的每一对评分。其中一位消费者的评分结果为 AB=2，AC=1，AD=4，AE=5，BC=6，BD=8，BE=6，CD=3，CE=7，DE=5，从而可以得到一个相似性比较矩阵，如表 8-2 所示。

就此进行多维尺度分析。将表的相似矩阵输入，进行计算后可得到图 8-4 所示的概念空间图。

表8-2　相似性比较矩阵

	A	B	C	D	E
A					
B	2				
C	1	6			
D	4	8	3		
E	5	6	7	5	

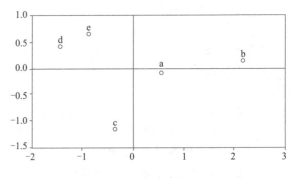

图8-4　概念空间

从图 8-4 可以看出，D 和 E 相对接近。在第一维度方向，A、B、C、D、E 几个品牌的差异较为明显。

8. 方差分析

在概率论中，方差用来度量随机变量和其数学期望（即均值）之间的偏离程度。统计中的方差（样本方差）是每个样本值与全体样本值的平均数之差的平方值的平均数。方差是衡量源数据和期望值相差的度量值。

方差分析主要用于两个及两个以上样本均数差别的显著性检验。方差分析从观测变量的方差入手，确定哪些变量对观测变量有显著影响。

（1）方差的定义

在统计描述中，方差用来计算每一个变量（观察值）与总体均数之间的差异。为避免出现离均差总和为零，离均差平方和受样本含量的影响，统计学采用平均离均差平方和来描述变量的变异程度。总体方差计算公式如下：

$$\sigma^2 = \sum (x-\mu)^2/n$$

其中，σ^2 为总体方差，x 为变量，μ 为总体均值，n 为总体例数。

如果总体均数难以得到时，应用样本统计量代替总体参数，经校正后，样本方差计算公式如下：

$$S^2 = \sum (x - \overline{x})^2/(n-1)$$

其中，S^2 为样本方差，x 为变量，$\overline{x}$ 为样本均值，n 为样本例数。

例如，已知某零件的真实长度为 a，现用 A、B 两台仪器各测量 10 次，将测量结果 X 用坐标上的点表示。

A 仪器测量结果：

100

B 仪器测量结果：全为 100。

两台仪器的测量结果的均值都是 100，可以看出，因为乙仪器的测量结果集中在均值附近，所以乙仪器的性能更好。由此可见，研究随机变量与其均值的偏离程度的必要性。

（2）差异的来源

由于各种因素的影响，使所获得的测量数据呈现波动状。其原因可分成两类：一是存在不可控的随机因素；二是施加的对结果形成影响的可控因素。

① 随机误差。随机误差是测量误差造成的差异或个体间的差异，将其称为组内差异，用在各组样本的均值与与该组内样本值之偏差平方和 SSw 表示，组内自由度为 dfw。

② 处理因素。将不同的处理造成的差异称为组间差异。用在各组的样本均值与总均值之偏差平方和的总和为 SSb，组间自由度为 dfb。

总偏差平方和　　　　　　　　　　SSt = SSb + SSw

组内 SSw、组间 SSb 除以各自的自由度，组内 dfw =$n-m$，组间 dfb=$m-1$，其中 n 为样本总数，m 为组数，得到其均方 MSw 和 MSb。一种情况是处理没有作用，即各组样本均来自同一总体，MSb/MSw ≈ 1；另一种情况是处理确实有作用，组间均方是由于误差与不同处理共同导致的结果，即各样本来自不同总体。那么，MSb >> MSw。MSb/MSw 比值构成 F 分布。用 F 值与其临界值比较，推断各样本是否来自相同的总体。

（3）方差分析的基本思想

方差分析的基本思想是：通过分析研究不同来源的变异对总变异的贡献大小，从而确定可控因素对研究结果影响力的大小。

例如，测得 11 例某种病患者和 13 名健康人的某种数据 A 如下：

患者：　0.84 1.05 1.20 1.20 1.39 1.53 1.67 1.80 1.87 2.07 2.11

健康人：0.54 0.64 0.64 0.75 0.76 0.81 1.16 1.20 1.34 1.35 1.48 1.56 1.87

从以上数据中可以看出，24 人的数据 A 各不相同，如果用离均差平方和（SS）描述其围绕总均值的变异情况，则总变异有以下两个来源：

① 组内变异，即由于随机误差的原因使得各组内部的数据 A 各不相等；

② 组间变异，即由于克山病的影响使得患者与健康人组的数据 A 的均值大小不等。

而且 $SS_总=SS_{组间}+SS_{组内}$ $v_总=v_{组间}+v_{组内}$

如果用均方（离差平方和除以自由度）代替离差平方和以消除各组样本数不同的影响，则方差分析就是用组间均方去除组内均方的商（即 F 值）与 1 相比较，如果 F 值接近 1，则说明各组均值间的差异没有统计学意义；如果 F 值远大于 1，则说明各组均值间的差异有统计学意义。在实际应用中，可通过查阅 F 界值表来获得检验假设成立条件下 F 值大于特定值的概率，如表 8-3 所示。

表8-3　F界值

	自由度	离差平方和	均方	F值	P值
$SS_{组间}$（处理因素）	1	1.134 181 85	1.134 181 85	6.37	0.019 3（有统计学意义）
$SS_{组内}$（抽样误差）	22	3.917 613 99	0.178 073 36		
总和	23	5.0517 958 3			

（4）基于 MapReduce 的方差计算

一组数字的均值、方差的 map 与 reduce 函数如下。可以从计算公式出发，假设有 n 个数字，分别是 a_1，a_2，…，a_n，则

均值 $m=(a_1+a_2+\cdots+a_n)/n$

方差 $S=[(a_1-m)^2+(a_2-m)^2+\cdots+(a_n-m)^2]/n$

将方差公式展开来 $S=[(a_1^2+\cdots+a_n^2)+n\times m^2-2\times m\times(a_1+a_2+\cdots+a_n)]/n$，可以将 map 的输入设定为 (key,$a_1$)，输出设定为 (1,($n_1$,sum$_1$,var$_1$))，$n_1$ 表示每个 worker 所计算的数字的个数，sum$_1$ 是这些数字的和（例如 $a_1+a_2+a_3+\cdots$），var1 是这些数字的平方和（例如 $a_1^2+a_2^2+\cdots$）。

Reduce 接收到这些信息后，将所有输入的 $n_1,n_2,\cdots$ 相加得到 n，把 sum$_1$,sum$_2$,… 相加得到 sum，那么均值 $m=$sum$/n$，把 var$_1$,var$_2$,… 相加得到 var，那么最后的方差为

$S=($var$+n\times m^2-2\times m\times$sum$)/n$

Reduce 输出为 (1,(m,S))，其键为 1，值为 (m,S)，m 为平均值、S 为方差。

（5）方差分析应用

方差分析主要应用于均数差别的显著性检验、分离各有关因素并估计其对总变异的作用、分析因素间的交互作用和方差齐性检验等。

在科研中经常需要研究不同实验条件或处理方法对实验结果的影响。通常方法是比较不同实验条件下样本均值间的差异。一个复杂的事物，其中含有许多因素互相制约又互相依存。方差分析的目的是通过数据分析找出对该事物有显著影响的因素，各因素之间的交互作用，以及显著影响因素的最佳水平等。方差分析是在可比较的数组中，把数据间的总的变差按各指定的变差来源进行分解的一种技术。对变差的度量，采用离差平方和。方差分析方法就是从总离差平方和分解出可追溯到指定来源的部分离差平方和。经过方差分析，如果拒绝检验假设，说明多个样本总体均值不相等或不全相等。如果要得到各组均值间更详细的信息，应在方差分析的基础上进行多个样本均值的两两比较。

8.3　数据挖掘理论基础

　　大数据挖掘是大数据分析的核心，数据挖掘是通过建模和构造算法来获取信息与知识。数据挖掘融合了数据库技术、人工智能、机器学习、统计学、知识工程、面向对象方法、信息检索、云计算、高性能计算以及数据可视化等最新技术的研究成果。

　　数据挖掘主要注重解决分类、聚类、关联和定量定性预测等问题，其重点是寻找未知的模式与规律。

扫一扫

数据挖掘
方法

　　经过数据获取与存储、抽取、清洗、集成、转换和约简等预处理之后，即可进入数据分析阶段。数据挖掘是数据分析阶段中的核心内容，数据挖掘工具提供了关联规则、分类、聚类、决策树等多种模型和算法。建立挖掘模型、选取或改进挖掘模型都需要验证，最常用的验证方法是样本学习。先用一部分样本数据建立模型，然后再用剩下的非样本数据（测试数据）来测试和验证这个模型。测试数据集可以按一定比例从被挖掘的数据集中提取，也可以使用交叉验证的方法，把学习集和测试集交换验证。在样本数据较小情况下，需要高度的随机性。随机性越高，效果越好。数据挖掘是一个反复的过程，通过反复的交互式执行和验证才能获得结果。

8.3.1　数据挖掘是面向应用的技术

　　数据挖掘是面向实际应用的技术，需要对数据进行微观、中观和宏观的综合和推理。数据挖掘中的知识发现不是要求发现放之四海而皆准的真理，也不是要去发现崭新的自然科学定理和纯数学公式。发现的知识与信息都是面向特定领域的、并易于被用户理解与实际应用。

　　数据挖掘通过发现数据之间关联性、未来趋势以及一般性的概括等知识来指导高级领域性活动。

1. 大数据挖掘的定义

　　大数据挖掘是从大型数据集中，挖掘出隐含在其中的、人们事先不知的、对决策有用的知识与信息的过程。

2. 大数据挖掘是知识发现过程的一个步骤

　　知识发现是从数据中辨别有效的、新颖的、潜在有用的、最终可理解的模式的过程，大数据挖掘是通过特定算法在可接受的计算效率内生成特定模式的一个步骤。

3. KDD 是数据挖掘的一个特例

　　大数据挖掘系统可以在关系数据库、事务数据库、数据仓库、空间数据库、文本数据以及 Web 等多种数据组织形式中挖掘知识，而在数据库中的知识发现（Knowledge Discovery in Databases，KDD）只是数据挖掘的一个方面。

4. 数据挖掘与数据分析的区别

　　（1）数据挖掘和统计分析的区别

　　统计着重于验证和测试假设，也就是说在开始分析前已知道模式或模型；数据挖掘则生成假设以及在没有指导的情况下发现新模式。数据挖掘的很多算法是统计分析中就包括的。统计分析是基础，但数据挖掘包括的内容更多，更深入。数据分析是在完全实验条件下或是半实验条件下进行的，有许多前提假设。数据挖掘是属于人工智能自动化的分析，需要自动建模。

（2）数据挖掘和预测分析的区别

预测分析使用预测技术驱动价值，数据挖掘是预测分析核心。在实际工作中，只有进行数据挖掘后才可能进行预测分析。例如，根据现有的数据通过数据挖掘算法找到数据的规律后，预测未来一段时间内的走向。

（3）数据挖掘和商业智能的区别

数据挖掘着眼于预测未来，而商业智能着眼于统计分析和报的已有数据，例如报表、OLAP分析等。

8.3.2　数据挖掘的理论基础

数据挖掘方法可以是一般到特殊的演绎过程，也可以是特殊到一般的归纳过程。数据挖掘的理论基础如下。

1. 模式架构

在这种理论模式架构下，数据挖掘过程是从源数据集中发现知识模式的过程。

2. 规则架构

数据挖掘目标主要包括分类、聚类、关联及序列，而规则架构给出了统一的挖掘模型，以及规则发现中的建模和规则发现的方法。

3. 概率和统计理论

统计学已在数据挖掘中得到广泛的应用。从概率和统计理论角度，数据挖掘是从大量源数据集中发现随机变量的概率分布情况的过程。

4. 微观经济学观点

数据挖掘技术是一个目标的优化过程 。基于微观经济学框架的判断模式价值的理论体系指出：如果一个知识模式对一个企业是有效的，那么它就是有趣的。有趣的模式发现是一个新的优化问题，可以根据基本的目标函数，对被挖掘的数据的价值提供一个特殊的算法视角，导出优化的企业决策。

5. 数据压缩理论

数据挖掘也是数据压缩的过程，关联规则、决策树、聚类等算法都是对大数据的不断概念化或抽象的压缩过程。最小描述长度原理可以评价一个压缩方法的优劣，最好的压缩方法是概念本身的描述和将其作为预测器的编码长度为最小。

6. 基于归纳数据库理论

在基于归纳理论框架下，数据挖掘技术是对数据库的归纳问题。一个数据挖掘系统必须具有原始数据库和模式库，数据挖掘的过程也就是归纳的数据查询过程。

7. 可视化数据挖掘

可视化数据挖掘必须结合其他技术和方法才有意义，以可视化数据处理为中心来实现数据挖掘的交互式过程可以更好地、更直观地展示挖掘结果。

8.3.3　基于数据存储方式的数据挖掘

数据挖掘可以在任何存储数据的环境中挖掘，但是挖掘方法将因源数据的存储类型的不同而不同。由于数据存储类型多而复杂，所以除了提出通用价值的模型与构架之外，也提出了针对复杂或新型数据存储方式下的挖掘模型与算法，例如大数据的挖掘模型与算法。

1. 事务数据库中的数据挖掘

从事务数据库中发现知识是数据挖掘中开展较早、但至今仍然很活跃的问题。通过特定的方法对事务数据库进行挖掘，可以获得动态行为所蕴藏的知识模式。

（1）关系数据库中的数据挖掘

关系数据库中的数据挖掘是指从一个关系数据库中，根据挖掘目标获得需的知识类型或模式。

（2）多维知识挖掘

事务数据库挖掘的知识一般是一维的知识。例如，"购买计算机的人也购买打印机"这样的知识，它刻画了以购买行为作为聚焦点（维）的商品间的关联。但是，在关系数据库中，仅有这样的知识可能还不够。例如，人们可能进一步想知道"什么样购买计算机的人也购买打印机的可能性更大？"，因此，"收入高的人在购买计算机时也购买打印机"这样的知识更需要。由于关系数据库可以存储包含收入情况等的客户基本资料以及客户购买记录，这样的知识是可以获得的。而且这样的知识也是多维的，因为它有两个聚焦点：购买和收入。另外，在数据仓库、OALP 中的多维数据库可以成为多维数据挖掘的理想载体。

（3）多表挖掘和数量数据挖掘

多表挖掘和数量数据挖掘是关系数据库区别于传统的事务数据库挖掘的两个重要问题。关系数据库是表的集合，在关系数据库的挖掘中，除了要考虑表内属性的关联之外，也必须考虑表间属性的关联。传统的事务数据库挖掘算法一般基于单表。因此，在关系数据库挖掘中必须考虑多表的挖掘技术。另外，在关系数据库中的非离散的数量属性（如工资）向传统的数据挖掘方法提出了新的挑战。

（4）多层知识挖掘

数据及其关联可以在不同的概念层上来理解，考虑多层次广义知识挖掘问题，在一定的背景知识下，一个关系型数据库可以在多个概念层次上来挖掘相关的知识。

（5）约束数据挖掘

为了提高挖掘效率和准确度，数据挖掘系统应在用户的约束下进行工作。在可视化和交互式数据挖掘中，使用和输入用户约束是可视化和交互式挖掘的前提。对关系型数据库，由于它的属性的复杂性、属性关联的蕴涵存储以及多表或多层次概念等问题，约束数据挖掘更为重要。

2. 数据仓库中的数据挖掘

数据仓库中的数据是按照主题来组织，即是面向主题的。存储的数据可以从历史的观点提供信息。面对来自多数据源，经过清洗和转换后的数据仓库可以为数据挖掘提供理想的知识发现环境。如果一个数据仓库模型具有多维数据模型或多维数据立方体模型支撑，那么基于多维数据立方体的操作算子可以达到高效率的计算和快速存取。利用数据仓库辅助工具可以帮助完成数据分析。

随着数据仓库技术的出现，出现了联机分析处理应用。尽管 OLAP 在许多方面和数据挖掘存在区别，但是在应用目标上有其共同点，它们都不满足于传统数据库的仅用于联机查询的简单应用，而是追求基于大型数据集的高级分析应用。客观上，数据挖掘注重数据分析后所形成的知识表示模式，而 OLAP 注重利用多维等高级数据模型实现数据的聚合。显然，数据挖掘是 OLAP 的高级形式。

（1）在关系模型基础上发展的新型数据库中的数据挖掘

面向对象数据库、对象—关系型数据库以及演绎等新型数据库成为数据挖掘的新的研究对象。随着大数据的出现，产生了 NoSQL、NewSQL 数据库技术，在这些新型数据库系统上的数据挖掘成为挑战性研究。

（2）新型数据源中的数据挖掘

面向新型应用的数据库，如空间数据库、时态数据库、工程数据库和多媒体数据库，面向大数据的 NoSQL 数据库和 NewSQL 数据库等，现已得到快速的发展。这些新型应用需要处理和分析空间数据、时态数据、工程设计数据和多媒体数据等，需要高效的数据结构和可用的处理复杂结构、长变量记录、半结构或无结构数据的方法。例如，股票数据记录了随时间变化的数据序列，通过它可以挖掘出数据的发展趋势，进而可以帮助制订正确的投资战略。在这些数据集或数据库上的知识发现工作为数据挖掘提供了丰富的开发基础与源泉。

3. Web 数据源中的数据挖掘

在大数据中，非结构化数据或半结构化数据占 85% 以上。随着互联网的广泛应用，出现了大量在线文本，开发一种工具能协助用户从非结构或半结构型数据中抽取关键概念以及快速而有效地发现所需信息，成为一个非常重要的研究领域。Web 的数据挖掘是一项复杂的技术，必须面对下述问题。

（1）异构数据源环境

Web 网站上的信息是一个更大、更复杂的数据体。如果把 Web 上的每一个站点信息看作一个数据源，那么这些数据源是异构的。因为每个站点的信息和组织不同，需要研究站点之间异构数据的集成问题，另外还要解决 Web 上的数据搜索问题。

（2）半结构化的数据结构

Web 数据是半结构化的数据，面向 Web 的数据挖掘必须以半结构化模型和半结构化数据模型抽取技术为基础。针对 Web 上的数据半结构化的特点，除了要定义一个半结构化数据模型外，还需要半结构化模型数据抽取技术。

（3）动态变化的应用环境

Web 应用环境的动态变化主要表现如下。

① 信息频繁变化。例如，新闻、股票等信息实时更新，页面的动态链接和随机存取的高频变化。

② 用户难以预测。用户具有不同的知识背景、兴趣以及访问目的。

③ 高噪声的数据环境。不超过 1% 的 Web 站点信息与特定挖掘主题相关，其他的可视为噪声，Web 数据挖掘需要克服高噪声。

扫一扫

数据挖掘
经典算法

8.4 关联规则挖掘

应用关联规则进行挖掘可以发现数据集中不同数据项之间的联系规则。一个事务数据库中的关联规则描述如下：

设 $I=\{i_1, i_2, \cdots, i_m\}$ 是一个项目集合，事务数据库 $D=\{t_1, t_2, \cdots, t_n\}$ 是由一系列具有唯一标识的事务组成，每个事务 t_i（$i=1, 2, \cdots, n$）都对应 I 上的一个子集。

设 $I_1 \subseteq I$，项目集 I_1 在数据集 D 上的支持度 S 是包含 I_1 的事务在 D 中所占的百分比，即

$$s(I_1) = \| \{t \in D \mid I_1 \subseteq t\} \| / \| D \|$$

对项目集 I 和事务数据库 D，将 T 中所有满足用户指定的最小支持度（Minsupport）的项目集（即大于或等于 minsupport 的 I 的非空子集）称为频繁项目集（Frequent Itemsets）或者大项目集（Large Fremsets）。在频繁项目集中挑选出所有不被其他元素包含的频繁项目集称为最大频繁项目集（Maximum Frequent Itemsets）。

一个定义在 I 和 D 上的形如 $I_1 \Rightarrow I_2$ 的关联规则通过满足一定的可信度、信任度或置信度（Confidence）来给出。规则的可信度是指包含 I_1 和 I_2 的事务数与包含 I_1 的事务数之比，即

$$\text{Confidence}(I_1 \Rightarrow I_2) = s(I_1 \cup I_2) / s(I_1)$$

其中，I_1，$I_2 \subseteq I$，$I_1 \cap I_2 = \varnothing$。

D 在 I 上满足最小支持度和最小信任度的关联规则称为强关联规则。

关联规则一般都是指强关联规则。给定一个事务数据库，关联规则挖掘过程就是通过用户指定最小支持度和最小可信度来寻找强关联规则的过程，主要解决下述两个子问题。

① 发现频繁项目集。通过用户给定的最小支持度，寻找所有频繁项目集。频繁项目集是满足不小于最小支持度的所有项目子集。如果频繁项目集具有包含关系，只关心那些不被其他频繁项目集所包含的最大频繁项目集的集合，发现所有的频繁项目集是形成关联规则的基础。

② 生成关联规则。通过用户给定的最小可信度，在每个最大频繁项目集中，寻找不小于最小可信度的关联规则。

上述的两个问题中的第二个子问题比第一个子问题相对简单，而且在内存、I/O 以及算法效率等方面改进余地不大，基本由第一个子问题所决定。

8.4.1 频繁项目集生成算法

1. 项目集格空间理论

项目集格空间理论的核心是：频繁项目集的子集是频繁项目集；非频繁项目集的超集是非频繁项目集。不难看出，如果项目集 X 是频繁项目集，那么它的所有非空子集也都是频繁项目集；如果项目集 X 是非频繁项目集，那么它的所有超集也都是非频繁项目集。

基于上述结果所建立的 Apriori（发现频繁项目集）算法已成为关联规则挖掘的经典算法而被广泛应用。

2. 经典发现频繁项目集算法

著名的 Apriori 算法描述如下。其中，D 为数据集，minsup_count 为最小支持数，L 为频繁项目集。D 为输入，L 为输出。

```
S1    L1 = {large 1-itemsets}; // 所有支持度不小于 minsupport 的 1-项目集
S2    FOR (k=2; L_{k-1} ≠ φ; k++) DO BEGIN
S3        C_k=apriori-gen(L_{k-1}); // C_k 是 k 个元素的候选集
S4        FOR all transactions t ∈ D DO BEGIN
S5            C_t=subset(C_k, t); // C_t 是所有 t 包含的候选集元素
S6                FOR all candidates c ∈ C_t DO c.count++;
S7        END
S8        L_k={c ∈ C_k |c.count ≥ minsup_count}
```

```
S9    END
S10   L= ∪ Lₖ;
```

在上述算法中，调用了 apriori-gen(L_{k-1})，可为通过 $(k-1)$ 频繁项目集产生 $k-$ 候选集。$(k-1)$ 频繁项目集 (L_{k-1}) 为输入，$k-$ 候选项目集 C_k 为输出。apriori-gen(L_{k-1}) 候选集产生过程如下：

```
S1    FOR all itemset p ∈ Lₖ₋₁ DO
S2      FOR all itemset q ∈ Lₖ₋₁ DO
S3         IF p.item1=q.item₁,  p.itemk₂= q.item₂, …,q.itemk₋₂= q.itemₖ₋₂,
p.itemₖ₋₁ < q.itemₖ₋₁ THEN BEGIN
S4          c= p ∞ q;// 把q的第k-1个元素连到p后
S5           IF has_infrequent_subset(c, Lₖ₋₁)   THEN
S6               delete c;// 删除含有非频繁项目子集的候选元素
S7           ELSE add c to Cₖ;
S8      END
S9    Return Cₖ;
```

在上述算法中，调用 has_infrequent_subset(c,L_{k-1})的作用是判断 c 是否需要加入 $k-$ 候选集中。根据项目集空间理论，由于含有非频繁项目子集的元素不可能是频繁项目集，因此，应该及时裁剪掉那些含有非频繁项目子集的项目集，以提高效率。例如，如果 L_2={AB, AD, AC, BD}，对于新产生的元素 ABC 不需要加入 C_3 中，因为它的子集 BC 不在 L_2 中；而 ABD 应该加入到 C_3 中，因为它的所有 2- 项子集都在 L_2 中。输入一个 $k-$ 候选项目集 c，$(k-1)-$ 频繁项目集 L_{k-1}，是否从候选集中删除输出 c 的判断的算法如下。

```
S1    FOR all (k-1)-subsets of c DO
S2     IF s∉Lₖ₋₁ THEN  Return TURE;
S3    Return FALSE;
```

Apriori 算法通过项目集元素数目不断增长来逐步完成频繁项目集发现。首先产生 1- 频繁项目集 L_1，然后是 2- 频繁项目集 L_2，直到不再能扩展频繁项目集的元素数目而止。在第 k 次循环中，过程先产生 $k-$ 候选项目集的集合 C_k，然后通过扫描数据库生成支持度并测试产生 $k-$ 频繁项目集 L_k。输入频繁项目集和最小信任度 minconf。从给定的频繁项目集中生成强关联规则算法如下。

```
Rule-generate(L, minconf)
S1    FOR each frequent itemset lₖ in L
S2      genrules(lₖ, lₖ);
```

上述算法的核心是 genrules 递归过程，实现了一个频繁项目集中所有强关联规则的生成。
递归测试一个频繁项目集中的关联规则算法如下。

```
genrules(lₖ: frequent k-itemset, xₘ: frequent m-itemset)
S1    X={(m-1)-itemsets xₘ₋₁ | xₘ₋₁ in xₘ };
S2    FOR each xₘ₋₁ in X BEGIN
S3    conf = support(lₖ)/support(xₘ₋₁);
S4    IF(conf ≥ minconf)       THEN BEGIN
S5       print the rule "xₘ₋₁⇨( lk-xm-1), with support = support(lₖ),
confidence=conf";
S6          IF(m-1>1) THEN //generate rules with subsets of xₘ₋₁ as
antecedents
S7          genrules(lk, xₘ₋₁);
S8      END
S9    END;
```

由于 X_1 是项目集 X 的一个子集，如果规则 $X \Rightarrow (1-X)$ 不是强规则，那么 $X_1 \Rightarrow (1-X_1)$ 一定不是强规则。可以在生成关联规则中，利用这个定理可以用已知的结果来有效避免测试不是强规则的检测。例如，在上面的例子中，在已经知道 $BC \Rightarrow AD$ 不是强关联规则时，就可以断定所有形如 $B \Rightarrow *$ 和 $C \Rightarrow *$ 的规则一定不是强关联规则，因此在此之后的测试中就不必再考虑这些规则，提高了效率。

又由于 X_1 是项目集 X 的一个子集，如果规则 $Y \Rightarrow X$ 是强规则，那么规则 $Y \Rightarrow X_1$ 一定也是强规则。可以在生成关联规则中利用已知的结果来有效避免测试肯定是强规则，也将保证注意最大频繁项目集的合理性。实际上，因为其他频繁项目集生成的规则的右项一定包含在对应的最大频繁项目集生成的关联规则右项中，只需要从所有最大频繁项目集出发去测试可能的关联规则。

4. Apriori 的改进算法

为了克服提高性能的瓶颈，提出了改进的 Apriori 算法。为了提高 Apriori 算法的效率，引入了数据分割和哈希（Hash）等技术，改进了 Apriori 算法的适应性和效率。数据分割、哈希技术是分布计算常采用的技术。

（1）数据分割

应用数据分割方法的基本思想是：首先把大容量数据库从逻辑上分成几个互不相交的块，每块应用挖掘算法（如 Apriori 算法）生成局部的频繁项目集；然后把这些局部的频繁项目集作为候选的全局频繁项目集，通过测试其支持度来得到最终的全局频繁项目集。这种方法的作用如下。

① 合理利用主存空间。大数据集无法将全部数据一次将数据导入内存，因此不得不支付昂贵的 I/O 代价。数据分割为块内数据一次性导入主存提供机会，因而提高对大容量数据集的挖掘效率。

② 支持并行挖掘算法。由于引入数据分割技术，每个分块的局部频繁项目集独立生成，因此，可以把分块内的局部频繁项目集的生成工作分配给不同的处理器完成，提供了开发并行数据挖掘算法的良好机制。

（2）哈希技术

哈希技术又称散列技术，基于哈希技术的频繁项目集的生成算法寻找频繁项目集的主要计算是生成 2- 频繁项目集。这种方法将扫描的项目放到不同的 Hash 桶中，每对项目最多只可能在一个特定的桶中。这样可以对每个桶中的项目子集进行测试，减少了候选集生成的代价。基于这种思想可以扩展到任何的 $k-$ 频繁项目集生成。

8.4.2 关联规则挖掘质量

关联规则挖掘主要使用"支持度－可信度"度量机制。如果不加限制条件将产生大量的、并不是对用户都有用的规则，为此，需要从下述三方面综合考虑关联规则挖掘的效果。

- 准确性：挖掘出的规则必须要在一定的可信度之内。
- 实用性：挖掘出的规则必须简洁可用，而且针对挖掘目标。
- 新颖性：挖掘出的关联规则可以为用户提供新的有价值信息。

1. 用户主观层面

因为用户决定规则的有效性与可行性，所以应将用户需求与系统紧密结合。约束数据挖掘可以为用户参与知识发现工作提供一种有效的机制。

用户可以在不同的层面、不同的阶段、使用不同的方法来主观设定约束条件。数据挖掘中常用的约束类型如下。

（1）知识类型的约束

对于不同的商业应用问题，特定的知识类型可能更能反映问题。一个多策略的知识发现工具可以提供多种知识表示模式，所以需要针对应用问题选择有效的知识表达模式。例如，如果一个商业企业需要以设定明确的挖掘知识模式，减少不必要的模式探索，增强挖掘的实用性。

（2）数据的约束

对数据的约束可以减少数据挖掘算法所用的数据量、提高数据质量。可以对用户指定的数据进行挖掘，通过数据抽取，将粗糙的、混杂的庞大源数据集逐步压缩到与任务相关的数据集上。

（3）维 / 层次约束

从不同粒度挖掘出来的知识可能存在冗余问题，由于维数不加限制可能引起挖掘效率低下等问题，因此，可以限制聚焦的维数或粒度层次，也可以针对不同的维设置约束条件。

（4）知识内容的约束

可以通过限定需要挖掘的知识的内容，减少探索的代价和加快知识的形成过程。

（5）针对具体知识类型的约束

不同的知识类型在约束形式和使用上存在差异，因此开展针对具体知识类型的进行约束挖掘形式和实现机制的研究有实际意义。例如，对于关联规则挖掘，使用指定要挖掘的规则形式（如规则模板）等。

2. 系统客观层面

使用"支持度－可信度"的关联规则挖掘度量框架，在客观上也可能出现与事实不相符的结果，为此，可以引入新的度量机制和重新认识关联规则的系统客观性来改善挖掘质量。

8.5 分类方法

分类是一个经典的科学问题，现已出现了大量有效的分类方法。

给定一个数据集 $D=\{t_1, t_2, \cdots, t_n\}$ 和一组类 $C=\{C_1, \cdots, C_m\}$，分类是确定一个映射 $f: D \rightarrow C$，每个数据 t_i 被分配到一个类中。一个类 C_j 包含映射到该类中的所有数据，即 $C_j = \{t_i \mid f(t_i) = C_j, 1 \leqslant i \leqslant n,$ 而且 $t_i \in D\}$。

数据分类的基本步骤如下。

1. 建立模型

模型建立的过程也就是向样本数据学习的过程，随机地从样本集中抽取，对于小样本技术，越随机，则学习效果越好。每个学习样本还有一个特定的类标签与之对应。由于提供了每个学习样本的类标号，该步也称有指导的学习。它不同于无指导的聚类学习，聚类的每个学习样本的类标号是未知的，要学习的类集合或数量也可能事先不知道。通常学习模型使用分类规则、决策树或数学公式的形式提供。这些规则可以用来为以后的数据样本分类，也能对数据库的内容提供更好的理解。

2. 使用模型进行分类

使用模型进行分类的过程是对类标号未知的数据进行分类的过程，首先评估模型预测准确率。保持方法是一种使用类标号样本测试集的简单方法。这些样本随机选取，并独立于学习样本。模型在给定测试集上的准确率是正确被模型分类的测试样本的百分比。对于每个测试样本，将已知的类标号与该样本的学习模型类预测比较。如果模型的准确率根据学习数据集评估，评估可能是乐观的，因为学习模型倾向于过分拟合数据。

8.5.1　基于距离的分类算法

基于距离的分类算法简单直观。假定数据集中的每个数据 t_i 为数值向量，每个类用一个典型数值向量来表示，则能通过分配每个数据到它最相似的类来实现分类。

给定一个数据集 $D=\{t_1, t_2, \cdots, t_n\}$ 和一组类 $C=\{C_1, \cdots, C_m\}$。假定每个数据包括一些数值型的属性值：$t_i=\{t_{i1}, t_{i2}, \cdots, t_{ik}\}$，每个类也包含数值性属性值：$C_j=\{C_{j1}, C_{j2}, \cdots, C_{jk}\}$，则分类问题是要分配每个 t_i 到满足如下条件的类 C_j：

$$\text{sim}(t_i, C_j)>=\text{sim}(t_i, C_l), \forall C_l \in C, C_l \neq C_j$$

其中，$\text{sim}(t_i,C_j)$ 称为相似性。在实际的计算中利用距离来表征，距离越近，相似性越大；距离越远，相似性越小。

为了计算相似性，需要先得到表示每个类的向量。计算方法有多种，例如代表每个类的向量可以通过计算每个类的中心来表示。另外在模式识别中，一个预先定义的图像被用于代表每个类，分类就是把待分类的样例与预先定义的图像进行比较。

假定每个类 C_i 用类中心来表示，每个数据必须和各个类的中心来比较，从而可以找出最近的类中心，得到确定的类别标记。基于距离的分类数据的复杂性一般是 $O(n)$。

输入每个类的中心 $C_1, \cdots, C_m$ 和待分类的数据 t，输出类别 c，基于距离的分类算法如下。

```
S1 dist= ∞ ;// 距离初始化
S2 FOR i:=1 to m DO
S3   IF dis(ci,t)<dist THEN BEGIN
S4        c=i;
S5        dist=dist(ci, t);
S6   END
S7  flag t with c
```

基于距离的分类算法的基本思想建立的 $k-$ 近邻（k Nearest Neighbors, k-NN）分类算法。

假定每个类包含有多个学习数据，且每个学习数据都有一个唯一的类别标记，$k-$ 近邻分类就是计算每个学习数据到待分类数据的距离，根据距离的大小确定学习数据的类属。输入学习数据 T、近邻数目 K 和待分类的元组 t，输出类别 c，k-NN 算法的具体描述如下。

```
S1   N=F;
S2   FOR each d ∈ T DO BEGIN
S3   IF |N| ≤ K THEN
S4    N=N ∪ {d};
S5    ELSE
S6    IF ∃ u ∈ N  such that sim(t;u)<sim(t,d) THEN
S7     BEGIN
S8             N=N-{u};
S9             N=N ∪ {d};
S10            END
```

```
S11   END
S12   c=class to which the most u ∈ N are classified;
```

在上述算法中，T表示学习数据，鉴于学习数据是常数，复杂度为$O(n)$。假如T中有q个数据，则对一个数据进行分类的复杂度为$O(q)$。如果对s个数据被分类，复杂度为$O(sq)$。由于必须对每个在学习数据中的元素来比较，所以变成了一个$O(nq)$的问题。

8.5.2　KNN算法的MapReduce实现

非KNN算法常适合拆分计算步骤，进行MapReduce分布式处理，map函数与reduce函数如下。

（1）map过程

每个worker结点加载测试集和部分训练集到本地（当然也可以训练集和部分测试集），map的输入是<key,value>，其中key是样本行号，value是样本的属性与标签；map的输出为<key,list(value)>，其中key是测试样本的行号，value是某个训练样本的标签与距离。map函数伪代码如下。

```
for i in test_data
    for j in train_data
        取出 j 里面的标签 L
        计算 i 与 j 的距离 D
        context.write（测试样本行号,vector(L,D)）
    end for
end for
```

（2）reduce过程

对输入键值对的同一个key的(L,D)对D进行排序，取出前K个L标签，计算出现最多的那个标签，即为该key的结果。

上面是一个最基本的k-NN算法的MapReduce过程，正常情况下reduce的机器一般小于map的机器，如果完全把map的输出全输入reduce那边，将造成reduce过程耗时，一个优化的方向就是在map的最后阶段，可直接对每个key取前k个结果，这样就更合理地利用了计算资源。

8.5.3　决策树分类方法

决策树分类方法是从一组无次序、无规则的事例中获得基于决策树表示形式的分类规则。决策树分类方法是从数据集中生成分类器的有效方法。决策树分类方法采用自顶向下的递归方式，在决策树的内部结点进行属性值的比较并根据不同的属性值判断从该结点向下的分枝，在决策树的叶结点得到结论。所以，从决策树的根到叶结点的一条路径就对应一条合取规则，整棵决策树对应着一组析取表达式规则。

基于决策树的分类算法的最大优点是它在学习过程中不需要使用者了解更多背景知识，只要能够将学习例子用属性－结论式表示出来，就能使用该算法来完成学习。

决策树是一个类似于流程图的树结构，其中每个内部结点表示在一个属性上的测试，每个分枝代表一个测试输出，而每个树叶结点代表类或类分布。树的最顶层结点是根结点。一棵典型的决策树如图8-5所示。它表示购买计算机概念，它预测顾客是否可能购买计算机。内部结点用矩形表示，而树叶结点用椭圆表示。为了对未知的样本分类，样本的属性值在决策树上测试。路径由根到存放该样本预测的叶结点。决策树容易转换成分类规则。

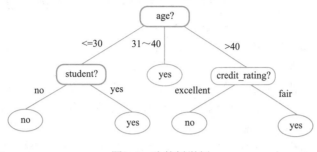

图8-5　决策树举例

决策树是应用广泛的分类方法，现已出现多种决策树方法，如ID3、CN2、SLIQ、SPRINT等。决策树算法的基本思想如下所述。

1. 决策树基本算法概述

决策树分类算法分为决策树生成和决策树修剪两个部分。

（1）决策树生成算法

决策树生成算法的输入是一组带有类别标记的例子，生成结果是一棵二叉树或多叉树。二叉树的内部结点（非叶子结点）一般表示为一个逻辑判断，如形式为（$a_i = v_i$）的逻辑判断，其中 a_i 是属性，v_i 是该属性的某个属性值。树的边是逻辑判断的分枝结果。多叉树的内部结点是属性，边是该属性的所有取值，有几个属性值，就有几条边。树的叶子结点都是类别标记。采用自上而下的递归方法来构造决策树，输入学习样本 samples，由离散值属性表示，候选属性的集合为 attribute_list，输出一棵决策树，由给定的学习数据生成一棵决策树的生成算法如下。

```
S1   创建结点N；
S2   IF samples 都在同一个类 C THEN
S3     返回 N 作为叶结点，以类 C 标记；
S4   IF attribute_list 为空 THEN
S5     返回 N 作为叶结点，标记为 samples 中最普通的类；          // 多数表决
S6     选择 attribute_list 中具有最高信息增益的属性 test_attribute;
S7     标记结点 N 为 test_attribute;
S8   FOR each test_attribute 中的已知值 ai                    // 划分 samples
S9     由结点 N 长出一个条件为 test_attribute=ai 的分枝；
S10    设 si 是 samples 中 test_attribute =ai 的样本的集合；   // 一个划分
S11  IF si 为空 THEN
S12  加上一个树叶，标记为 samples 中最普通的类；
S13  ELSE 加上一个由
Generate_decision_tree(si, attribute_list-test_attribute)返回的结点
```

上述的决策树生成算法解释如下：

① 以代表学习样本的单个结点开始创建树（S1）。

② 如果样本都在同一个类，则该结点成为树叶，并用该类标记（S2 和 S3），否则，算法使用称为信息增益的基于熵的度量为启发信息，选择能够最好地将样本分类的属性（S6）。该属性成为该结点的"测试"或"判定"属性（S7）。值得注意的是，在这类算法中，所有的

属性都是分类的，即取离散值的。连续值的属性必须离散化。

③ 对测试属性的每个已知的值，创建一个分枝，并据此划分样本（S8～S10）。

④ 算法使用同样的过程，递归地形成每个划分上的样本决策树。一旦一个属性出现在一个结点上，就不必考虑该结点的任何后代（S13）。

⑤ 递归划分步骤，当下列条件之一成立时停止：

• 给定结点的所有样本属于同一类（S2 和 S3）。

• 没有剩余属性可以用来进一步划分样本（S4）。在此情况下，采用多数表决机制（S5）。这涉及将给定的结点转换成树叶，并用 samples 中的多数所在的类别标记它。换一种方式，可以存放结点样本的类分布。

• 分枝 test_attribute = a_i 没有样本。在这种情况下，以 samples 中的多数类创建一个树叶（S12）。

构造决策树的关键在于逻辑判断或属性的选择。对于同样一组例子，可以有很多决策树能符合这组例子。一般情况下或具有较大概率。树越小，则树的预测能力越强。要构造尽可能小的决策树，关键在于选择恰当的逻辑判断或属性。由于构造最小的树是 NP 难问题，因此只能采取用启发式策略来挑选逻辑判断或属性。属性选择依赖于各种对例子子集的不纯度度量方法。不纯度度量方法包括信息增益、信息增益比、距离度量、J-measure、G 统计、χ^2 统计、证据权重、最小描述长度（MLP）、正交法和相关度等。不同的度量有不同的效果，特别是对于多值属性，选择合适的度量方法对于结果的影响很大。

（2）决策树修剪算法

现实的数据一般存有脏数据，因此需要考虑噪声问题。基本的决策树构造算法没有考虑噪声，因此生成的决策树完全与学习例子拟合。在有噪声情况下，完全拟合将导致过分拟合，即对学习数据的完全拟合，反而使对现实数据的分类预测性能下降。剪枝是一种克服噪声的基本技术，利用它能使树得到简化并变得更容易理解。剪枝分有预先剪枝和后剪枝两种基本的剪枝策略。

① 预先剪枝：在生成树的同时决定是继续对不纯的学习子集进行划分还是停机。

② 后剪枝：是一种拟合—化简的两阶段方法。首先生成与学习数据完全拟合的一棵决策树，然后从树的叶子开始剪枝，逐步向根的方向剪。剪枝时要用到一个测试数据集合，如果存在某个叶子剪去后能使得在测试集上的准确度或其他测度不降低（不变得更坏），则剪去该叶子；否则停机。

后剪枝优于预先剪枝，但计算复杂度大。剪枝过程中要涉及一些统计参数或阈值（如停机阈值）。剪枝并不是对所有的数据集都好，就像最小树并不是最好（具有最大的预测率）的树一样。当数据稀疏时，需要防止过分剪枝带来的副作用。

2. ID3 算法

ID3 算法是著名决策树生成方法。

（1）ID3 的基本概念

决策树中每一个非叶结点对应着一个非类别属性，树枝代表这个属性的值。一个叶结点代表从树根到叶结点之间的路径对应的记录所属的类别属性值。每一个非叶结点都将与属性中具有最大信息量的非类别属性相关联。采用信息增益来选择能够最好地将样本分类的属性。

（2）ID3 算法的性能分析

ID3 算法是从一个假设空间中搜索一个拟合学习样例的假设。ID3 算法搜索的假设空间就是决策树的集合。ID3 算法以一种从简单到复杂的爬山算法遍历这个假设空间，从空树开始，然后逐步考虑更加复杂的假设，目的是搜索到一个正确分类学习数据的决策树。引导这种爬山搜索的评估函数是信息增益度量。

3. C4.5 算法

除拥有 ID3 算法的功能之外，C4.5 算法增加了如下新功能。

① 用信息增益比例的概念。

② 合并具有连续属性的值。

③ 可以处理具有缺少属性值的学习样本。

④ 通过使用不同的修剪技术以避免树的过度拟合。

⑤ K 交叉验证。

⑥ 规则的产生方式等。

8.6　聚 类 方 法

聚类就是自动对数据对象分类，划分的基本原则是在同一个类中的数据对象具有较高的相似度，而不同类中的数据对象相似度差别较大。聚类与分类不同的是：聚类操作中要划分的类事先不知，类的形成完全是由数据驱动，属于一种无指导的学习方法。

处理巨大的、复杂的数据集对聚类技术提出了特殊的挑战，要求算法具有可伸缩性、处理不同类型属性的能力、发现任意形状的类、处理高维数据的能力等。根据具体的应用，数据挖掘对聚类分析方法提出了不同要求。

扫一扫

聚类分析
举例

8.6.1　聚类定义与分类

1. 聚类定义

聚类分析的输入可以用一组有序对 (X, s) 或 (X, d) 表示，其中，X 表示一组样本，s 和 d 分别是度量样本间相似度或相异度（距离）的标准。聚类系统的输出是一个分区，如果 $C=\{C_1, C_2, \cdots, C_k\}$，其中 $C_i(i=1,2,\cdots,k)$ 是 X 的子集，满足下述条件：

$C_1 \cup C_2 \cup \cdots \cup C_k=X$

$C_i \cap C_j=\varnothing$, $i \neq j$

C 中的成员 C_1，C_2，$\cdots$，C_k 称为类，每一个类都是通过一些特征描述如下：

① 通过它们的中心或类中关系远的（边界）点表示空间的一类点。

② 使用聚类树中的结点图形化地表示一个类。

③ 使用样本属性的逻辑表达式表示类。

用中心表示一个类是最常用的方式，这种方法非常适用当类是紧密的或是各向同性的情况，否则这种表示方式就不适用。

2. 聚类分析算法分类

已有大量的聚类分析算法，主要分为如下几类。

（1）基于聚类标准的聚类方法

① 统计聚类方法。基于对象之间的几何距离分类。统计聚类分析包括系统聚类法、分解法、加入法、动态聚类法、有序样品聚类、有重叠聚类和模糊聚类等。统计聚类方法是一种基于全局比较的聚类，需要考察所有的个体才能决定类的划分。因此，要求所有的数据必须预先给定，而不能动态增加新的数据对象。

② 概念聚类方法。基于对象的概念进行聚类。距离不再是传统方法中的几何距离，而是根据概念的描述来确定。

（2）基于聚类数据类型的聚类方法

① 数值型数据聚类方法。数值型数据聚类方法所分析的数据属性为数值数据，因此可对所处理的数据直接比较大小，大多数的聚类算法都是基于数值型数据的聚类方法。

② 离散型数据聚类方法。对于数据挖掘的内容含有非数值的离散数据，提出了基于此类数据的聚类算法。

③ 混合型数据聚类方法。混合型数据聚类方法是能够同时处理数值数据和离散数据的聚类方法，这类聚类方法功能强大。

（3）基于聚类尺度的聚类方法

① 基于距离的聚类算法。距离是聚类分析常用的分类统计量。常用的距离定义有欧氏距离和马氏距离。算法通常需要给定聚类数目 k，或区分两个类的最小距离。基于距离的算法聚类标准易于确定、容易理解，对数据维度具有伸缩性，但只适用于欧几里得空间和曼哈坦空间，对孤立点敏感，只能发现类圆形类，倾向于分拆大的类。

② 基于密度的聚类算法。基于密度的聚类算法需要规定最小密度门限值，算法同样适用于欧几里得空间和曼哈坦空间，对噪声数据不敏感，但是，当类或子类的粒度小于密度计算单位时，将被遗漏。

③ 基于互连性的聚类算法。基于互连性的聚类算法通常基于图或超图模型，通常将数据集映像为图或超图，满足连接条件的数据对象之间画一条边，高度连通的数据聚为一类。此类算法可适用于任意形状的度量空间，聚类的质量取决于链或边的定义，不适合处理太大的数据集。当数据量大时，通常忽略权重小的边，使图变稀疏，以提高效率，但将影响聚类质量。

（4）基于分析算法的聚类方法

① 划分法。给定一个 n 个对象或者元组的数据库，划分方法构建数据的 k 个划分，每个划分表示一个簇，并且 $k \leqslant n$。也就是说，它将数据划分为 k 个组，同时满足每个组至少包含一个对象；每个对象必须属于且只属于一个组的要求。

② 层次法。对给定数据对象集合进行层次的分解。根据层次的分界如何而形成，层次的方法又可以分为凝聚的和分裂的。分裂的方法也称自顶向下的方法，一开始将所有的对象置于一个簇中。在迭代的每一步中，一个簇被分裂成更小的簇，直到每个对象在一个单独的簇中，或者达到一个终止条件，如 DIANA 算法属于此类。凝聚的方法，也称为自底向上的方法一开始就将每个对象作为单独的一个簇，然后相继地合并相近的对象或簇，直到所有的簇合并为一个，或者达到终止条件，如 AGNES 算法属于此类。

③ 密度法。密度法与其他方法的一个根本区别是：它不是用各式各样的距离作为分类统计量，而是看数据对象是否属于相连的密度域。同属相连密度域的数据对象归为一类。

④ 网格法。首先将数据空间划分成为有限个单元的网格，所有的处理都是以单个单元为对象的。其优点是处理速度快，通常与目标数据库中记录的个数无关，只与把数据空间分为多少个单元有关。但处理方法较粗糙，影响聚类质量。

⑤ 模型法。给每一个簇设定一个模型，然后寻找满足这个模型的数据集。这个模型是数据点在空间中的密度分布函数，假定目标数据集由一系列的概率分布所决定。通常有两种方案：统计的方案和神经网络的方案。

8.6.2 距离与相似性的度量

聚类分析过程的质量取决于对度量标准的选择，为了度量对象之间的接近或相似程度，需要定义一些相似性度量标准。用 $s(x, y)$ 表示样本 x 和样本 y 的相似度，当 x 和 y 相似时，$s(x, y)$ 的取值大，当 x 和 y 不相似时，$s(x, y)$ 的取值小。相似度的度量具有自反性 $s(x, y) = s(y, x)$。对于大多数聚类方法，相似性度量标准被标准化为 $0 \leqslant s(x, y) \leqslant 1$。

通常情况下，聚类算法不是计算两个样本间的相似度，而是用特征空间中的距离作为度量标准来计算两个样本间的相异度。对于某个样本空间来说，距离的度量标准可以是度量的或半度量的，以便用来量化样本的相异度。相异度的度量用 $d(x, y)$ 来表示，通常称相异度为距离。当 x 和 y 相似时，距离 $d(x, y)$ 的值很小；当 x 和 y 不相似时，$d(x, y)$ 的值就很大。

1. 距离函数

在定义样本之间距离测度时，需要满足距离公理的 4 个条件：自相似性、最小性、对称性以及三角不等性，常用的距离函数有如下几种：

① 明可夫斯基距离。

② 二次型距离。

③ 余弦距离。

④ 二元特征样本的距离度量。

2. 类间距离

设有两个类 C_a 和 C_b，分别有 m 和 h 个元素，其中心分别为 r_a 和 r_b。设元素 $x \in C_a$，$y \in C_b$，这两个元素间的距离记为 $d(x, y)$，假如类间距离记为 $D(C_a, C_b)$。

（1）最短距离法

定义两个类中最靠近的两个元素间的距离为类间距离：

$$D_S(C_a, C_b) = \min \left\{ d(x, y) \middle| x \in C_a, y \in C_b \right\}$$

（2）最长距离法

定义两个类中最远的两个元素间的距离为类间距离：

$$D_L(C_a, C_b) = \max \left\{ d(x, y) \middle| x \in C_a, y \in C_b \right\}$$

（3）中心法

定义两类的两个中心间的距离为类间距离。中心法涉及类的中心的概念，首先定义类中心，然后给出类间距离。

假如 C_i 是一个聚类，x 是 C_i 内的一个数据点，即 $x \in C_i$，那么类中心 $\overline{x_i}$ 定义如下：

$$\overline{x_i} = \frac{1}{n_i} \sum_{x \in C_i} x$$

其中，n_k 是第 k 个聚类中的点数，则 C_a 和 C_b 的类间距离为

$$D_C(C_a,C_b)=d(r_a,r_b)$$

（4）类平均法

将两个类中任意两个元素间的距离定义为类间距离。

$$D_G(C_a,C_b) = \frac{1}{mh}\sum_{x \in C_a}\sum_{y \in C_B}d(x,y)$$

（5）离差平方和

离差平方和使用到了类直径的概念，类直径反映了类中各元素间的差异，可定义为类中各元素至类中心的欧氏距离之和，其量纲为距离的平方。

$$r_a = \sum_{i=1}^{m}(x_i - \overline{x_a})^{\mathrm{T}}(x_i - \overline{x_b})$$

根据上式得到两类 C_a 和 C_b 的直径分别为 r_a 和 r_b，类 $C_{a+b}=C_a \cup C_b$ 直径为 r_{a+b}，则可定义类间距离的平方为

$$D_W^2(C_a,C_b)=r_{a+b}-r_a-r_b$$

8.6.3 划分聚类方法

1. 划分聚类方法的主要思想

给定一个有 n 个对象的数据集，划分聚类技术将构造数据 k 个划分，每一个划分就代表一个簇，$k \leq n$。也就是说，它将 n 个数据对象划分为 k 个簇，而且这 k 个划分满足下列两个条件：

① 每一个簇至少包含一个对象。

② 每一个对象属于且仅属于一个簇。

对于给定的 k，算法首先给出一个初始的划分方法，以后通过反复迭代的方法改变划分，使得每一次改进之后的划分方案都比前一次更好。好的标准就是：同一簇中的对象越近越好，而不同簇中的对象越远越好。目标是最小化所有对象与其参照点之间的相异度之和，这里的远近或者相异度 / 相似度就是聚类的评价函数。

2. 评价函数

聚类的评价函数主要考虑：每个簇应该是紧凑的，各个簇间的距离尽可能远。实现这种概念的一种直接方法就是观察聚类 C 的类内差异 $w(C)$ 和类间差异 $b(C)$。类内差异衡量聚类的紧凑性，类间差异衡量不同类之间的距离。

类内差异可以用多种距离函数来定义，最简单的就是计算类内的每一个点到它所属类中心的距离的平方和：

$$w(C) = \sum_{i=1}^{k}w(C_i) = \sum_{i=1}\sum_{x \in C_i}d(x,\overline{x_i})^2$$

类间差异定义为聚类中心间的距离：

$$b(C) = \sum_{i \leq j < i \leq k}d(\overline{x_j},\overline{x_i})^2$$

3. k–Means 算法

k-Means 算法又称 k- 平均算法或 k- 均值算法，是得到最广泛应用的一种聚类算法。k-Means 算法以 k 为参数，把 n 个对象分为 k 个簇，以使簇内具有较高的相似度，而簇间的相似度较低。

相似度的计算根据一个簇中对象的平均值来进行。

首先随机地选择 k 个对象，每个对象初始地代表一个簇的平均值或中心。对剩余的每个对象根据其与各个簇中心的距离，将它赋给最近的簇。然后重新计算每个簇的平均值。这个过程不断重复，直到准则函数 E 收敛，即使生成的结果簇尽可能地紧凑和独立。准则如下：

$$E = \sum_{i=1}^{k} \sum_{x \in C_i} \left| x - \overline{x_i} \right|^2$$

其中，E 是数据库所有对象的平方误差的总和；x 是空间中的点，表示给定的数据对象，$\overline{x}$ 是簇 C_i 的平均值。输入簇的数目 k 和包含 n 个对象的数据库，输出 k 个簇，使平方误差准则最小。k-Means 算法如下：

```
S1  assign initial value for means; /*任意选择 k 个对象作为初始的簇中心 */
S2  REPEAT
S3   FOR j=1 to n DO assign each  x_j  to the cluster which has the
closest mean;
    /*根据簇中对象的平均值，将每个对象赋给最类似的簇 */
S4   FOR i=1 to k DO  x̄_i =|C_i|∑_{x∈C_i} x ;
    / *更新簇的平均值，即计算每个对象簇中对象的平均值 */
S5      Compute   E=∑_{i=1}^k ∑_{x∈C_i} |x-x_i|^2      /* 计算准则函数 E*/
S6   UNTIL  E 不再明显地发生变化
```

4. 算法的特点

（1）优点

① k-Means 算法是解决聚类问题的一种经典算法，其特点是简单、快速。

② 对处理大数据集，该算法相对可伸缩的和高效率，因为它的复杂度是 $O(nkt)$，其中，n 是所有对象的数目，k 是簇的数目，t 是迭代的次数。通常地，$k \ll n$，且 $t \ll n$。这个算法经常以局部最优结束。

③ 算法试图找出使平方误差函数值最小的 k 个划分。当结果簇密集、而簇与簇之间区别明显时效果好。

（2）缺点

① k- 平均方法只在簇的平均值被定义的情况下才能使用，不适用于涉及有分类属性的数据。

② 要求用户必须事先给出 k（要生成的簇的数目）可以算是该方法的一个缺点。而且对初值敏感，对于不同的初始值，将导致不同的聚类结果。

③ k- 平均方法不适合于发现非凸面形状的簇或者大小差别很大的簇。而且，它对于噪声和孤立点数据敏感，因为少量的该类数据能够对平均值产生极大影响。

常用的聚类算法挖掘用户的群组相似性，常用的用户分层模型、细分模型都用到相应的聚类算法。该算法单机伪代码如下。

输入：聚类数 K，K 个随机的聚类中心，训练集。

输出：K 个聚类中心，每个样本所属的组别。

```
for i in I (迭代停止条件，通常用户可以自己设定或者让算法自己收敛即每个样本到各自中心
的距离之和最短)
    for j in K:
```

```
       计算每个样本到每个聚类中心的距离
       距离最短的, 就把该样本赋到该类别上
       根据新生成的 K 个组样本, 更新 K 个聚类中心
end for
```

从算法的执行过程可以看出, 与 k-NN 聚类算法一样, k-平均方法非常适合并行处理, 对于算法的每一次迭代可以分以下三个步骤。

① map 端: 输入 <key,value> 其中 key 是样本的行号, value 就是样本的信息; 输出 <key,value> key 是该样本所属的中心点 index, value 样本的信息。具体操作:

```
从输入的 value 里面解析特征属性值
for i in K
计算到 i 个中心的距离
key= 最近的那个中心的 index,value 就是样本信息
```

② Combine 端: 对 Map 的输出属于同一聚类的点做一个简单的累加, 输入是 map 端的输出, 输出是 <key,value>。

Reduce 端: 任务是把 Combine 端的输出进行归总, 更新聚类中心, 输出就是 <聚类中心代号, 聚类中心 >。

8.6.4 层次聚类方法

层次聚类方法对给定的数据集进行层次的分解, 直到某种条件满足为止。具体又可分为凝聚的、分裂的两种方案。

凝聚的层次聚类是一种自底向上的策略, 首先将每个对象作为一个簇, 然后合并这些原子簇为越来越大的簇, 直到所有的对象都在一个簇中, 或者某个终结条件被满足。绝大多数层次聚类方法属于这一类, 它们只是在簇间相似度的定义上有所不同。

分裂的层次聚类与凝聚的层次聚类相反, 采用自顶向下的策略, 它首先将所有对象置于一个簇中, 然后逐渐细分为越来越小的簇, 直到每个对象自成一簇, 或者达到了某个终结条件。

AGNES 算法是凝聚的层次聚类方法。AGNES 算法最初将每个对象作为一个簇, 然后这些簇根据某些准则被逐步地合并。例如, 如果簇 C_1 中的一个对象和簇 C_2 中的一个对象之间的距离是所有属于不同簇的对象间欧氏距离中最小的, C_1 和 C_2 可能被合并。这是一种单链接方法, 其每个簇可以被簇中所有对象代表, 两个簇间的相似度由这两个不同簇中距离最近的数据点对的相似度来确定。聚类的合并过程反复进行, 直到所有的对象最终合并形成一个簇。在聚类中, 用户能定义希望得到的簇数目作为一个结束条件。输入包含 n 个对象的数据库, 终止条件簇的数目 k, 输出 k 个簇, 达到终止条件规定簇数目, AGNES 自底向上凝聚算法如下:

S1: 将每个对象当成一个初始簇。

S2: REPEAT。

S3: 根据两个簇中最近的数据点找到最近的两个簇。

S4: 合并两个簇, 生成新的簇的集合。

S5: UNTIL 达到定义的簇的数目。

8.7　序列模式挖掘与文本数据挖掘

时间序列就是将某一指标在不同时间上的不同数值，按照时间的先后顺序排列而成的数列。这种数列的数据彼此之间存在着统计上的依赖关系，但由于受到各种偶然因素的影响，往往表现出某种随机性。由于每一时刻上的取值或数据点的位置具有一定的随机性，不可能完全准确地用历史数值来预测将来。但是，前后时刻的数值或数据点的相关性却可呈现某种趋势性或周期性变化，这就表明存在着时间序列挖掘的可行性。

时间序列挖掘是通过对过去历史行为的客观记录分析，揭示其内在规律，如波动的周期、振幅、趋势的种类，进而完成预测未来行为，以掌握和控制未来行为。也就是说，时间序列数据挖掘就是要从大量的时间序列数据中提取人们事先不知道的、但又是潜在有用的与时间属性相关的信息和知识，并用于短期、中期或长期预测。在各种领域都将遇到时间序列，越来越多的直接或间接时间序列信息是丰富而有效的分析和挖掘数据源。

在数学上，如果对某一过程中的某一变量进行 $X(t)$ 观察测量，在一系列时刻 t_1, t_2, $\cdots$, t_n（t 为自变量，且 $t_1<t_2<\cdots$, $<t_n$）得到的离散有序数集合 X_{t1}, X_{t2}, $\cdots$, X_{tn} 称为离散数字时间序列。设 $X(t)$ 是一个随机过程，X_{ti}（$i=1$, 2, $\cdots$, n）称为一次样本实现，也就是一个时间序列。

常用的时间序列如下。

① 一元时间序列：可以通过单变量随即过程的观察获得规律性信息。

② 多元时间序列：通过多个变量描述变化规律。

③ 离散型时间序列：每一个序列值所对应的时间参数为间断点。

④ 连续型时间序列：每个序列值所对应的时间参数为连续函数。

序列的统计特征可以表现平稳或者有规律的振荡，这样的序列是分析的基础点。此外如果序列按某类规律的分布，那么序列的分析就有了理论根据。

8.7.1　时间序列预测的常用方法

时间序列分析可用于预测，即根据已知时间序列中数据的变化特征和趋势，预测未来属性值，其方法如下。

1. 确定性时间序列预测方法

对于平稳变化特征的时间序列，如果未来行为与现在的行为有关，则可以利用现在的属性值来预测将来的属性值。

（1）多维综合

在多维上综合考虑变化，例如长期趋势、季节变动和随机型变动等共同作用的结果。

① 长期趋势：随时间变化的、按照某种规则稳步增长、下降或保持在某一水平上的规律。

② 季节变动：在一定时间内（如一年）的周期性变化规律。

③ 随机型变动：不可控的偶然因素等。

（2）确定性时间序列模型

设 T_t 表示长期趋势，S_t 表示季节变动趋势项，C_t 表示循环变动趋势项，R_t 表示随机干扰项，y_t 是观测目标的观测记录，则常用的确定性时间序列模型有以下几种类型：

① 加法模型：$y_t = T_t + S_t + C_t + R_t$。

② 乘法模型：$y_t = T_t S_t C_t R_t$。

③ 混合模型：$y_t = R_t + T_t S_t C_t$ 或 $y_t = S_t + T_t C_t R_t$。

基于上述方法，时间序列分析就是设法消除随机型波动、分解季节性变化、拟合确定型趋势，因而形成对发展水平分析、趋势变动分析、周期波动分析和长期趋势加周期波动分析等一系列确定性时间序列预测方法。虽然这种确定型时间序列预测技术可以控制时间序列变动的基本样式，但是它对随机变动因素的分析缺少可靠的评估方法。

2. 随机时间序列预测方法

虽然随机型波动可能由许多偶然因素共同作用的结果，但也有规律可循。因此，研究随机时间序列预测方法是必要的。通过建立随机模型，对随机时间序列进行分析，可以预测未来值。如果时间序列平稳，可以用自回归模型、移动回归模型或自回归移动平均模型进行分析预测。

3. 其他方法

可用于时间序列预测的方法很多，其中比较成功的是神经网络。由于大量的时间序列是非平稳的，因此特征参数和数据分布随着时间的推移而变化。如果对某段历史数据的学习，通过数学统计模型估计神经网络的各层权重参数初值，就可能建立神经网络预测模型，用于时间序列的预测。

8.7.2 序列模式挖掘

序列模式挖掘是指从序列数据库中发现蕴涵的序列模式。时间序列分析和序列模式挖掘有许多相似之处，在应用范畴、技术方法等方面也有很大的重合度。但是，序列挖掘一般是指相对时间或者其他顺序出现的序列的高频率子序列的发现，典型的应用还是限于离散型的序列。

序列模式挖掘已经成为数据挖掘的一个重要方面，其应用范围也不局限于交易数据库，在DNA分析等尖端科学研究领域、Web访问等新型应用数据源等众多方面得到针对性研究。

1. 基本概念

一个序列是项集的有序表，记为 $\alpha = \alpha_1 \rightarrow \alpha_2 \rightarrow \cdots \rightarrow \alpha_n$，其中每个 α_i 是一个项集。一个序列的长度是它所包含的项集。具有 k 长度的序列称为 k- 序列。

设序列 $\alpha = \alpha_1 \rightarrow \alpha_2 \rightarrow \cdots \rightarrow \alpha_n$，序列 $\beta = \beta_1 \rightarrow \beta_2 \rightarrow \cdots \rightarrow \beta_m$。若存在整数 $i_1 < i_2 < \cdots < i_n$，使得 $\alpha_1 < \beta_{i1}$，$\alpha_2 < \beta_{i2}$，$\cdots$，$\alpha_n < \beta_{in}$，则称序列 α 是序列 β 的子序列，或序列 β 包含序列 α。在一组序列中，如果某序列 α 不包含其他任何序列中，则称 α 是该组中最长序列。

给定序列 S，序列数据库 D_T，序列 S 的支持度是指 S 在 D_T 中相对于整个数据库元组而言所包含 S 的元组出现的百分比。支持度大于最小支持度（min-sup）的 k- 序列，称为 D_T 上的频繁 k- 序列。

2. 数据源

序列挖掘适合广泛的数据源形式，常用的数据源形式如下所述。

（1）带交易时间的交易数据库

带交易时间的交易数据库的典型形式是包含客户号、交易时间以及在交易中购买的项等的交易记录表。将这样的数据源进行形式化描述，其中一个理想的预处理方法就是转换成顾客序列，即将一个顾客的交易按交易时间排序成项目序列。于是，顾客购买行为的分析可以通过对顾客序列的挖掘得到实现。

（2）系统调用日志

操作系统及其系统进程调用是评价系统安全性的一个重要方面。通过对正常调用序列的学习可以预测随后发生的系统调用序列、发现异常的调用。将进程号和调用号按时间组成调用序列，再通过相应的挖掘算法达到跟踪和分析操作系统审计数据的目的。

（3）Web 日志

Web 服务器中的日志文件记录了用户访问信息，这些信息包括客户访问的 IP 地址、访问时间、URL 调用以及访问方式等。考察用户 URL 调用顺序并从中发现规律，可以为改善站点设计和提高系统安全性提供重要的依据。对 URL 调用的整理可以构成序列数据，为挖掘使用。

3. 序列模式挖掘的一般步骤

基于概念发现序列模式的序列模式挖掘由排序阶段、大项集阶段、转换阶段、序列阶段以及选最长序列阶段 5 个阶段组成。

（1）排序阶段

对数据库进行排序，排序的结果将原始的数据库转换成序列数据库。例如，上面介绍的交易数据库，如果以客户号和交易时间进行排序，那么在通过对同一客户的事务进行合并就可以得到对应的序列数据库。

（2）大项集阶段

这个阶段要找出所有频繁的项集（即大项集）组成的集合 L，也同时得到所有大 1- 序列组成的集合，即 $\{<l>\mid l \in L\}$。

（3）转换阶段

在寻找序列模式的过程中，要不断地进行检测一个给定的大序列集合是否包含于一个客户序列中。为了使这个过程尽量快，用另一种形式来替换每一个客户序列。在转换完成的客户序列中，每条交易都被其所包含的所有大项集所取代。如果一条交易不包含任何大项集，在转换完成的序列中它将不被保留。但是，在计算客户总数的时仍将其计算在内。

（4）序列阶段

利用转换后的数据库寻找频繁的序列，即大序列。

（5）选最长序列阶段

在大序列集中找出最长序列。

8.8　非结构化文本数据挖掘

有些数据虽然是文本或字符串的形式，但并不是真正意义上的非结构化。例如浏览器的类型信息、推荐来源，虽然取值为文本，但取值都有规律，这些数据在数据库中更多的是作为外键（FK）关联到维度表，因此都不是严格意义上的非结构化数据。真正的非结构化文本数据有：

① 搜索词：永远无法确定义用户的搜索词都有哪些。

② 完整 URL 地址：尤其是含有特定监测 Tag 的地址。

③ 特定监测标签：通常鉴于以 URL Tag 形式进行监测的情形。

④ 页面名称：名称的规范性取决于系统配置信息。

⑤ 用户自定义标签：例如用户对自身的评价标签。

⑥ 文章特定信息：如文章摘要、关键字等，跟用户一样，文章信息也是因文章而异。

⑦ 用户评论、咨询内容：绝对的非结构化段落。

⑧ 唯一设备号：如 IMEI、MAC 等（这部分通常会作为关联主键和唯一识别标示，不会作为规则提取的字段）。

上述信息的特点是：取值通常是文本或字符串、长度不一致、无明确的值域范围。

文本挖掘是从大量的文档中发现隐含知识和模式，"自动化或半自动化处理文本的过程"，文本挖掘带有明显的机器学习色彩，依赖于数据信息抽取、分类、聚类等基础算法和技术。

作为用户问题、建议、态度的载体的用户反馈文本，对产品评估和改进优化极具价值。在这里以用户反馈文本为例说明非结构化文本数据挖掘过程与方法。

8.8.1 用户反馈文本

用户自发的反馈来源于实际，用户在使用某产品后，将自发地发表对产品使用的评价、意见，甚至遇到的问题等。

用户自发的反馈依其内容特性，大致包括传播类、评价类、意见建议类三种。这些反馈中，包含着用户对产品的关注热点、遇到的 bug 和投诉，以及用户的情感态度等宝贵信息。如果能够对这些信息加以挖掘和利用，将获得极大的收获。基于文本数据的角度来看，这类用户自发的反馈具备以下几个特性。

（1）来源丰富

用户发表意见的地点不受限制，这就表明所需的资料分布在互联网上的各个地方。就的经验来看，APP Store、安卓应用商店、微博、贴吧，当然还有网易游戏论坛等，是几个主要的数据来源。

（2）数量巨大

鉴于数据来源的丰富，以用户基数为基础，能够获得的用户反馈数量也是巨大的。

（3）数据类型多样

在发表关于产品使用体验时，不仅仅是文字表达，还附带图片与表情等，而在客服系统中还存在着语音记录。其中，文本形式的用户反馈仍然占据最大比重，相对也更容易在技术上实现。但随着技术的提升，多媒体形式的用户反馈挖掘将日益广泛。

（4）价值密度低

用户反馈文本中存在着大量的垃圾数据，也存在大量共现但又毫无意义的关联模式。这一问题的严重性取决于数据源的质量，而技术上，则需要通过算法进行识别和清洗。

文本挖掘处理的是对象是文本。用户反馈文本是用一种自然语言书写，计算机能识别其中的每个汉字，但却无法识别比字更高的单位（词、句、段、篇、章）。正是这一原因，文本挖掘过程中要经历一个自然语言处理的过程。简单地说，就是要把人能轻易理解地自然语言加工成适用于数据挖掘的形式，同时又不失其本意，这就涉及语料库、文本词典和分词技术等的使用。

在应用场景上，文本挖掘则具有独特的价值，如商品标签、情感评估、意见抽取等，都需要文本挖掘技术作为支撑。

8.8.2 用户反馈文本挖掘的一般过程

如前所述，用户反馈文本挖掘遵循数据挖掘的一般过程，但某些步骤上有所差异，如图 8-6 所示。

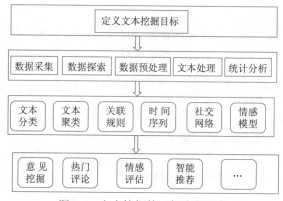

图8-6　文本挖掘的一般流程示意

1. 确定文本挖掘目标

确定文本挖掘目标是数据挖掘的起点，因为文本挖掘也需要有明确的目标。例如，希望了解新版本 App 存在的用户体验问题，或者了解用户对 App 历来的情感态度等。

2. 确定数据源并获取

用户反馈的来源异常丰富，因此，对数据源的筛选既包括数据存在平台的挑选，也包括文本字段的筛查。选择哪些数据源，首先要考虑文本挖掘的目标，也就是要回答的问题。另一个要考虑的因素就是用户群体的特征，尤其是用户群体最有可能出现的地方，这决定了能否获得足够的数据。

这一步骤还可以梳理出高质量用户反馈数据源文档、数据爬取文档等中间产物，这对以后同类项目的开展必不可少。

3. 文本数据预处理

文本数据同样也要经过一定的预处理才能进行后续的分析使用，如数据的清洗、规约等也是文本数据预处理所必需的。例如，从网易游戏论坛抓取发帖数据时会发现，新近帖子的发帖时间为"发表于 x 天前"，而更早的帖子则标记为"发表于 2017-9-15"等。这就要求获得数据以后把发帖时间处理为统一格式，才更便于后续分析中使用该指标。

4. 文本的自然语言处理

用户反馈文本是基于自然语言的非结构化数据，因此文本挖掘过程最基本的步骤就是自然语言处理。主要包括语料库整理、专业词典、停用词词典等的准备，还包括文本分词、特征提取等步骤。

5. 初步的统计学分析

文本分词之后，可以根据分词的结果进行简单的统计分析，例如词频统计、文档-词项（共现）矩阵等。根据词频可以获得用户关注的核心话题、整体情感倾向等。表 8-4 所示为词频统计结果举例。

上述的统计分析比较粗糙，仅是从整体上了解当前分析的数据中的整体状况。但用户关注的所有热点话题是什么，不同情感的话题又有哪些，不同类型的用户关注的话题差异等问题却无法回答。

表8-4　词频统计结果举例

词序	词项	词频
1	理财	876
2	收益	620
3	产品	819
4	赎回	501
5	网易理财	434
6	到账	380
7	购买	350
8	公司	295
…	…	…

6. 文本数据建模

如果需要进一步了解大量用户反馈的详情与细节，可以应用机器学习对已有文本数据建模，进行更深层次的挖掘。例如，通过文本聚类可以知道产品还存在哪些问题；通过文本分类可以快速地每一条用户反馈记录划分到其所属的类别中；通过文本情感分析可以掌握用户对产品的情感态度，甚至是用户对产品的哪些方面产生了积极或消极的情感。

文本数据建模是用户反馈文本挖掘最重要的一步，具体要针对用户反馈文本建立什么样的模型，既取决于文本挖掘的目标，也受到文本数据丰富性的限制。用户反馈文本的价值是在其中包含了用户对产品的关注热点、遇到的 bug 以及用户的情感态度等，而对这些内容的挖掘则有利于掌握产品的发展状态，以及找到后续优化的突破点。因此，针对研究问题，需要对文本数据建构模型。

7. 文本数据模型应用

利用机器学习技术获得数据模型后，可以利用这些文本模型对产品作出改进。例如，通过对大量用户反馈文本进行文本聚类或主题建模后，知道了用户最常遇到的问题，后续就可以把这些问题的解决办法加入 App 的帮助中心，引导用户自助解决问题，从而缓解客服压力并提升用户体验。

8.8.3 文本的自然语言处理

作为非结构化数据，用户反馈文本必须经过自然语言处理操作才能进行分析。

1. 文本语料库整理

文本挖掘的一大特性就是：文本数据中包含着大量的无意义字符，如标点符号、数字、空格、英文字母等。为了提高文本数据的价值密度，在分词之前需要剔除其中的杂乱信息，而整理出的文档就是后续分析所用到的语料库。

2. 文本切分

为了使计算机更好地理解自然语言形式的用户反馈文本，需要对文本进行切分（分词），就是需要告诉计算机哪些字可以作为一个单位（词），哪些字必须分开为两个单位。现已有大量分词工具流行，为文本挖掘提供了很大便利。常用的分词系统 / 工具如下：BosonNLP、IKAnalyzer（中文分词库 IKAnalyzer）、NLPIR（NLPIR 汉语分词系统，又名 ICTCLAS 2015）、SCWS（SCWS 中文分词）、结巴分词（jieba）、盘古分词（盘古分词－开源中文分词组件）、庖丁解牛（paoding）、搜狗分词、腾讯文智、新浪云、语言云。但实际效果上，并不是所有的分词工具都能够很好地满足需要，因此，必要时需要对所用到的分词算法进行优化。

3. 自定义词典的使用

文本分词存在的另一个问题就是有些专业领域内的词，一开始在使用的分词系统中并不存在。这时，就需要使用自定义的分词词典，提高分文本分析的精度。

4. 去除停用词

用户反馈文本中同时还存在一些语气词、助词等无任何实意的词，分词完成后，需要将它们去除。因为即便对它们进行分析，得到的结果也毫无意义。与分词类似，去除停用词的过程中，则需要用到停用词词典。网络上也有停用词词典可供下载，基本能够满足需要。

5. 文本切分是一个不断优化的过程

并不能保证分词词典能够涵盖数据集中的所有词，所以总会出现个别词无法准确切分的情况。这时，就需要将新词加入已有词典，再次进行分词。虽然该过程较为烦琐，但对后续建模至关重要，尤其是当某些关键词无法准确切分时。

6. 分词后的初步分析

分词完成之后，可以简单统计数据集中的词频。

8.9　基于 MapReduce 的分析与挖掘实例

8.9.1　大数据平均值计算

计算数据平均值是典型的计算，该实例以计算学生平均成绩为例来说明基于 MapReduce 的平均值计算方法。

1. 实例描述

对输入文件中数据进行学生平均成绩计算。输入文件中的每行内容均为一个学生的姓名和相应的成绩，如果有多门学科，则每门学科为一个文件。要求在输出中每行有两个间隔的数据，其中，第一个代表学生的姓名，第二个代表其平均成绩。

（1）输入数据

① 数学（math）：

```
张三 88
李四 99
王五 66
赵六 77
```

② 语文（china）：

```
张三 78
李四 89
王五 96
赵六 67
```

③ 英文（english）：

```
张三 80
李四 82
王五 84
赵六 86
```

（2）样本输出：

```
张三 82
李四 90
王五 82
赵六 76
```

2. 基于 MapReduce 的平均成绩计算过程

平均成绩计算过程包括 Map 和 Reduce 两部分的内容，分别实现了 map 和 reduce 的功能。

Map 处理的是一个纯文本文件，文件中存放的每一行数据表示一个学生的姓名和他相应某一科成绩。Mapper 处理的数据是由 InputFormat 分解过的数据集，其中，InputFormat 的作用是将数据集切割成小数据集 InputSplit，每一个 InputSlit 将由一个 Mapper 负责处理。此外，InputFormat 中还提供了一个 RecordReader 的实现，并将一个 InputSplit 解析成 <key,value> 对提供给了 map 函数。InputFormat 的默认值是 TextInputFormat，它针对文本文件，按行将文本切割成 InputSlit，并用 LineRecordReader 将 InputSplit 解析成 <key,value> 对，key 是行在文本中的位置，value 是文件中的一行。

Map 的结果会通过 partion 分发到 Reducer，Reducer 做完 Reduce 操作后，将通过以格式 OutputFormat 输出。

Mapper 最终处理的结果对 <key,value>，将送到 Reducer 中进行合并，合并的时候，有相同 key 的键 / 值对则送到同一个 Reducer 上。Reducer 是所有用户定制 Reducer 类的基础，它的输入是 key 和这个 key 对应的所有 value 的一个迭代器，同时还有 Reducer 的上下文。Reduce 的结果由 Reducer.Context 的 write 方法输出到文件中。

8.9.2　大数据排序

数据排序是许多实际任务执行时要完成的第一项工作，例如学生成绩评比、数据建立索引等，这些都是按数据值的大小，从小到达进行排序。数据排序与上述的数据去重相类似，都是先对原始数据进行预处理，为后续的数据分析建立基础。

1. 实例描述

数据排序是指对输入文件中的数据进行排序。输入文件中的每行内容为一个数字，即一个数据。要求在输出行中有两个间隔的数字，其中，第一个代表原始数据在原始数据集中的位次，第二个代表原始数据。

例如，输入数据文件为 file1、file2 和 file3。

（1）file1

```
      3
     32
    654
     32
     15
    756
  68223
```

（2）file2

```
   5956
     22
    650
     92
```

（3）file3

```
     26
     54
      6
```

样例输出结果：

```
1      3
2      6
3     15
4     22
5     26
6     32
```

```
7      32
8      54
9      92
10     650
11     654
12     756
13     5956
```

2. 基于 *MapReduce* 的数据排序过程

这个实例仅要求对输入数据进行从小到大的排序，MapReduce 编程模型在过程中就含有排序的能力，可以利用这个默认的排序，而不需要再自己实现具体的排序。

默认排序规则是按照 key 值进行排序，如果 key 为封装 int 的 IntWritable 类型，那么 MapReduce 按照数字大小对 key 排序，如果 key 为封装为 String 的 Text 类型，那么 MapReduce 按照英文字典顺序对字符串排序。

对于本实例描述中的数据是整数，就应该使用封装 int 的 IntWritable 型数据结构。也就是在 map 中将读入的数据转化成 IntWritable 型，然后作为 key 值输出（其 value 任意）。reduce 拿到 <key,value-list> 之后，将输入的 key 作为 value 输出，并根据 value-list 中元素的个数决定输出的次数。输出的 key（即代码中的 linenum）是一个全局变量，它统计当前 key 的位次。需要注意的是这个程序中没有配置合并（Combiner），也就是在 MapReduce 过程中不使用 Combiner。这主要是因为使用 map 和 reduce 就足已能够完成任务。

8.9.3　倒排索引

在实际应用中，经常需要根据属性的值来查找记录。这种索引表中的每一项都包括一个属性值和具有该属性值的各记录的地址。由于不是由记录来确定属性值，而是由属性值来确定记录的位置，因而称为倒排索引（invertedindex）。将带有倒排索引的文件称为倒排索引文件，简称倒排文件（invertedfile）。倒排文件的索引对象是文档或者文档集合中的单词等，存储这些单词在一个文档或者一组文档中的存储位置是对文档或者文档集合的一种最常用的索引机制。搜索引擎的关键步骤就是建立倒排索引，倒排索引一般表示为一个关键词，然后是它的频度（出现的次数）、位置（出现在哪一篇文章或网页中，及有关的日期、作者等信息），相当于为互联网上几千亿网页做了一个索引，好比一本书的目录、标签一般。需要哪一个主题相关的章节，直接根据目录即可找到相关的页面，不必再从书的第一页到最后一页逐页查找。

倒排索引是文档检索系统中最常使用的数据结构，现已广泛地应用于文本搜索引擎中。它主要是用来存储某个单词（或词组）在一个文档或一组文档中的存储位置的映射，即提供一种能够根据内容来查找文档的方式。由于不是根据文档来确定文档所包含的内容，而是进行相反的操作，因而称为倒排索引。

下面以单词－文档矩阵为例来进一步说明倒排索引原理。单词－文档矩阵是表达两者之间所具有的一种包含关系的概念模型，表 8-5 的每列代表一个文档，每行代表一个单词，打对钩的位置代表包含关系。

表8-5　单词-文档矩阵

	文档1	文档2	文档3	文档4	文档5
词汇1	√			√	
词汇2		√	√		
词汇3				√	
词汇4	√				√
词汇5		√			
词汇6			√		

从纵向即文档维度来看，每列代表文档包含了哪些单词，比如文档1包含了词汇1和词汇4，而不包含其他单词。从横向即单词维度来看，每行代表了哪些文档包含了某个单词。比如对于词汇1来说，文档1和文档4中出现过单词1，而其他文档不包含词汇1。矩阵中其他行列也可作此种解读。倒排索引是实现单词－文档矩阵的一种具体存储形式，通过倒排索引，可以根据单词快速获取包含这个单词的文档列表。

搜索引擎的索引其实就是实现单词－文档矩阵的具体数据结构。可以有不同的方式来实现上述概念模型，例如倒排索引、签名文件、后缀树等方式。但是各项实验数据表明，"倒排索引"是实现单词到文档映射关系的最佳实现方式。

1. 实例描述

通常情况下，倒排索引由一个单词（或词组）以及相关的文档列表组成，文档列表中的文档或者是标识文档的 ID 号，或者是指文档所在位置的 URL，如图 8-7 所示。

从图 8-7 中可以看出，单词1出现在 { 文档1，文档4，文档13，…} 中，单词2出现在 { 文档3，文档5，文档15，…} 中，而单词3出现在 { 文档1，文档8，文档20，…} 中。在实际应用中，

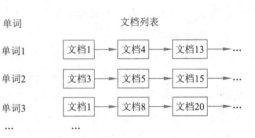

图8-7　倒排索引结构

还需要给每个文档添加一个权值，用来指出每个文档与搜索内容的相关度，如图 8-8 所示。

图8-8　添加权重的倒排索引

词频是记录单词在文档中出现的次数，可以使用词频作为权重。以英文为例，如图 8-9 所示，索引文件中的 MapReduce 一行表示 MapReduce 单词在文本 T0 中出现过 1 次，T1 中出现过 1 次，T2 中出现过 2 次。当搜索条件为 MapReduce、is、Simple 时，对应的集合为 {T0，T1，T2} ∩ {T0，T1} ∩ {T0，T1}={T0，T1}，即文档 T0 和 T1 包含了所要索引的单词，而且只有 T0 是连续的。

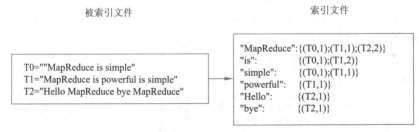

图8-9　倒排索引示例

更复杂的权重还需要记录单词在多少个文档中出现过，以实现 TF-IDF（Term Frequency-Inverse Document Frequency）算法，或者考虑单词在文档中的位置信息（单词是否出现在标题中，反映了单词在文档中的重要性）等。

（1）样例输入

① file1：

```
MapReduce is simple
```

② file2：

```
MapReduce is powerful is simple
```

③ file3：

```
Hello MapReduce bye MapReduce
```

（2）样例输出

```
MapReduce            file1.txt:1;file2.txt:1;file3.txt:2;
is                   file1.txt:1;file2.txt:2;
simple               file1.txt:1;file2.txt:1;
powerful             file2.txt:1;
Hello                file3.txt:1;
bye                  file3.txt:1;
```

2. 基于 MapReduce 的倒排索引处理过程

基于 MapReduce 的倒排索引处理过程介绍如下。

（1）Map 过程

首先使用默认的 TextInputFormat 类对输入文件进行处理，得到文本中每行的偏移量及其内容。显然，Map 过程首先必须分析输入的 <key,value> 对，得到倒排索引中需要的三个信息：单词、文档 URL 和词频，如图 8-10 所示。

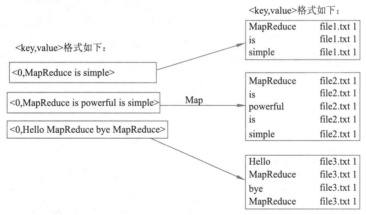

图8-10　Map过程输入输出

这里存在两个问题：第一，<key,value> 对只能有两个值，在不使用 Hadoop 自定义数据类型的情况下，需要根据情况将其中两个值合并成一个值，作为 key 或 value 值；第二，通过一个 Reduce 过程无法同时完成词频统计和生成文档列表，所以必须增加一个 Combine 过程完成词频统计。

这里讲单词和 URL 组成 key 值（如 "MapReduce:file1.txt"），将词频作为 value，这样做

的好处是可以利用 MapReduce 框架自带的 Map 端排序，将同一文档的相同单词的词频组成列表，传递给 Combine 过程，实现类似于 WordCount 的功能。

（2）Combine 过程

经过 map 方法处理后，Combine 过程将 key 值相同的 value 值累加，得到一个单词在文档在文档中的词频，如图 8-11 所示。如果直接将图 8-11 所示的输出作为 Reduce 过程的输入，在 Shuffle 过程时将面临一个问题：所有具有相同单词的记录（由单词、URL 和词频组成）应该交由同一个 Reducer 处理，但当前的 key 值无法保证这一点，所以必须修改 key 值和 value 值。这次将单词作为 key 值，URL 和词频组成 value 值，如"file1.txt：1"。这样做的好处是可以利用 MapReduce 框架默认的 HashPartitioner 类完成 Shuffle 过程，将相同单词的所有记录发送给同一个 Reducer 进行处理。

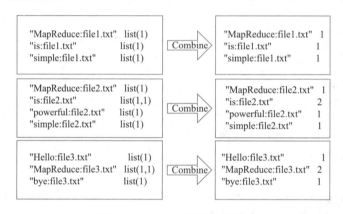

图8-11　Combine过程输入输出

（3）Reduce 过程

经过上述两个过程后，Reduce 过程只需将相同 key 值的 value 值组合成倒排索引文件所需的格式即可，剩下的事情就可以直接交给 MapReduce 框架进行处理了，如图 8-12 所示。索引文件的内容除分隔符外与图 8-11 解释相同。

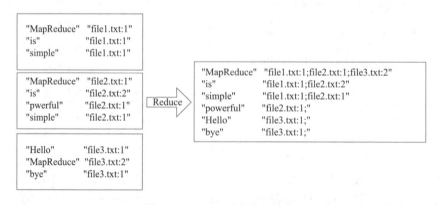

图8-12　Reduce过程输入输出

（4）需要解决的问题

本实例设计的倒排索引在文件数目上没有限制，但是单词文件不宜过大（具体值与默认 HDFS 块大小及相关配置有关），要保证每个文件对应一个 split。否则，由于 Reduce 过程没有进一步统计词频，最终结果可能会出现词频未统计完全的单词。可以通过重写 InputFormat 类将每个文件为一个 split，避免上述情况。或者执行两次 MapReduce，第一次 MapReduce 用于统计词频，第二次 MapReduce 用于生成倒排索引。除此之外，还可以利用复合键值对等实现包含更多信息的倒排索引。

小　　结

　　大数据分析是大数据技术中的最重要一环，只有分析数据才能获得更多智能的、深入的、有价值的信息。数据挖掘是数据分析阶段中的核心内容，它是通过建模和构造算法来获取信息与知识，融合了数据库技术、人工智能、机器学习、统计学、知识工程、面向对象方法、信息检索、高性能计算以及数据可视化等最新技术。本章介绍了在数据分析中常用的统计分析方法，主要内容包括数据分析的基本方法和高级数据分析方法；介绍了数据挖掘理论基础、关联规则挖掘、分类、聚类方法、序列模式挖掘和非结构化文本数据的挖掘，以及基于 MapReduce 的分析与挖掘实例等。

第 ⑨ 章　大数据分析结果解释与展现

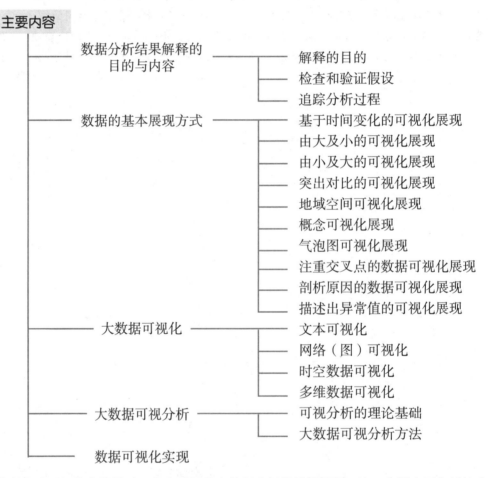

主要内容

- 数据分析结果解释的目的与内容
  - 解释的目的
  - 检查和验证假设
  - 追踪分析过程
- 数据的基本展现方式
  - 基于时间变化的可视化展现
  - 由大及小的可视化展现
  - 由小及大的可视化展现
  - 突出对比的可视化展现
  - 地域空间可视化展现
  - 概念可视化展现
  - 气泡图可视化展现
  - 注重交叉点的数据可视化展现
  - 剖析原因的数据可视化展现
  - 描述出异常值的可视化展现
- 大数据可视化
  - 文本可视化
  - 网络（图）可视化
  - 时空数据可视化
  - 多维数据可视化
- 大数据可视分析
  - 可视分析的理论基础
  - 大数据可视分析方法
- 数据可视化实现

　　大数据处理周期中的最后一个步骤就是大数据分析结果的解释，这一步骤主要包括检查所有提出的假设、追踪分析过程和可视化展示，达到使用户理解和信服分析的结果。许多科学结论是科学家长期观察、调查、实验、分析、思考并不断完善的结果，但在大数据技术中，大数据分析与挖掘的结果通过解释使用户理解与信服。

9.1　数据分析结果解释的目的与内容

直观地理解数据分析结果，能够更好地理解和获得大数据中的价值。

9.1.1　解释的目的

如果仅有能力分析数据，但是却无法使用户理解分析结果，这样也达不到获取价值的结果，为了解决这个问题，需要对数据分析结果进行解释。解释不能凭空出现，主要源于下述的主要内容。

① 检查提出的所有假设的正确性，为了做出正确的解释，需要在获得充分证据的基础上利用已有的知识进行合理的检测与判断。

② 在大数据分析中有可能引入许多误差，误差来源主要是计算机系统可能存在缺陷、模型的适用范围有限和假设不够充分，以及基于错误数据得到的结果等。在这种情况下，大数据技术与分析系统应该支持用户了解、验证、分析所产生的结果。数据分析过程分为多步，需要对分析过程进行追踪，即提供每一关键步的结果显示，以有助于用户理解结论的获得。大数据由于其复杂性，解释是一项重要的研究内容。

③ 在大数据分析场景下，系统不仅向用户提供分析结果，还应该支持用户不断提供附加结果、解释结果的产生原因，这种附加结果可以称为数据的来源。通过研究如何更好地捕获、存储和查询数据来源，同时利用相关技术捕获足够的元数据，就可以构建一个基础平台，为用户解释分析结果，重复分析不同的假设、参数以及数据分析的能力。

④ 具有丰富可视化能力的系统可为用户展示结果，帮助用户理解特定领域问题的重要手段。早期的商业智能系统主要基于表格形式展示数据，大数据分析师需要采用强大的可视化技术对结果进行包装和展示，辅助用户理解系统，并支持用户进行协作与交互。

⑤ 在可视化环境下，通过简单的单击操作，用户应该能够向下钻取到每一块数据，看到和了解数据的出处，理解数据的关键功能。也就是说，用户不仅需要看到结果，而且需要了解产生结果的原因。然而，考虑到整个分析过程的流程结构，获得数据的原始出处对于用户来说技术性过强，无法抓住数据背后的基本思想。基于上述问题，需要研究新的人机交互方式，支持用户对数据分析过程进行简单的调整，例如对某些参数进行调整等，并立刻查看调整后增量化结果。可以看出，通过这种闭环调节的方法，用户不仅能够直观了解分析结果，更好地理解大数据背后的价值，而且提高了大数据分析的效果。

9.1.2　检查和验证假设

1. 假设

假设分为两种：一种是原假设，另一种是备选假设。检查和验证假设一般有两种可能结果：一种是拒绝原假设，另一种是接受原假设。

2. 检验假设

检验假设是数理统计学中根据一定假设条件由样本推断总体的一种方法，先对总体的特征进行某种假设，然后通过抽样统计推理，决定拒绝这个假设还是接受这个假设。

（1）检验假设的方法

① 根据问题的需要对所研究的总体作某种假设 H。

② 选取合适的统计量，这个统计量的选取要使得在假设 H 成立时，其分布为已知。

③ 由实测的样本，计算出统计量的值。

④ 根据预先给定的显著性水平进行检验，作出拒绝或接受假设 H 的判断。

例如，假设检验的基本方法是小概率反证法。小概率方法是指小概率事件（$P<0.01$ 或 $P<0.05$）在一次试验中基本上不会发生。反证法思想是先提出假设（检验假设 H），再用适当的统计方法确定假设成立的可能性大小，如可能性小，则认为假设 H 不成立，如果可能性大，则还不能认为假设 H 不成立。

需要从总体中抽出的样本进行检验假设是否正确，与此有关的理论和方法构成假设检验的内容。设 A 是关于总体分布的一个命题，所有使命题 A 成立的总体分布构成一个集合 H_0，称为原假设（常简称假设）。使命题 A 不成立的所有总体分布构成另一个集合 H_1，称为备选假设。如果 H_0 可以通过有限个实参数来描述，则称为参数假设，否则称为非参数假设。如果 H_0（或 H_1）只包含一个分布，则称原假设（或备选假设）为简单假设，否则称为复合假设。对一个假设 H_0 进行检验，就是要制定一个规则，使得有了样本以后，根据这个规则可以决定是接受它（承认命题 A 正确），还是拒绝它（否认命题 A 正确）。这样，所有可能的样本所组成的空间（称样本空间）被划分为两部分 H_A 和 H_R（H_A 的补集），当样本 $x \in H_A$ 时，接受假设 H_0；当 $x \in H_R$ 时，拒绝 H_0。集合 H_R 常称为检验的拒绝域，H_A 称为接受域。因此选定一个检验法，也就是选定一个拒绝域，故常把检验法本身与拒绝域 H_R 等同起来。

（2）假设检验应注意的问题

① 在假设检验之前，应注意数据本身是否有可比性。

② 当差别有统计学意义时应注意这样的差别在实际应用中有无意义。

③ 根据数据类型和特点选用正确的假设检验方法。

④ 根据专业及经验确定是选用单侧检验还是双侧检验。

⑤ 当检验结果为拒绝无效假设时，应注意有发生 I 类错误的可能性，即错误地拒绝了本身成立的 H_0，发生这种错误的可能性预先知道，即检验水准。当检验结果为不拒绝无效假设时，应注意有发生 II 类错误的可能性，即仍有可能错误地接受了本身就不成立的 H_0，发生这种错误的可能性预先不知道，但与样本含量和 I 类错误的大小有关系。

⑥ 判断结论时不能绝对化，应注意无论接受或拒绝检验假设，都有判断错误的可能性。

⑦ 报告结论时应说明所用的统计量，检验的单双侧及概率值 P 的确切范围。

9.1.3 追踪分析过程

1. 追踪调查法

追踪调查法是对某一调查对象长期连续不断地跟踪调查。用这一方法可以获取对象的动态信息，把握、分析其内在运动规律性，克服只能掌握其某一时间内静态数据的不足。

2. 追踪调查法的优点

追踪调查法对同一调查对象或同一专题，围绕同一内容，在不同时间连续多次开展调查，可以克服一般调查方法的静态性，可以验证以往调查的准确性，了解决策实施情况，提供反馈信息，修改和完善决策。采用这种方法时可对一些时间延续较长的事件，分几次连续搜集其发生、发展、结局等材料，并在掌握事实的演变过程之后及时上报。

3. 追踪调查法的特点

① 追踪调查是一种继续式调查。仅凭一次调查对事物现状的掌握或从科学分析的角度来看，其程度都是有限的，有关数据很快会过时，因为当时的数据只能描述某一时期的情况。因此，在过去研究的基础上继续对同一调查对象作多次观察，可能会得出更加有价值的结果。

② 追踪调查的规划性很强。具有明确的调查目的、范围和保证进行追踪调查的客观条件，以及一套可以追踪的指标体系。

③ 追踪调查的对象比较稳定。追踪调查的对象一经选定，就不能随意变动，它只围绕某一既定的调查对象进行多次调查。

④ 追踪调查克服了一般调查方法的静态性。通过对追踪对象发展变化轨迹的调查，可以准确地找出现律性，达到一次性调查所不能达到的高度和各种调查方法所不可及的深度。

9.2　数据的基本展现方式

一幅图画最伟大的价值莫过于它能够使人们实际看到的比期望看到的内容丰富得多。可视化是利用计算机图形学和图像处理技术，将数据转换成图形或图像在屏幕上显示出来，并利用数据分析和开发工具发现其中未知信息的交互处理的理论、方法和技术。可视化手段能够清晰有效地传达与沟通。它涉及计算机图形学、图像处理、计算机视觉、计算机辅助设计等多个领域，成为研究数据表示、数据处理、决策分析等一系列问题的综合技术。虚拟现实技术也是以图形图像的可视化技术为依托的。可视化又称可视思考或视觉化思考，将声音转化为可视的图形图像或文字，便于简化复杂性，可视化可改善理解、对话、探索和交流。

可视化可以使用计算机支持的、交互的、可视化的表示抽象数据，以增强认知能力。其侧重于通过可视化图形展现数据中隐含的信息和规律，建立符合人的认知规律的心理映像，可视化已经成为分析复杂问题的有力工具。交互性、多维性和可视性是大数据可视化的主要特点。

人机交互是指人与系统之间通过某种对话语言，在一定的交互方式和技术支持下的信息交换过程。其中的系统可以是各类机器，也可以是计算机和软件。用户界面或人机界面指的是人机交互所依托的介质和对话接口，包括硬件和软件。

可以使用数据从不同的视角描述各种类型的事物。致使数据展现不仅是描述简单直白的分析结果，而且能够使数据成为一个思想启动器，进而提高数据的价值与用处。常用气泡图、流程图、树、标签云、平行坐标、时间轴、散点图、折线图、堆栈图、雷达图、热力图、图表、时间序列、地图、流、矩阵、网、层、绘图等基本可视化元素来表现数据的分析结果。在传统的数据展现方式上，通常使用下述基本形式。

9.2.1　基于时间变化的可视化展现

由于数据随着时间而变化，所以可以将数据变化可视化，然后再解释导致数据变化的原因。例如，使用基于时间变化的描述方式可以将某学校过去 100 余年的发展历程可视化。用户可以通过单击看到每十年数据是如何发生变化的，并能够基于过去的趋势来可视化地预测未来情况。

9.2.2　由大及小的可视化展现

由大及小的数据展现方式是：先给出一个整体的画面，然后引导用户具体深入到一个聚焦的点。以展现某一旅游景区为例来说明这种展现方式，首先给用户一张景区地图的整体画面，然后用户可以放大任意一个景点，就会看到这个景点的详细情况。

由大及小的数据展现应用很多。例如，展示了世界范围内疫苗预防疾病爆发的数据，可以概观展现有多少例这种事例存在。用户可以通过选择国家、疾病或者年份深入阅读。用户可能被引导看到一些其他相关的链接，例如，比较哪些国家的某种疾病预防得更好，并且可以查看其原因。

9.2.3 由小及大的可视化展现

可以逆推，将由大及小改为由小及大展现。由小及大的数据可视化展现是由小视角扩展到大视角。

例如，首先关注的是某街道；从这里开始，由小及大来展示某个区；然后再扩大到展示全市。

又如，可以通过邮政编码进入当地的视图地图；接着交互选择获得一个全省的视图；最后获得一个有着全国视图地图。

扫一扫

iOS 手机分布

9.2.4 突出对比的可视化展现

在数据比较的可视化展现中，可以对数据集中突出的不同方面给出一个有力的叙述与说明。例如，两个曲线的比较，可以放大某一横坐标点上的纵坐标之值，使得这个图表的一端的各横坐标点的纵坐标的放大差距不同，进而达到突出对比的目的。

扫一扫

iOS 平板分布

1. 比例选择

对同一类图形（例如柱状、圆环和蜘蛛图等）的长度、高度或面积加以区别，可以清晰地表示不同指标之间所对应的指标值的比较，使用户对数据及其之间的对比一目了然。制作这类数据可视化图形时，需要使用数学公式计算以表达准确的尺度和比例。

例如，图9-1所示的蜘蛛图（又称雷达图）可视化展示了某公司综合实力与同行业平均水平的对比，一目了然。

扫一扫

人人网用户
的网购调查

2. 颜色的使用

可以通过颜色的深浅表达指标值的强弱和大小。这是数据可视化设计的常用方法，可整体看出哪一部分指标的数据值更突出。例如单击频次热力，通过眼球热力图，观察颜色的差异，可以直观地看到用户的关注点。

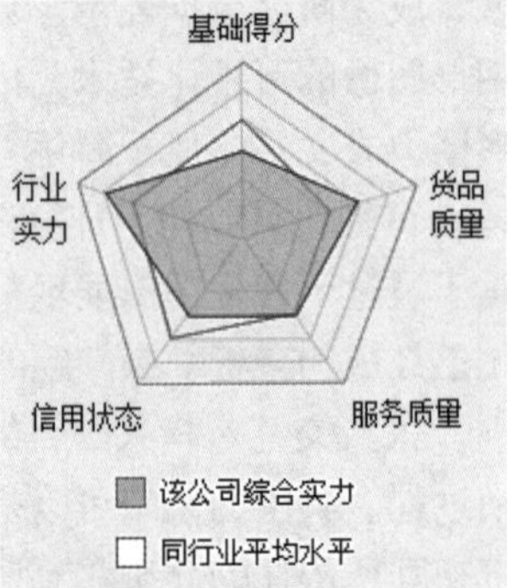

图9-1　公司能力可视化展示

3. 图形形状

在设计指标及数据时，使用有对应实际含义的图形来结合呈现，会使数据图表更加生动地被展现，更便于用户理解图表要表达的主题。

9.2.5 地域空间可视化展现

扫一扫

能力可视化
展示

当指标数据要表达的主题与地域有关联时，一般选择用地图为大背景。这样用户可以直观地了解整体的数据情况，也可以根据地理位置快速的定位到某一地区来查看详细数据。地图就是依据一定的数学法则，使用地图语言、颜色、文字注记等，通过制图综合在一定的载体上，表达地球（或其他天体）上各种事物的空间分布、组合、联系、数量和质量特征及在时间中的发展变化状态绘制的图形。地图可以科学地反映出自然和社会经济现象的分布特征及其相互关系。

1. 构成要素

构成要素主要包括图形要素、数学要素和辅助要素等。

（1）图形要素

图形要素是地图根据制图的要求所表达的内容。包括注记、地学基础。

（2）数学要素

数学要素用于确定地学要素的空间相关位置，是地图内容骨架的要素。

（3）辅助要素

辅助要素用于说明地图编制状况及为方便地图应用所必须提供的内容。

2. 特征

① 由使用地图语言表示事物所产生的直观性。地图上表示各种复杂的自然和人文事物都是通过地图语言来实现。地图语言包括地图符号和地图注记两部分。

② 地图必须遵循一定的数学法则，准确地反映它与客观实体在位置、属性等要素之间的关系。

③ 地图必须经过科学概括，缩小了的地图不可能容纳地面所有的现象。

④ 地图具有完整的符号系统，地图表现的客体主要是地球。地球上具有数量极其庞大的自然与社会经济现象的地理信息。只有通过完整的符号系统，才能准确地表达这种现象。

⑤ 地图是地理信息的载体，容纳和存储了数量巨大的信息。作为信息的载体，地图可以是传统概念上的纸质地图、实体模型，可以是各种可视化屏幕影像、声像地图，也可以是触觉地图。

3. 功能

（1）认识功能

可以组成整体、全局的概念，也就是确立地理信息明确的空间位置，获得物体所具有的定性及定量特征。建立地物与地物或现象与现象间的空间关系，易于建立正确的空间图像。

（2）模拟功能

概念模型是对实体的一种概括与抽象，它可分为形象模型与符号模型。形象模型运用思维能力对客观存在进行简化与概括，符号模型运用符号和图形对客观存在进行简化和抽象。地图是一种形象符号模型。作为一种时空模型，地图在科学预测中发挥着重要作用，如气象预报、灾害性要素的变迁及过程预测。

（3）载负功能

地图可以传达两种信息类型。

① 直接信息：地图上表示的地理信息，如道路、河流网、居民点等用图形符号直接表示。

② 间接信息：经过分析解译而获得有关现象或物体规律的信息。

（4）传递功能

地图也是空间信息十分良好的传递工具，具有可传递性。地图传递信息时，在传输方式上具有层次性，是平行的，甚至是空间形式的，它比线性传递方式具有更宽的传输通道以及更高的传输效率。

4. 地图主要的划分类型

（1）按地图的区域范围可分为世界图、半球图、大洲图、大洋图、大海图、国家（地区）图、省区图、市县图等。

（2）按地图的表现形式可分为缩微地图、数字地图、电子地图、影像地图等。

（3）按地图的视觉化状况可分为实地图和虚地图，两者可以相互转换，如屏幕地图与存储在磁带上的数字地图。

① 实地图：是空间数据可视化的地图，包括纸介质和屏幕地图。它是将地图信息经过抽象和符号化以后在指定的载体上形成的。

② 虚地图：指存储于人脑或计算机中的地图，前者即为"心象地图"，后者即为"数字地图"。

（4）按地图的瞬时状态可分为静态地图和动态地图两种类型。

① 静态地图所表示的内容都是被固化的。以静态地图来反映动态事物，可以借助于地图符号的变化或同一现象、不同时相静态地图的对比来实现。

② 动态地图是连续快速呈现的一组反映随时间变化的地图，只能在屏幕上以播放的形式实现。

（5）按地图的维数可分为二维地图（平面地图）及三维地图（立体地图）。在三维地图基础上利用虚拟现实技术，通过头盔、数据手套等工具，形成一种称为可进入地图（虚拟显示地图）的新种类，用户能产生身临其境的感觉。

9.2.6　概念可视化展现

通过将抽象的指标数据转换成容易感知的数据，用户便更容易理解图形要表达的意义。云存储空间达1 TB的可视化描述如图9-2所示。可以看出，用户可以动态地选择照片的大小，之后采用动态交互的方式计算和显示出1TB能容纳多少张对应大小的图片。这样用户便有了清晰的概念，知道1 TB是什么量级的容量了。

图9-2　1 TB云存储空间的可视化描述

9.2.7　气泡图可视化展现

气泡图是散点图的一种变体，通过每个点的面积大小反映第三维。图9-3所示即为气泡图，点的面积越大，就代表强度越大。因为用户不善于判断面积大小，所以气泡图只适用不要求精确辨识第三维的场合。如果为气泡加上不同颜色（或文字标签），气泡图就可用来表达四维数据。

9.2.8　注重交叉点的数据可视化展现

当两条不同的线出现交叉点时，就产生了相交问题。应注重交叉点信息的可视化展现。

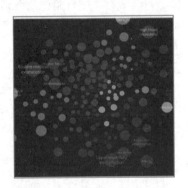

图9-3　气泡图

9.2.9　剖析原因的数据可视化展现

有时候一些原因集中到一起就形成了一个大局。例如，某图表体现了太阳是怎样控制天气的，绘制了从太阳黑子到全球天气的一些点，强调了它们之间的因果关系。

9.2.10　描绘出异常值的可视化展现

如果需要知道异常值背后隐藏的原因和原理，那么就需要进行数据研究。将这些有关某方面的数据可视化为分散点图，可能看不出异常值，但是将它们根据区域分解成盒图或经过一些变换，就可以发现它们是分离的点。

9.3　大数据可视化

大数据可视化与科学可视化和信息可视化密切相关，从应用大数据技术获取信息和知识的角度出发，信息可视化技术具有重要作用。根据信息的特征可以将信息可视化分为一维信息、二维信息、三维信息、多维信息、层次信息、网络信息、时序信息可视化。随着大数据的迅速发展，互联网、社交网络、地理信息系统、企业商业智能、社会公共服务等应用领域催生了特征鲜明的信息类型，主要包括文本、网络（图）、时空及多维数据等。

9.3.1　文本可视化

现存的数据有 80% 以上是非结构化数据。文本数据是典型的非结构化数据类型，是互联网中最主要的数据类型，也是物联网各种传感器采集后生成的主要数据类型，而且日常中接触最多的电子文档也是以文本形式存在的。文本可视化可以将文本中蕴含的语义特征直观地展示出来，这些语义特征主要有词频与重要度、逻辑结构、主题聚类、动态演化规律等。

1. 标签云

如图 9-4 所示，标签云是典型的文本可视化技术之一。其将关键词根据词频或其他规则进行排序，按照一定规律进行布局排列，用大小、颜色、字体等图形属性对关键词进行可视化。标签云用字体大小代表该关键词的重要性，在互联网应用中，多用于快速识别网络媒体的主题热度。当关键词数量规模不断增大时，如果不设置阈值，将出现布局密集和重叠覆盖问题，此时需提供交互接口允许用户对关键词进行操作。

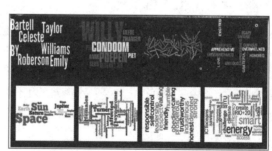

图9-4　标签云

扫一扫

文本语义
结构的树形
可视化

扫一扫

文本语义
结构的放射
状层级圆环
的形式展示

2. 语义结构可视化

文本中蕴含着逻辑层次结构与叙述模式。文本语义结构的可视化方法分为两种。一种是将文本语义结构以树的形式进行可视化，同时展现相似度统计、修辞结构以及相应的文本内容。

另一种是将文本的语义结构以放射状层次圆环的形式展示。基于主题的文本聚类是文本数据挖掘中颇受重视的研究课题，为了可视化展示文本聚类效果，通常将一维的文本信息投射到二维空间中，更有利于对聚类中的关系予以展示。

3. 文本聚类可视化展示

文本聚类作为一种无指导的文本自动组织方法，是专题知识库中各类资源有序化组织的重要手段。文本聚类可视化展示如图 9-5 所示。在图 9-5（a）中，平面上有 9 个点，聚类为 3 类；图 9-5（b）是文本聚类的另一种可视化展示形式。

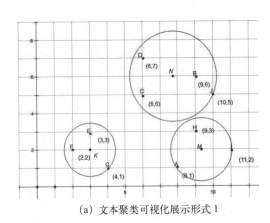

（a）文本聚类可视化展示形式 1　　　　　（b）文本聚类可视化展示形式 2

图9-5　文本聚类可视化展示

4. 基于时间的文本可视化展示

由于文本的形成与变化过程与时间属性密切相关，所以将与时间相关的模式与规律动态变化的文本进行可视化展示，是文本可视化的重要内容之一。在基于时间的文本可视化展示中引入时间轴，例如，河流从左至右的流淌代表时间序列，将文本中的主题以不同颜色的色带表示，主题的频度以色带的宽窄表示。社会媒体舆情分析是大数据分析的典型应用之一，在对文本本身语义特征进行展示的同时，通常需要结合文本的空间、时间属性形成综合的可视化界面。

9.3.2　网络（图）可视化

网络关联是大数据中最常使用的关系，例如互联网与社交网络。层次结构数据属于网络信息的一种特殊情况，基于网络结点和连接的拓扑关系，直观地展示网络中潜在的模式关系，例如结点或边聚集性，是网络可视化的主要内容之一。对于具有大量结点和边的复杂网络，完成如何在有限的屏幕空间中进行可视化将是一个困难的工作。除了对静态的网络拓扑关系进行可视化，大数据网络也具有动态演化性，因此如何对动态网络的特征进行可视化也是极其重要的内容。

1. 层次特征的图可视化

具有层次特征的图可视化是基于结点和边的可视化，例如 H 状树、圆锥树、气球图、放射图、三维放射图、双曲树等可视化，如图 9-6 所示。

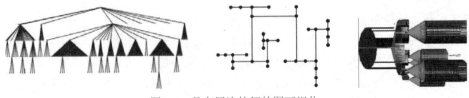

图9-6　具有层次特征的图可视化

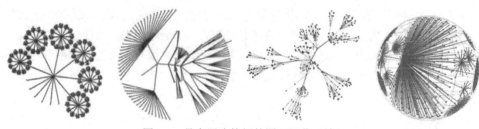

图9-6　具有层次特征的图可视化（续）

2．基于空间填充的树可视化

对于具有层次特征的图，空间填充法也是常采用的可视化方法。例如树图技术及其改进技术。图9-7所示为基于矩形填充树的可视化，图9-8所示为基于Voronoi图填充树的可视化，图9-9所示为基于嵌套圆填充的树可视化。

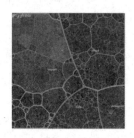
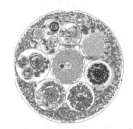

图9-7　基于矩形填充树的可视化　　　图9-8　基于Voronoi图填充树的可视化　　　图9-9　基于嵌套圆填充的树可视化

综合上述多种图可视化，Guo 等提出了 TreeNetViz，综合了放射图、基于空间填充法的树可视化技术。这些图可视化方法的特点是直观表达了图结点之间的关系，但算法难以支撑大规模图的可视化，并且只有当图的规模在界面像素总数规模范围以内（例如百万以内）时效果才较好，因此对于大数据中的图，需要对这些方法进行改进，例如计算并行化、图聚簇简化可视化、多尺度交互等。

3．大型网络中的问题与解

大规模网络中，随着结点和边的数目不断增多，当规模达到百万以上时，可视化界面中将出现结点和边大量聚集、重叠和覆盖，使得分析者难以辨识可视化效果。为此提出了下述主要解决方法。

（1）边的聚集处理

边的聚集处理基于边捆绑的方法，使得复杂网络可视化效果更为清晰，图 9-10 展示了基于边捆绑的大规模密集图可视化。此外，还出现了基于骨架的图可视化技术，主要方法是根据边的分布规律计算出骨架，然后基于骨架对边进行捆绑。

图9-10　基于边捆绑的大规模密集图可视化

（2）层次聚类与多尺度交互

通过层次聚类与多尺度交互，可以将大规模图转化为层次化树结构，并通过多尺度交互对不同层次的图进行可视化。

4．复杂网络与可视化深度融合

动态网络可视化的关键是如何将时间属性与图进行融合，基本方法是引入时间轴。例如，

StoryFlow 是一个对复杂故事中角色网络的发展进行可视化的工具，该工具能够将各角色之间的复杂关系随时间的变化，以基于时间线的结点聚类的形式展示出来。但是，其所涉及的网络规模较小。总而言之，对动态网络演化的可视化方法研究仍较少，而大数据背景下对各类大规模复杂网络，如社会网络和互联网等的演化规律的探究，将推动复杂网络的研究方法与可视化领域进一步深度融合。

9.3.3　时空数据可视化

扫一扫

时空立方体

时空数据是带有地理位置与时间标签的数据。传感器与移动终端的迅速普及，使得时空数据成为大数据中的典型数据类型。时空数据可视化与地理制图学相结合，重点对时间与空间维度以及与之相关的信息对象属性建立可视化表征，对与时间和空间密切相关的模式及规律进行展示。为了反映信息对象随时间进展与空间位置所发生的行为变化，通常通过信息对象的属性可视化来展现时空数据的高维性和实时性。

流式地图是一种典型的时空数据可视化，将时间事件流与地图相融合。

此外，基于密度计算对时间事件流进行融合处理也可以有效解决此问题。

扫一扫

融合散点图
与密度图技
术的时空
立方体

为了突破二维平面的局限性，时空立方体可视化以三维方式对时间、空间及事件直观展现出来。

时空立方体同样面临着大规模数据造成的密集杂乱问题。种类解决方法是结合散点图和密度图对时空立方体进行优化。当时空信息对象属性的维度较多时，三维也面临着展现能力的局限性，因此多维数据可视化方法常与时空数据可视化进行融合。图 9-11 所示为将多维平行坐标轴与传统地图制图方法结合的例子。

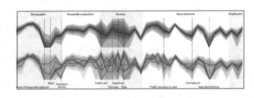

图9-11　多维平行坐标在时空数据可视化中的应用

9.3.4　多维数据可视化

多维数据是指具有多个维度属性的数据变量，广泛应用于企业信息系统以及商业智能系统中。例如，多维数据分析的目标是探索多维数据项的分布规律和模式，并揭示不同维度属性之间的隐含关系。多维可视化的基本方法主要包括基于几何图形、基于图标、基于像素、基于层次结构、基于图结构以及混合方法。大数据的多维性问题是一个不可忽视的问题。

扫一扫

二维和三维
散点图

1.　散点图

散点图是最为常用的多维可视化方法。二维散点图将多个维度中的两个维度属性值集合映射至两条轴，在二维轴确定的平面内通过图形标记不同视觉元素来反映其他维度属性值。例如，可通过不同形状、颜色、尺寸等来代表连续或离散的属性值。二维散点图能够展示的维度有限，可以将其扩展到三维空间。可以通过可旋转的 Scatter plot 方块扩展可映射维度的数目。散点图适合对有限数目的较为重要的维度进行可视化，不适于需要对所有维度同时进行展示的情况。

2. 投影

投影也能够同时展示多维数据的可视化方法。基于投影的多维可视化方法能够反映维度属性值的分布规律，也可直观展示多维度之间的语义关系。

3. 平行坐标

平行坐标是研究和应用最为广泛的一种多维可视化技术，如图 9-12 所示，将维度与坐标轴建立映射，在多个平行轴之间以直线或曲线映射表示多维信息。

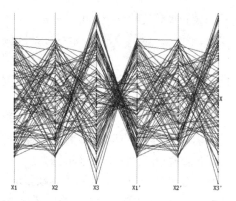

扫一扫

基于投影的
多维可视化

图9-12　平行坐标多维可视化技术

9.4　大数据可视分析

可视分析是一个新的学科方向。可视分析是通过交互可视界面来进行的分析、推理和决策。可视分析与各个领域的数据形态、大小及其应用密切相关。

可视分析是一种通过交互式可视化界面来辅助用户对大规模复杂数据集进行分析与推理的技术。可视分析的过程是数据→知识→数据的往复闭循环过程，中间经过可视化技术和自动化分析模型的互动与协作，达到从数据中获取知识的目的。

可视分析关注人类感知与用户交互。由于大数据改变了人类的工作与生活方式，大数据可视分析技术应运而生。

在大数据环境下，将利用各种技术得到的数据分析结果用形象直观的方式展示出来，如标签图、气泡图、雷达图、热力图、树形图、辐射图、趋势图等都是可视化的表现方式，以使用户能够快速发现数据中蕴含的规律特征。

大数据分析的理论和方法研究可以从两个维度展开。一个维度是从机器或计算机的角度出发，强调机器的计算能力和人工智能，以各种高性能处理算法、智能搜索与挖掘算法等为主要研究对象。另一个维度是大数据可视分析，从人作为分析主体和需求主体的角度出发，强调基于人机交互的认知规律的分析方法，将人所具备的、机器并不擅长的认知能力融入分析过程中。

人类从外界获得的信息约有 80% 来自于视觉系统，当大数据以直观的可视化的图形形式展示给分析者时，分析者可以洞悉数据背后隐藏的信息并转化知识。如图 9-13 所示为互联网星际图。其聚集全世界的几十万个网站数据，并通过几百万个网站通过关系链联系起来，星球的大小根据其网站流量来决定，而星球之间的距离远近则根据链接出现的频率、强度和用户跳转时创建的链接而决定。在视觉上识别出的图形特征（例如异点、相似的图形标）比通过机器计算更快速，充分表现了大数据可视分析是大数据分析的重要手段和工具。如果结合人机交互的理论和技术，可以全面地支持大数据可视分析的人机交互过程。

图9-13　互联网星际图

可视分析的目标与大数据分析的需求相一致。可视分析是面向大规模、动态、模糊，或者不一致的数据集的分析。可视分析集中在互联网、社会网络、城市交通、商业智能、气象变化、安全、经济与金融等领域，大数据可视分析是指在大数据自动分析挖掘方法的同时，利用支持信息可视化的用户界面以及支持分析过程的人机交互方式与技术，能够有效融合计算机的计算能力和人的认知能力，以获得有重要价值的信息。

9.4.1 可视分析的理论基础

可视分析是一种交互式的图形用户界面范型。人机交互的发展一方面强调智能化的用户界面，使计算机系统成为智能机器人；另一方面强调充分利用计算机系统和人的各自优势，协同合作，取长补短地分析和解决问题。例如多通道用户界面及自然交互技术、可触摸用户界面及手势交互技术、智能自适应用户界面及情境感知交互技术等。图9-14所示为可视分析的运行机制。

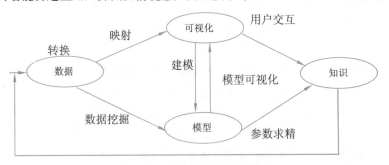

图9-14 可视分析的运行机制

可视分析侧重于基于交互式用户界面进行的推理。主要包含分析推理，视觉呈现和交互，数据表示和转换，以及支持产生、表达和传播分析结果的技术等内容。可视分析技术通过交互可视界面来进行分析、推理和决策，从大量的、动态的、不确定和冲突的数据中整合信息，可供人们检验已有预测，探索未知信息，获取对复杂情景的更深入理解，进而提供快速、可检验、易理解的评估和有效交流的手段。

数据可视分析主要应用于大数据关联分析，由于所涉及的信息比较分散、数据结构不统一，通常以人工分析为主，加上分析过程的非结构性和不确定性，所以不容易形成固定的分析模式，并且很难将数据调入应用系统中进行分析挖掘。借助功能强大的可视化数据分析平台，可辅助人工操作将数据进行关联分析，并且做出完整的分析图表。这些分析图表也可通过另存为其他格式，供相关人员调阅。图表中包含所有事件的相关信息，完整展示数据分析的过程和数据链。下面介绍几种在可视分析中较常用的理论模型。

1. 分析过程的认知理论模型

分析过程的认知理论模型包括意义建构理论模型、人机交互分析过程的认知模型和分布式认知理论。

（1）意义建构理论模型

数据分析的过程是从数据集中获取信息与知识的全过程。意义建构理论认为信息是由认知主体在特定时空情境下主观建构所产生的意义，知识也是认知主体的主观产物，信息意义的建构过程是人的内部认知与外部环境交互行为的共同作用结果。因此，信息不是被动观察的产物，而是需要人的主观的交互行动，知识也是人在交互过程中通过不断建构、修正、扩展现存的知识结构而获得，并且与认知发展理论一致，也就是说，经过图示、同化、顺应和平衡的建构过程，将从环境中获取的信息纳入并整合到已有的认知结构，并且改变原有的认知结构或者创造新的认知结构，进而达到动态的平衡。

在数据分析程中搜索和获取信息的行为本质上是一种意义建构行为。信息觅食理论认为，信息环境中分布着很多信息碎片，数据分析者或信息搜索者根据信息线索在信息碎片之间移动，数据分析者将根据所处的时空情境，结合特定的分析任务制定相应的信息觅食计划。基于这种认知理论，建立了信息可视化和分析过程中的意义建构循环模型，分析者可根据分析任务需求进行信息觅食，在可视化界面中借助各种交互操作来搜索信息，即对于可视化界面进行概览、缩放、过滤、查看细节和检索等。在信息觅食的基础上，分析者开始搜索并分析潜在的规律和模式，可通过记录、聚类、分类、关联、计算平均值、设置假设、寻找证据等方法抽象提取出信息中含有的模式。然后，分析者利用发现的模式开始分析解决问题的过程，可通过对可视化界面进行操纵来设定假设、读取事实、分析对比、观察变化等。在对问题进行分析推理过程中创造新知识，并且形成一定的决策与进一步的行动，再结合任务需求开始新一轮的循环。

（2）人机交互分析过程的认知模型

根据认知发展理论，人在分析过程中最擅长的是在感受到外界刺激时能够瞬间将新感知到的信息装入已有的知识结构中。对于感知到的与现有知识结构不一致的信息，也能够迅速找到相似的知识结构予以标记，或创造一个新的知识结构。而计算机在分析推理过程中最擅长的是远超过人的工作记忆和强大的计算能力以及信息处理能力，并且不带有任何主观认知偏向性。可以根据人和计算机各自的优势，对分析推理过程中各自的角色进行建模，提出人机交互可视分析的用户认知模型。该模型以信息 / 知识发现活动为核心，主要进行下述关键活动。

① 由用户发起，计算机予以响应并形成交互分析行为的基于实例或者设定模式来进行搜索过程。

② 新知识的建立过程由分析者通过在新旧知识结构之间建立语义链接发起。例如，在可视化界面中，分析者可以通过标注等交互操作显式的建立链接，计算机对分析者新建的知识链接进行更新，并通过语法语义分析更新知识库。

③ 假设条件的生成与分析验证。分析者和计算机可以作为假设条件的产生者，然后根据假设分析所得的证据列表，由计算机自动生成假设与证据矩阵，分析者据此做出结论。

④ 描述计算机辅助知识发现的自动化处理。例如，对分析各种交互输入的存储和响应、根据分析者的需求执行模式识别等自动分析算法，将相关的或具有潜在价值的信息显示出来，分析者对显示的内容进行选择或者摒弃。

上述各个认知活动均与信息 / 知识发现息息相关，该模型描述了人机交互分析过程中的主要认知活动，并且给出了分析者和计算机在认知活动中各自的任务范畴。

（3）分布式认知理论

分布式认知理论将认知的领域从个体内部扩展到个体与环境交互时所涉及的时间和空间元素，强调环境中的外部表征对于认知活动的重要性，而不仅局限于传统所关注的个体内部表征。当环境中存在符合用户心理映像的外部表征时，用户可以直接从中提取信息和知识，不需要经过推理等涉及内部表征的思维过程。所以，在交互中主动建立有效的外部表征，可以显著提高认知的效率。信息可视化也是将信息和知识进行外部化的一种手段。

分布式认知可为信息可视化提供新的理论框架。同时，分布式认知理论对分析过程中的实用型行为和认识型行为进行区分。实用型行为是指明确的、有意识的、目标导向的行为；而认识型行为是指信息的外部表征与人的内部心理模型的协调与适应过程。这一区别对可视分析中人机交互过程中多层次的任务模型构建具有重要的指导意义。例如，可视分析中用于表达高层次的用户意图的任务具有认识型行为的特征，而各种具体的分析任务如过滤和聚类等，则具有实用型行为的特征。

2. 信息可视化理论模型

信息可视化理论模型如图 9-15 所示。

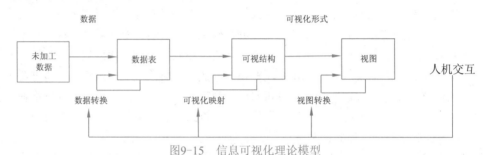

图9-15　信息可视化理论模型

信息可视化是从原始数据到可视化形式再到人的感知认知系统的一系列可调节的转换过程。

① 数据转换是将原始数据转换为数据表形式。

② 可视化映射是将数据表映射为可视结构，由空间基、标记以及标记的图形属性等可视化表征组成。

③ 视图转换是根据位置、比例、大小等参数将可视化结构设置显示在输出设备上。

用户根据任务需要，通过交互操作来控制上述 3 种变换或映射，该模型中的关键变换是可视化映射，从基于数学关系的数据表映射为能够被人视觉感知的图形属性结构。通常数据本身并不能自动映射到几何物理空间，因此需要人为创造可视化表征来代表数据的含义。并且根据建立的可视化结构特点设置交互行为来支持任务的完成，可视化结构在空间基中通过标记以及图形属性对数据进行编码。

可视化映射需满足下述两个基本条件：

① 真实地表示并保持了数据的原貌，并且只有数据表中的数据才能映射至可视化结构。

② 可视化映射形成的可视化表征或隐喻是易于被用户感知和理解的，同时又能够充分地表达数据中的相似性、趋势性、差别性等特征，即具有丰富的表达能力。

在信息可视化发展过程中，如何创造新型并且有效地可视化表征一直是该领域追求的目标和难点，是信息可视化领域的关键所在。此外，信息可视化也可以理解为编码和解码两个映射过程：编码是将数据映射为可视化图形的视觉元素，如形状、位置、颜色、文字、符号等；解码是对视觉元素的解析，包括感知和认知两部分。一个好的可视化编码需同时具备两个特征，即效率和准确性。效率指的是能够瞬间感知到大量信息，准确性指的是解码所获得的原始真实信息。

3. 人机交互与用户界面理论模型

（1）任务建模理论

仅靠一幅静态的可视化图像是不能够有力支持数据分析的动态过程的，用户需要根据需求，与可视化界面中的图形元素进行交互式分析来实现目标。支撑整个交互式分析过程的是一系列特定任务的集合。例如，通过设置约束条件来实现动态过滤。对数据可视分析过程中各种任务建模，定义了可视分析的目标集合。因此，任务建模理论是支持并辅助用户认知过程、指导可视分析系统的用户界面设计与实现的重要理论依据。

基于任务定义和分类的可视分析如下所述：

① 从高层的用户目标出发，以用户意图为关注点。

② 从较低层次的用户活动出发，以用户行为为关注点。

③ 从系统的层次出发，以软件操作为关注点。

④ 对多层次任务进行整合，建立多层任务模型。

综上所述，任务模型具有多层次性和多粒度性，并且与数据分析任务需求密切相关。因此，面向大数据分析的不同领域应用，应当建立具有多层次多粒度特征的领域相关的任务模型集合。

（2）交互模型

交互模型用于描述人机交互协作完成任务目标，在交互过程中各自的角色与关系、承担的任务以及相互之间的消息反馈与影响。交互模型需要对分布在用户端与系统端的交互元素进行分类和定义。交互模型建立在领域任务建模的基础之上，根据不同的任务目标，对人、机各自的交互元素如何互动协作完成任务的过程进行建模。交互模型描述了任务模型的实现方式和方法，为大数据可视分析系统的交互设计与实现提供了重要的理论支持。例如，在用户端定义了高层目标，如探索、分析、浏览、吸收、分类、评价、理解、比较等，同时定义了相应的低层次任务，如检索、过滤、排序、计算、求极值、关联、识别范围、聚类、查看分布、寻找异常点等；在系统端则从高层和低层两个层次定义了交互式可视化界面的表征元素和交互元素。高层的元素主要定义了表征和交互的内容，而低层的元素定义了在表征和交互的具体技术。交互模型对人、机在可视分析中各自的交互元素给出了较为细化的分类和定义，但没有对面向任务的交互模型给出具体的定义。交互模型的设计通常与任务模型密切相关，因此在建模过程中需与任务建立相关联。

（3）用户界面模型

用户界面是用户与计算机系统之间交互的接口，指的是依托于硬件显示设备的软件系统以及配套的交互技术。用户界面模型定义了界面中的各种组成元素以及对于交互事件的响应方式，用户界面可看作任务模型与交互模型的最终实现。用户界面建立模型是指导系统设计与实现的基础。可视分析是一种支持数据分析的交互式可视化用户界面，这种界面组成元素主要包括各种可视化表征，例如用于表征网络可视化的结点和边、用于支持分析过程的元素。例如，用于记录假设和证据推理过程的图形表征。此外还包括用于操纵可视化表征变换的图形控件，例如动态过滤条。一个完备的用户界面模型主要从用户、任务、领域、表征、对话 5 个方面抽象了用户界面的组成元素。首先将用户界面基本组成元素划分为抽象和具体两个范畴，然后定义以上 5 种界面元素的映射关系，将用户界面模型表达为一个基于映射的数学模型。

该用户模型可以作为可视分析应用系统的设计模板，结合模型驱动的方法，能够自动生成交互式信息可视化系统。用户界面模型从系统的角度出发，对最终用户面对的可视分析系统的界面形态及功能进行描述，通常为领域应用的构建提供重要的可参照范型。

9.4.2　大数据可视分析技术

分析大数据最基本的要求就是对数据进行可视化分析。经过可视化分析后，大数据的特点可以直观地呈现出来，将单一的表格变为丰富多彩的图形模式，简单明了、清晰直观，更易于读者接受。由此可见，数据可视化工具非常重要。

分析结果的解释是大数据技术中最后的一步，如果结果解释不能够满足用户要求，就需要修改参数、重新抽取数据、改变分析与挖掘算法等，所以大数据分析结果的解释过程是一个可视分析的闭环过程。

1. 原位交互分析技术

在进行可视化分析时，将在内存中的数据尽可能多地进行分析称为原位交互分析。

对于 PB 量级以上的数据，先将数据存储于磁盘、然后读取进行分析的后处理方式已不适合。可视分析在数据仍在内存中时就会做尽可能多的分析。这种方式能极大地减少 I/O 的开销，并且可实现数据使用与磁盘读取比例的最大化。应用原位交互分析可能导致下述问题：

① 使得人机交互减少，进而容易造成整体工作流的中断。

② 硬件执行单元不能高效地共享处理器，导致整体工作流的中断。

2. 数据存储技术

大数据是云计算的延伸，云服务及其应用的出现影响了大数据存储。流行的 Apache Hadoop 架构已经支持在公有云端存储 EB 量级数据的应用。许多互联网公司，如 Facebook、谷歌、eBay 和雅虎等，都已经开发出基于 Hadoop 的 EB 量级的超大规模数据应用。一个基于云端的解决方案可能满足不了 EB 量级数处理。一个主要的问题是每千兆字节的云存储成本仍然显著高于私有集群中的硬盘存储成本。另一个问题是基于云的数据库的访问延时和输出始终受限于云端通信网络的带宽。不是所有的云系统都支持分布式数据库的 ACID 标准。对于 Hadoop 软件的应用，这些需求必须在应用软件层实现。

3. 可视分析算法

传统的可视化分析算法设计没有考虑可扩展性，因此，传统算法计算过于复杂。并且，大部分算法都附设了后处理模型的假设，认为所有数据都在内存或本地磁盘中可被直接访问。对于大数据的可视化算法不仅要考虑数据大小，而且要考虑视觉感知的高效算法，需要引入创新的视觉表现方法和用户交互手段。更重要的是用户的偏好和习惯必须与自动学习算法有机结合起来，这样可视化的输出才能具有高度适应性。为了减少数据分析与探索的成本及降低难度，可视化算法应具有巨大的控制参数搜索空间，进而可以应用自动算法组织数据并且减少搜索空间。

4. 数据移动、传输和网络架构

随着计算成本的下降，数据移动（通信）成本已成为可视分析中付出代价最高的部分。由于数据源常常分布在不同的地理位置，并且数据规模巨大，高效的实现是大规模模拟系统的基石。可视分析计算将运行在更大的系统上，所以必须提出与研究更加有效的算法、开发更加高效的软件，能够有效地利用网络资源，并且能提供更加方便通用的接口，使得可视分析有助于高效地进行数据挖掘工作。

5. 不确定性的量化

不确定性的量化已经成为许多科学与工程领域的重要问题。了解数据中不确定性的来源对于决策和风险分析十分重要。随着数据规模增大，直接处理整个数据集的能力受到了极大的限制。许多数据分析任务中引入数据亚采样，来应对实时性的要求，由此带来了更大的不确定性。不确定性的量化及可视化对未来的可视分析工具而言极端重要，必须发展可应对不完整数据的分析方法，许多现有算法必须重视设计，进而考虑数据的分布情况。一些新兴的可视化技术会提供一个不确定性的直观视图，来帮助用户了解风险，从而帮助用户选择正确的参数，减少产生误导性结果的可能。从这个方面来看，不确定性的量化与可视化将成为绝大多数可视分析任务的核心部分。

6. 并行计算

并行计算可以有效地减少可视计算所用的时间，从而实现数据分析的实时交互。未来的计算体系结构将在一个处理器上置入更多的核，每个核所占有的内存也将减少，在系统内移动数据的代价也会提高。大规模并行化甚至可能出现在桌面 PC 或者笔记本电脑平台上。为了发掘并行计算的潜力，许多可视分析算法需要完全地重新设计。在单个核心内存容量的限制之下，不仅需要有更大规模的并行，而且需要设计新的数据模型。

7. 面向领域与开发的库、框架以及工具

由于缺少低廉的资源库、开发框架和工具，基于高性能计算的可视分析应用的快速研发受到了严重的阻碍。这些问题在许多应用领域十分普遍，比如用户界面、数据库以及可视化，而这些领域对于可视分析系统的开发都是至关重要的。在绝大部分的高性能计算平台上，即使是最基本的软件开发工具，也是罕见的。许多在桌面平台上流行的可视化和可视分析软件，如果放到高性能计算平台上则不是太昂贵就是还待开发。而为高性能计算平台开发这样定制的软件，则是个耗时耗力的做法。

8. 用户界面与交互设计

由于传统的可视分析算法的设计通常没有考虑可扩展性，所以许多算法的计算过于复杂或者不能输出易理解的简明结果；又由于数据规模不断地增长，以人为中心的用户界面与交互设计面临多层次性和高复杂性的困难。计算机自动处理系统对于需要人参与判断的分析过程的性能不高，现有的技术不能够更充分发挥人的认知能力。利用人机交互可以化解上述问题。为此，在大数据的可视分析中，用户界面与交互设计成为研究的热点，主要应考虑下述问题。

（1）用户驱动的数据简化

在数据量巨大的情况下，通过压缩来简化数据的传统方法已变得无效。需要让用户根据他们的数据收集情况与分析需求方便地控制简化过程。

（2）可扩展性与多级层次

在可视分析中，解决可扩展性问题的主要方法是多层次办法。但是当数据量增大时，层级的深度与复杂性也随之增大。在继承关系复杂且深度大的层次关系中搜索最优解涉及可扩展性分析的问题。

（3）表示证据和不确定性

一个可视分析环境中，表示证据与不确定性量化通常得到统一，并且需要人的参与和诠释。需要研究如何通过可视化来清晰地表示证据和不确定性。

（4）异构数据融合

大数据通常都是高度异构的。因此，在分析异构数据中的对象或实体的相互关系上需要花费很大功夫。面临的问题是如何从大数据中抽取出合适数量的语义信息，将其交互地融合后进行可视分析。

（5）交互查询中的数据概要与分流

当数据规模超过 PB 量级时，对整个数据集进行分析通常不现实，也没有必要。数据的概要与分流使得用户能够请求满足特定特性的数据子集。而它面临的挑战是让 I/O 部件能在数据概要与分流的结果中顺利运行，从而使得用户能对超大规模数据进行交互查询。

（6）时变特征分析

一个超大规模的时变数据集通常在时间上延续很长，而在频谱上或者空间上的数据集类型较少。主要的问题是要开发有效的可视分析技术，不仅在计算上是可行的，同时也能最大限度地发掘在追踪数据动态变化特征上的人的认知能力。

（7）设计与工程开发

对于系统开发者来说，他们缺少在高性能计算平台上的社区尺度应用程序接口和框架支持。高性能计算社区必须为高性能计算系统上的用户界面与交互的开发建立规范的设计和提供工程资源。

可视化利用了人类视觉认知的高通量特点，通过图形的形式表现信息的内在规律及其传递、表达的过程，是人们理解复杂现象、诠释复杂数据的重要手段和途径。可视化和可视分析技术越来越广泛地被应用到科学、工程、商业和日常生活中。利用可视化与可视分析技术，通过交互可视界面的分析、推理和决策，从海量、动态、不确定甚至相互冲突的数据中整合信息，获取对复杂情景的更深层的理解，可供人们检验已有预测，探索未知信息，同时提供快速、可检验、易理解的评估和更有效的交流手段。

9.5　数据可视化实现

⋯⋯• 扫一扫

基于 echarts
的数据可视化

本节以 ECharts.js 可视化工具为例，说明数据可视化的实现过程。

本小节例子中使用的图形库是一款基于 HTML5 的图形库。图形的创建也比较简单，直接引用 JavaScript 即可。使用这个库的原因主要有以下 3 点。

① 这个库是百度的项目，而且一直有更新，目前最新的是 EChart 3。

② 这个库的项目文档比较详细，每个点都有比较清楚的中文说明，理解比较容易。

③ 这个库支持的图形很丰富，并且可以直接切换图形，使用起来很方便。

EChart.js 的使用方法如下。

1. 引用 js 文件

```
<script type="text/javascript" src="js/echarts.js"></script>
```

js 文件有几个版本，可以根据实际需要引用需要的版本。

2. 图表容器设置

```
<div id="chartmain" style="width:600px; height: 400px;"></div>
```

3. 设置参数，初始化图表

```
<script type="text/javascript">
        // 指定图标的配置和数据
        var option = {
            title:{
                text:'ECharts 数据统计'
            },
            tooltip:{},
            legend:{
                data:[' 用户来源 ']
            },
            xAxis:{
```

```
                data:["Android","IOS","PC","Ohter"]
            },
            yAxis:{
            },
            series:[{
                name:'访问量',
                type:'line',
                data:[500,200,360,100]
            }]
        };
        // 初始化 echarts 实例
        var myChart = echarts.init(document.getElementById('chartmain'));
        // 使用制定的配置项和数据显示图表
        myChart.setOption(option);
    </script>
```

至此，一个简单的统计图表就出来了，生成的折线图如图 9-16 所示。

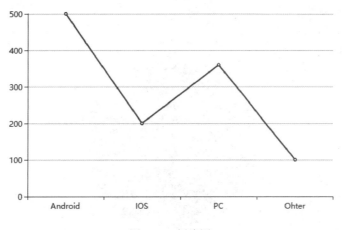

图9-16　折线图

只要修改一个参数就可以得到柱状图，把 series 里的 type 值修改为 "bar" 即可。生成的柱状图如图 9-17 所示。

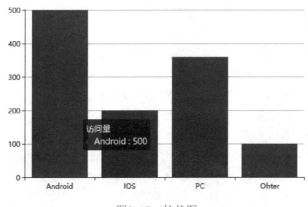

图9-17　柱状图

饼图和折线图、柱状图有一点区别，主要是在参数和数据绑定上。饼图没有 X 轴和 Y 轴的坐标，数据绑定上也是采用 value 和 name 对应的形式。

```
        var option = {
            title:{
                text:'ECharts 数据统计'
            },
            series:[{
                name:'访问量',
                type:'pie',
                radius:'60%',
                data:[
                    {value:500,name:'Android'},
                    {value:200,name:'iOS'},
                    {value:360,name:'PC'},
                    {value:100,name:'Other'}
                ]
            }]
        };
```

生成的饼图如图 9-18 所示。

扫一扫

扩展：基于
Superset 的
数据可视化

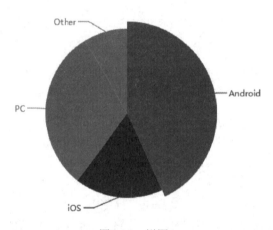

图9-18　饼图

小　结

　　人类的创造性不仅取决于人的逻辑思维，而且取决于人类的形象思维，大数据只有通过可视化之后变成形象才能激发人的形象思维与想象力。数据可视化技术具有交互性、多维性和可视性等特点。可视分析是指通过交互可视界面来进行分析、推理和决策。可视分析与各个领域的数据形态、大小及其应用密切相关。本章介绍了大数据可视化分析的原位交互分析技术、数据存储技术、可视分析算法和用户界面与交互设计技术，这些技术能够有效地弥补大数据分析方法的不足。大数据可视分析可将感知认知能力与计算机的分析计算能力进行有机融合，在大数据分析结果解释中，可视化与可是可视分析发挥着重要作用。

参 考 文 献

[1] 李国杰. 大数据研究的科学价值 [J]. 中国计算机学会通讯, 2012, 8(9): 8-15.

[2] 陈国良. 计算思维导论 [M]. 北京: 高等教育出版社, 2012.

[3] 赵致琢. 计算科学导论 [M]. 北京: 科学出版社, 2004.

[4] HEY T, TANSLEY S, TOLLE K. 第四范式: 数据密集型科学发现 [M]. 潘教峰 张晓林, 等译. 北京: 科学出版社, 2012.

[5] 董荣胜, 古天龙. 计算机科学与技术方法论 [M]. 北京: 人民邮电出版社, 2002.

[6] 马帅, 李建欣, 胡春明. 大数据科学与工程的挑战 [J]. 中国计算机学会通讯, 2012, 8(9): 22-28.

[7] 俞宏峰. 大规模科学可视化 [J]. 中国计算机学会通讯, 2012, 8(9): 29-36.

[8] 黄伯仲, 沈汉威, 克里斯托弗·约翰逊, 等. 超大规模数据可视化分析十大挑战 [J]. 中国计算机学会通讯, 2012, 8(9): 38-43.

[9] 周涛. 个性化推荐的十大挑战 [J]. 中国计算机学会通讯, 2012, 8(7): 48-57.

[10] 李航, 从大数据中挖掘什么? [J]. 中国计算机学会通讯, 2013, 9(6): 36-39.

[11] 陈明. 大数据问题 [J]. 计算机教育, 2013,(5): 103-110.

[12] 陈明. 数据密集型科研第四范式 [J]. 计算机教育, 2013,(9): 103-110.

[13] 陈明. NoSQL 数据库系统 [J]. 计算机教育, 2013,(11): 107-111.

[14] 陈明. 分布式系统设计的 CAP 理论 [J]. 计算机教育, 2013,(15): 109-112.

[15] 陈明. MapReduce 分布编程模型 [J]. 计算机教育, 2014,(1): 104-117.

[16] 陈明. 大数据分析 [J]. 计算机教育, 2014,(5): 122-126.

[17] 陈明著. 分布计算应用模型 [M]. 北京: 科学出版社, 2009.

[18] 艾伯特—拉斯洛. 爆发: 大数据时代预见未来的新思维 [M]. 巴拉巴西, 译. 北京: 中国人民大学出版社, 2012.

[19] KLUBECK M. 量化: 大数据时代的企业管理 [M]. 吴海星, 译. 北京: 人民邮电出版社, 2013.

[20] 张鑫. Hadoop 源代码分析 [M]. 北京: 中国铁道出版社, 2013.

[21] 邹贵金. MongoDB 管理与开发实战详解 [M]. 北京: 中国铁道出版社, 2013.

[22] 万川梅, 谢正兰. Hadoop 应用开发实战详解 [M]. 北京: 中国铁道出版社, 2013.

[23] WBITE T. Hadoop 权威指南 [M]. 周敏奇, 等译. 北京: 清华大学出版社, 2011.

[24] WILLETTS K. 数字经济大趋势 [M]. 徐俊杰, 裴文斌, 译. 北京: 人民邮电出版社, 2013.

[25] 阳振坤, 张清, 王勇, 等. 大数据的魔力 [J]. 中国计算机学会通讯, 2012, 8(6): 17-21.

[26] 周晓方, 陆嘉桓, 李翠平, 等. 从数据管理视角看大数据挑战 [J]. 中国计算机学会通讯, 2012, 8(9): 16-20.

[27] 陈明. 大数据概论 [M]. 北京: 科学出版社, 2014.

[28] 王文生, 陈明. 大数据与农业应用 [M]. 北京: 科学出版社, 2011.

[29] 毛国君，段立娟. 数据挖掘原理与算法 [M]. 3 版. 北京：清华大学出版社，2016.

[30] LYNCH N，GILBERT S. Brewer's conjecture and the feasibility of consistent, available, partition-tolerant web services[J]. ACM Sigact News，2002，33(2)：51-59.

[31] BREWER E. Towards Robust Distributed Systems[C]. Proc. 19th Ann. ACM Symp. Principles of Distributed Computing (PODC 00)，ACM，2000：7-10.

[32] 吴锐. 真容乃大：大规模数据云端存储 [J]. 中国计算机学会通讯，2012，8(6)：26-28.

[33] 陆嘉桓. Hadoop 实战 [M]. 北京：机械工业出版社，2012.

[34] 佐佐木达也. NoSQL 数据库入门 [M]. 罗勇，译. 北京：人民邮电出版社，2012.

[35] 王颖，陈松灿，张道强，等. 模糊 k- 平面聚类算法 [J]. 模式识别与人工智能，2007，20(5)：704-710.

[36] 王星. 大数据分析方法与应用 [M]. 北京：清华大学出版社，2013.

[37] 鲍亮，李倩. 实战大数据 [M]. 北京：清华大学出版社，2014.

[38] 黄宜华. 深入理解大数据 [M]. 北京：机械工业出版社，2014.

[39] 深圳国泰安教育服务技术股份有限公司大数据事业部群，中科院深圳先进技术研究院—国泰安金融大数据援救中心. 大数据导论：关键技术与行业应用最佳实践 [M]. 北京：清华大学出版社，2015.

[40] RAJARAMAN A，ULLMAN J D. 大数据：互联网大规模数据挖掘与分布式处理 [M]. 王斌，译. 北京：人民邮电出版社，2012.

[41] 陈明. 大数据基础与应用 [M]. 北京：北京师范大学出版社，2016.

[42] 韩晶，鄂海红，宋美娜，等. 基于主体行为的非结构化数据模型[J]. 计算机工程与设计，2013 (3).

[43] 常丽君. Web 数据抽取技术的研究 [D]. 南京：南京财经大学，2014.

[44] 任磊，杜一，马帅，等. 大数据可视分析综述 [J]. 软件学报，2014，25(9).

[45] LUTZ M. Python 袖珍指南 [M]. 侯荣涛，译. 北京：中国电力出版社，2015.

[46] GOETZ P T，O'NEILL B. Storm 分布式实时计算模式 [M]. 北京：机械工业出版社，2015.

[47] 张鑫. Hadoop 源代码分析 [M]. 北京：中国铁道出版社，2013.

[48] KARAU H. Spark 快速大数据分析 [M]. 王道远，译. 北京：人民邮电出版社，2016.

[49] 陈明. 大数据核心技术与实用算法 [M]. 北京：北京师范大学出版社，2017.

[50] 陈明. Linux 基础与应用 [M]. 北京：北京师范大学出版社，2017.

[51] 陈明. 数据科学与大数据技术导论 [M]. 北京：北京师范大学出版社，2018.

[52] 李未，郎波. 一种非结构化数据库的四面体数据模型 [J]. 中国科学：信息科学，2010，40(8)：1039-1053.